普通高等教育研究生教学用书

Jixie Zhendong yu Zaosheng
机械振动与噪声

王建锋　张维峰　著

人民交通出版社股份有限公司
北　京

内 容 提 要

本书是作者多年教学、科研成果的总结。书中内容以机械振动与噪声基本理论、机械振动与噪声信号处理技术、机械减振与降噪控制技术、机械振动与噪声测试技术、机械振动与噪声技术应用等为主，全面系统地介绍了机械振动与噪声领域的研究方法以及在工程中的应用案例。

本书适合车辆工程、机械工程、交通运输工程等专业的研究生阅读，对从事振动与噪声理论、试验及应用研究的相关工程技术人员也有所帮助。

图书在版编目(CIP)数据

机械振动与噪声/王建锋，张维峰著. —北京：人民交通出版社股份有限公司，2021.7

ISBN 978-7-114-17361-5

Ⅰ.①机… Ⅱ.①王…②张… Ⅲ.①机械振动②机器噪声 Ⅳ.①TH113.1②TB533

中国版本图书馆 CIP 数据核字(2021)第 110456 号

书　　名：**机械振动与噪声**
著 作 者：王建锋　张维峰
责任编辑：李　良
责任校对：赵媛媛
责任印制：张　凯
出版发行：人民交通出版社股份有限公司
地　　址：(100011)北京市朝阳区安定门外外馆斜街 3 号
网　　址：http://www.ccpcl.com.cn
销售电话：(010)59757973
总 经 销：人民交通出版社股份有限公司发行部
经　　销：各地新华书店
印　　刷：北京虎彩文化传播有限公司
开　　本：787 × 1092　1/16
印　　张：11.25
字　　数：255 千
版　　次：2021 年 7 月　第 1 版
印　　次：2021 年 7 月　第 1 次印刷
书　　号：ISBN 978-7-114-17361-5
定　　价：35.00 元

前言

随着现代工业的飞速发展,振动和噪声污染已成为影响最大的社会公害之一,越来越引起人们的重视。通过合理地设计,有效地控制机械振动与噪声,不仅可以提高设备的可靠性、延长使用寿命等,而且可以满足人们对工作和生活环境质量的要求。振动与噪声无处不在,振动与噪声测试、控制技术,覆盖了科研、生产、生活的各个领域。工程系统如机械、车辆、船舶、飞机、航天器、建筑、桥梁等都经常处在各种激励的作用下,因而会不可避免地产生各种各样的振动与噪声,如何分析、评价、控制这些振动与噪声不仅是重要的学术问题,而且是主要的工程应用问题。

研究生教育是中国高等教育的最高层次,是国家创新体系的重要组成部分,肩负着为国家和民族未来发展培养高层次创新人才的重要任务。对研究生的要求是掌握本专业坚实的理论基础和系统的专门知识,具有从事科学研究和独立担负专门技术工作的能力。研究生知识系统需要“精”“深”“宽”,突出经典性、前沿性、跨学科性、实践性和研究性等内涵,要求在掌握机械振动与噪声理论体系的基础上,不断探索新技术和新方法来解决具体的工程问题。目前,可以用于研究生阅读较系统的关于振动与噪声的资料较少,而车辆工程、机械工程或从事NVH研究的研究生或工程技术人员则需要系统地掌握这方面的知识,以拓宽知识视野、充实专业素养、提高研究水平。为此,我们编写了本书。

本书是作者多年从事车辆振动与噪声技术教学和科研成果的总结。本书主要介绍了振动与噪声的主要特点、振动与噪声信号分析的方法、振动与噪声测试和控制技术。在结构体系安排上以循序渐进为原则,突出作者在振动与噪声领域的科研成果,逐步引导读者掌握最新的研究成果。

本书共5章，第1、2、3、4章由长安大学王建锋执笔，第5章由长安大学张维峰执笔，全书由王建锋统稿。

振动与噪声虽然已有不少研究，但随着科技的发展，理论与技术方面仍然面临着诸多挑战，受作者工作和认知的局限，书中难免有不妥之处，恳请读者批评指正。

著　者

2021年1月

目　录

第1章　机械振动与噪声基本理论

振动是自然界中广泛存在的物质系统的一种普遍运动形式，振动会对物体或生物产生不同的影响。机械振动会产生声音，声波经空气媒介传递到人耳，对人产生不同的影响。在机械工程领域，机电设备使用运行过程中，机械振动与噪声也普遍存在。

随着现代工业的飞速发展，振动和噪声污染如同水污染、大气污染一样，已成为国内外影响最大的社会公害之一，越来越引起人们的重视。通过合理设计，有效地控制机械振动与噪声，不仅可以提高机电设备的可靠性、延长使用寿命等，还可以满足人们对工作和生活环境质量的要求。在机械振动噪声问题日益成为工程设计关注焦点的今天，掌握一定的机械振动与噪声相关测试与控制知识对现代工程师而言必不可少。

1.1　机械振动概述

在机械工程领域，普遍存在着物体随时间变化的往复运动，如机械钟摆的摆动、车辆和铁路机车在行驶中的振动以及桥梁和建筑物在外界影响下的细微晃动等。上述所提到的物体在平衡位置附近作往复性或周期性的运动，称为机械振动。

有些振动现象对人类有益或能为人类所利用，如生活中拨动琴弦产生的美妙音乐、按摩器通过振动实现对身体的按摩以及电动牙刷的使用等；在工业中，常用的振动传输、振动筛选、振动沉桩、振动消除内应力，以及按振动理论设计的测量传感器、地震仪等也是这方面的典型应用实例。

但对于大多数机械和结构，振动通常带来更大的弊端，它不仅使振动机械自身构件产生附加动应力，影响精密仪器的性能，降低加工精度和表面粗糙度，加剧构件疲劳和磨损，缩短构件和机器的寿命，甚至会造成灾难性事故。例如：轴承和齿轮磨损以及产生的有害噪声，地震引起建筑物的严重损坏，飞机的颤振常导致飞机失事，桥梁在过大振动下发生坍塌，尤其当机械结构的固有频率与外部激励频率相同时会出现共振现象，这将引起机械结构的严重失效破坏。

因此，研究机械振动以获得如下目标：获取机械振动的规律，利用这些规律和振动理论来设计制作新型振动设备、仪表及自动化装置，使振动有益于人类；了解振动产生的原因，并由此设法减少振动的危害，在最大程度上降低振动对机械结构性能、寿命及使用安全性带来的危害。

目前，机械振动研究的重点从建立数学模型、通过模型研究系统振动特性方面逐渐发展为在理论指导下进行实际工程应用。

1.1.1 振动系统分类

任何机械结构或其零部件都有弹性和质量,运行时会产生振动,构成振动系统。要对振动系统进行研究,从而进行系统结构改进或优化设计,就需要根据实际工程情况,将实际系统进行合理的抽象化处理,建立科学的数学模型来进行分析。由于对振动系统研究的侧重点不同,振动系统有不同的分类方法,不同的类别对应不用的研究内容和研究方法。

1)根据自由度数目分类

机构具有确定运动所必须的独立运动参数数目,称为机构自由度。自由度表示了一个系统振动方程中独立变量的数目。按自由度数目的不同,振动系统模型可分为:离散系统与连续系统。

(1)离散系统。离散系统是自由度数目有限的系统,这类系统一般由具有质量、刚度和阻尼特性的元件按照一定形式组成。质量及转动惯量模型认为只具有惯性;弹簧模型自身质量可以忽略,认为只具有弹性;阻尼模型只在有相对运动时产生阻力,属于耗能元件,惯性和弹性都忽略不计。离散系统又可细分为单自由度系统和多自由度系统,在数学上用常微分方程来描述。

(2)连续系统。连续系统是自由度数目无限的系统,主要由弹性体元件组成,如杆、梁、轴、板、壳等。由于弹性体的惯性、弹性与阻尼连续分布,故该系统也称为分布参数系统,在数学上用偏微分方程来描述。

2)根据系统的激励类型分类

(1)自由振动。在系统受到初始激励后,不再施加外界干扰,这种振动称为自由振动。

(2)强迫振动。系统在周期性的外力作用下,其所发生的振动称为受迫振动,也称强迫振动。

(3)自激振动。系统在其自身运动的作用下,产生并维持的振动,称为自激振动,例如铁路车辆轮对由于踏面形状,在运动过程中引起的蛇形运动。

(4)参数振动。参数振动由外界的激励产生,但激励不是以外力形式施加于系统,而是由于系统内参数随着时间周期性改变而引起的振动。如秋千受到的激励,以摆长随时间变化的形式表现,但摆长的变化是因为人体姿态改变而形成的参数振动。

3)根据系统的响应类型分类

(1)确定性振动。确定性振动是指那些能够用确定的数学关系式来描述的振动,系统响应是关于时间的确定性函数。根据响应存在时间的长短,确定性振动还可细分为瞬态振动和稳态振动。

(2)简谐振动。物体在与位移成正比的恢复力作用下,在其平衡位置附近按正弦规律作往复运动,此时系统响应为时间的正弦函数或余弦函数。

(3)周期振动。系统响应为时间周期函数的振动过程称为周期振动,根据谐波分析方法,这种振动可以展开为一系列简谐振动的叠加。

(4)准周期振动。将若干个周期不可通约的简谐振动进行组合,由此得到的振动称为准周期振动。

(5)混沌振动。这种振动的系统响应为时间始终有限的非周期函数,受确定性激励后会产生貌似无规则的振动响应。

(6)随机振动。随机振动的系统响应不是时间的确定性函数,这种振动的振动规律只能借助概率统计方法来进行描述。

4）根据系统的性质分类

（1）确定性系统和随机性系统。系统特性可用时间的确定性函数给出的振动系统称为确定性系统；反之，系统特征不能用时间的确定性函数给出的振动系统称为随机性系统，随机性系统只具有统计规律特性。

（2）定常系统和参变系统。系统特性不随时间改变的系统称为定常系统，数学描述为常系数微分方程；系统特性随时间变换的系统称为参变系统，数学描述为变系数微分方程。

（3）线性系统和非线性系统：若系统质量不变，同时弹性力、阻尼力与运动参数之间呈线性关系，这种系统称为线性系统，数学描述为线性微分方程；不能简化为线性系统的系统都称为非线性系统，用非线性微分方程进行数学描述。

由以上可知，振动模型多种多样，在解决实际问题时，即使要解决的振动问题是同一个，但由于实际条件和研究目标不同，振动模型也有多种选择。振动系统数学模型的选择和建立不能只停留在理论，还应该经得起科学实验和生产实践的检验，只有振动模型分析结果和客观事实相吻合，才能说明该模型在一定范围内是基本正确的，才可以投入使用。

1.1.2 机械振动问题

对机械振动进行研究时，振动问题通常用三个部分来进行描述，分别是振动系统、激励和响应。研究对象视为系统，不管是一个零部件还是一台机器，或者是一个完整的工程结构，都可以作为振动系统来进行研究。而激励就是外界对系统的作用，也称系统的输入，初始干扰、强迫力等外界激振力对系统的作用都可作为激励。系统的响应，也就是输出，是指结构在外界激励作用下产生的动态行为。可用图1-1来表示振动问题所涉及的三个基本部分。

激励(输入) → 振动系统 → 响应(输出)

图1-1 振动问题框图

1）响应分析问题

若已知振动系统特性以及系统激励，要对系统响应进行分析，将这类问题称为振动系统动力响应分析。该问题研究的目的是，根据已知系统参数及外界激励条件，求出系统的响应。通过获得的结果来对机械或结构强度、刚度以及允许的振动能量水平进行进一步分析。

2）振动系统识别问题

若已知振动系统激励和响应，但不知道系统特性参数，需要对这些参数进行求解，把这类问题称为振动系统识别。系统特性参数主要指系统的质量、刚度、阻尼系数、固有频率、主振型等参数。在振动实验中获取激励和响应数据并作数据处理，即可逆推出系统相关参数。根据估计任务不同，该问题可再分为物理参数识别和模态参数识别。其中，物理参数识别以振动系统识别从而估计物理参数为任务；模态参数识别以估计系统振动固有特性为任务。

另外需要说明的一点是，系统设计和系统辨识类似，都是在已知系统激励和响应的条件下，求取系统参数。两者的区别是，对于系统设计，振动系统一开始并不存在，为满足系统在已知激励下能达到指定响应，需要对系统参数进行合理设计；而对于系统辨识，振动系统已经被建立，根据激励和响应来识别系统参数，目的是对系统特性进行更好地研究，而不是对其进行设计。

3）振动环境预测问题

若已知振动系统参数以及系统响应，要反过来确定系统激励即系统周围环境，通常将这类问题称为振动环境预测。这类问题与振动响应问题刚好相反，也称振动的逆问题。振动环境预测的主要目的是测定系统激扰特性。以货物在公路或铁路上运输过程为例,为避免货物在运输过程中损坏,要记录车辆或铁路车辆的振动,用这部分数据来确定货物的响应振动规律,以此来估计运输过程可能对于货物产生的激励情况,并以此为基础对货物包装进行合理可靠的减振设计,保证货物在运输过程中的安全性和完好性。

总之,在实际工程中,真实振动问题通常比较复杂,可能并不是单一的一种振动问题,而是振动系统识别、响应分析和环境预测这些问题的相互组合。在实际分析时,应先明确分析目标和研究方向,然后再有目的地选择问题进行分析。

1.1.3 机械振动响应分析一般方法

响应分析是振动的正问题,主要的分析求解方法有理论分析法和试验研究法。

以经典振动理论为基础的理论分析方法是目前振动分析的基本方法,其主要流程如图 1-2 所示。具体分析步骤为:

(1)根据现有机械系统,建立相应动力学模型;

(2)根据动力学模型,针对要研究的问题进行数学建模,用数学公式推导获得解析解或通过电子计算机获得数值解,最后得到振动系统的固有特性和响应;

(3)对计算获得的结果进行分析和评价。

机械系统 → 动力学模型 → 数学模型 → 振动特性 → 结果分析

图 1-2 响应计算的流程

当系统振动性能不满足设计预期或者相关规范要求时,可以对系统结构参数进行修改,并对系统固有频率或振型等特性进行调整,以满足相关要求。此外,还可采用相关减振措施,将振动能量进行转移,对激振力进行控制,对振动传递进行隔离。

虽然随着数字计算技术广泛应用于工程分析,对理论分析法提供了巨大帮助,但是计算手段的进步对原始动力学模型而言,并没有提高近似性的作用。动力学模型包含有大量近似的甚至不确定的因素,无法达到实际机械系统的动态分析要求,所以实际工程中很多振动问题的分析还需要用到试验研究方法。

试验研究方法主要是对机械系统进行动态试验,对系统进行模拟工作条件的已知激励,然后测试系统响应,对测试数据进行振动分析,并以此来验证理论分析结果,或用于研究系统固有特性。随着测试技术和数据分析技术不断进步,相关分析仪器也得到不断改良,振动试验模态分析与响应分析技术逐步成熟,已成为一种独立的振动问题解决方法。但在实际工程问题中,机械系统较复杂,用现有的动态测试分析技术对复杂信号进行特征提取时,必然会遇到许多阻碍,使振动分析结果可靠性差、误差大。

理论分析方法和试验研究方法都存在着各自的局限性,但二者可以相互补充,相互促进。在振动问题研究中,将这两种方法紧密结合在一起,灵活使用,对解决复杂工程问题相当有利。

1.2 机械噪声概述

1.2.1 机械噪声特点

声音由物体振动产生,并以气体、液体、固体为介质进行传递,最后通过空气传播到人耳，使人感受到声音。

固定频率值的物体振动时，所产生的声音音调是唯一的，将这种由固定振动频率产生的声音称为纯音。自然界中很少有纯音，更多情况下物体产生的振动都是由各种不同频率的许多简谐振动所组成的复杂振动。这些振动中频率最低的振动产生的音称为基音，其余称为泛音，当各个泛音的频率是基音频率的整数倍时，就形成了谐音。在生活中，各种乐器在演奏时，振动频率成分中基音和谐音之间成简单整数比，由此发出的声音是随时间有规律变化的波形，将这种由规律振动产生的声音称为乐音。

若物体振动频率是由多种频率组成，且各组成频率之间彼此不成简单整数比，那么这种振动所产生声波的频率和强度没有规律，声音是杂乱无章的，听起来毫不和谐，会使人难以忍受。这种由频率和强度都不同的各种声波杂乱地组合，时域信号杂乱无章的声音就称为噪声。

不同机械噪声所包含的频率成分和其相应的强度分布也会不同，这些差异使噪声具有各种不同的种类和性质。

另外补充说明一点，若从环境和生理学角度来分析，噪声是干扰人们正常工作生活的声音，会因噪声接受者主观要求的差异，在不同时间或地点，对于不同人，同一种声音也会产生不同的效果。比如在安静的夜晚播放悦耳的音乐，影响了人们的正常睡眠，那这种音乐也是一种噪声。从这个角度分析，噪声与声波本身的特性没有必然关系。

1.2.2 机械噪声分类

机械设备在运转时，部件间的摩擦力、撞击力或非平衡力，使机械系统等产生无规律振动，由这种振动产生的噪声称为机械噪声。

机械噪声按照不同的机理可分为三类：

(1)空气动力噪声。气流的空气扰动产生局部的压力脉动，并以波的形式通过周围空气向外传播而形成的噪声，如通风机、压缩机、发动机、喷气式飞机和火箭等产生的噪声。

(2)机械噪声。机械运行过程中机械零部件相互间撞击、摩擦以及力的传递，使机械系统结构振动而辐射的噪声，如齿轮、轴承和壳体等振动产生的噪声。

(3)电磁噪声。由电磁场交替变化而引起某些机械部件或空间容积振动而产生的噪声，如电动机、发电机和变压器产生的噪声等。

按照声波传递的介质不同，噪声可分为空气噪声和结构噪声。

(1)空气噪声。从噪声源经由空气途径传播到接受点的噪声。

(2)结构噪声。由噪声源经固体结构传递到接受点附近的构件，再由构件声辐射到接受处的噪声。

1.3 机械振动的测量与评价

1.3.1 机械振动的描述

机械振动的描述可以用频率、位移、速度、加速度、应变、应力等，在此基础上分析机械系统的固有频率、振型、阻尼比、传递函数等特性。工程上常用位移、速度、加速度对机械振动系统进行描述。由于实际工程中，机械系统的振动都不是频率、强度单一的简单振动，而是

不同频率和强度的振动组合而成的复杂振动，往往难以直接对振动量进行分析。但是无论振动多么复杂，在一定的条件和精确要求下，可以通过傅里叶变换将总的机械振动离散成若干个简谐振动组合的形式，通过对单个简谐振动进行分析，再组合在一起来获得整个系统的振动相关参数。

简谐振动的位移 x、速度 v、加速度 a 可用下列数学表达式来进行计算：

$$x = A\cos(\omega t - \varphi) \tag{1-1}$$

$$v = \frac{\mathrm{d}x}{\mathrm{d}t} = \omega A\cos\left(\omega t - \varphi + \frac{\pi}{2}\right) \tag{1-2}$$

$$a = \frac{\mathrm{d}^2x}{\mathrm{d}t^2} = \omega^2 A\cos(\omega t - \varphi + \pi) \tag{1-3}$$

式中：A——振动的振幅；

ω——角频率；

t——时间；

φ——初始相位角。

加速度的单位为 $\mathrm{m/s^2}$，也可用重力加速度 g 来表示，取值为 $g = 9.8\mathrm{m/s^2}$。从公式中可以看出，速度的相位相对于位移提前了 $\pi/2$，加速度相位相对于位移则提前了 π。

1.3.2 机械振动的测量

要对机械系统进行振动分析，前提是要获得有效的振动数据，常用的机械振动测量方法有机械法、电测法和光测法。

1）机械法

机械法是利用机械接触记录机械振动的一种方法。这种方法常用直接式振动仪，直接记录振动波形曲线，便于观察和分析振动的幅值大小及主要的谐波分量等参数。该方法的优点是使用简单、不需要消耗动力、抗干扰能力强等，缺点是灵敏度低、频率范围窄。

2）电测法

电测法是通过传感器将机械振动量转换为电量（电荷、电压等）或电参量（电阻、电容、电感等）的变化，然后使用电量测量和分析设备对振动信号进行分析。

3）光测法

光测法是将机械振动转换为光信号，经光学系统放大后进行测量和记录的方法。常用仪器有读数显微镜、激光单点测振仪、激光多普勒扫描测振仪等。激光测量方法具有精度高、灵敏度高、非接触、远距离和全场测量等优点，已成为特殊环境及远距离测量中很有发展前途的一种方法。

1.3.3 机械振动测量系统

机械振动测量系统主要包括振动测量传感器、振动前置放大器、处理和变换仪器及激振设备等。

1）振动前置放大器

其基本作用是把压电式传感器的高阻抗输出转换为低阻抗信号，以便将振动信号直接送至测量仪器或分析仪器中。和压电式传感器配用的前置放大器有两种：电荷放大器和电压放大器。

(1)电荷放大器。输出一个与电荷成正比的输出电压,但并不对电荷进行放大。其优点在于无论使用长电缆还是短电缆都不会改变整个系统的灵敏度,因此,在振动测量中优先考虑使用电荷放大器作为前置放大器。

(2)电压放大器。检测由振动引起的压电传感器元件的电压变化,并输出与此成正比的电压,但是使用电压放大器时,电缆电容变化会引起整个测试系统灵敏度变化。

2)处理和变换仪器

把振动信号转换成电信号,经前置放大器放大后,最后要由处理和变换仪器进行检测,并在仪表上显示相应的振动量读数,或用滤波器分频,得到分频后的振动量或振动图形。

(1)滤波器。对传感器测量的振动信号进行滤波,可以对振动信号中特定频率的频点或该频点以外的频率进行有效滤除,得到一个特定频率的振动信号,或消除一个特定频率后的振动信号。

(2)分析系统。按照不同的分析方法对振动信号进行分析或处理。比如进行时域加权分析、频谱分析、谐波分析等,该部分是振动测量系统最复杂和最重要的部分。

(3)记录器。对获得的振动信号进行记录和存储,用于振动数据的存储或后处理分析。

3)激振设备

激振设备是能按照人们意愿产生干扰力,使被测结构件发生振动的装置。常用的激振设备主要有力锤、激振器和冲击试验机。

(1)力锤。力锤是手握式冲击激振设备,是模态分析实验中常用的激振设备,由锤帽、锤体和力传感器组成。当用力锤敲击被测结构件时,冲击力的大小与波形由力传感器测得。若要得到不同脉宽的力脉冲及相应的力谱,只需要使用不同材料的锤帽即可。常用的锤帽材料有橡胶、尼龙、钢等。钢锤帽的脉宽最宽,尼龙次之,橡胶最窄。

(2)激振器。激振器是一种换能器,用于激励被测物体产生所需要的机械运动。常用的激振器有两种:液压型激振器和电动型激振器。前者应用于频率范围为 0 ~ 20Hz 的低频测试,并具有产生大位移冲击及大推力的能力;后者则广泛应用于频率为 10Hz 以上的测试,并能适应通常振动试验要求。

(3)冲击试验机。它采用古典力学的自由落体方式,适用于试件的抗冲击试验。冲击波形可以选择半正弦波、后峰锯齿波、梯形波等。

1.3.4 机械振动测量系统的校准

机械振动测量系统在使用前需要进行校准,实际工程应用中常用的振动系统校准方法主要有绝对法和相对法。

1)绝对校准法

绝对校准法是利用已知系统测量振动系统的绝对输出,比如振动系统的位移、速度或加速度等。将系统的输出与振动系统的输出进行对比,从而对振动系统进行校准。对振动系统进行绝对测量的方法主要有激光干涉法、互易法和地心引力法三种。激光干涉法是一种基于迈克尔逊干涉仪技术的方法,迈克尔逊干涉仪中的激光器向振动传感器发射一束激光,经由传感器反射后,与标准参考激光束发生干涉,产生干涉条纹。通过干涉条纹可以得到峰—峰位移量和振动频率,从而计算振动输出量。但是,由于迈克尔逊干涉仪对实验环境要求比较苛刻,因此,这种方法只能在专门实验室进行。互易法和地心引力法是较为简单的方法,但是准确度不高,操作过程烦琐。

2)相对校准法

相对校准法是利用待校准振动系统和已知校准好的系统同时测量一个振动信号,将两个系统测量的同一振动信号的数据进行对比,从而校准未知的振动系统。这种方法相对简单易操作,但是对已知振动系统要求较高,需要知道已知振动系统的精确参数。

1.3.5 机械振动的评价

振动对人的影响主要取决于振动的强度,振动强度一般用振动加速度有效值计量。振动效果的评价就是探究不同强度振动对人体感觉的影响。振动加速度达到 0.003g(g 为重力加速度)时,人体开始对振动有所感觉;振动加速度达到 0.05g 时,人体开始产生不愉快感;振动加速度达到 0.5g 时,人体感觉不可忍受。除振动强度外,振动方向也影响人体感觉,垂直振动比水平振动对人体的影响更加明显。

为了对振动加速度进行评价,引入加速度级,也称振动级,即用对数标度来表示振动加速度强度,表达式为:

$$L_a = 20\lg\left(\frac{a}{a_0}\right) \tag{1-4}$$

式中:a——振动加速度的有效值,m/s^2;

a_0——参考加速度,一般取值为 10^{-6}m/s^2。

除了振动强度和方向外,还有两个重要因素会影响人体对振动的感觉:一个是振动的频率;另一个是人体在振动环境中暴露的时间,也就是承受振动的持续时间。相关振动实验结果表明,人体对频率为 4~8Hz 的振动感觉最敏感,频率高于 8Hz,或低于 4Hz,敏感性就逐渐减弱。相同强度和频率的振动,对人体产生的影响还同振动暴露时间有关,持续时间较短的振动是可以容忍的,但随着时间延长,振动对人的影响就会变得越来越大,最终超出人的忍耐极限。

综合振动的强度、频率和持续时间进行人体对振动的感觉评价,采用如图 1-3 所示的等感度曲线来进行描述。

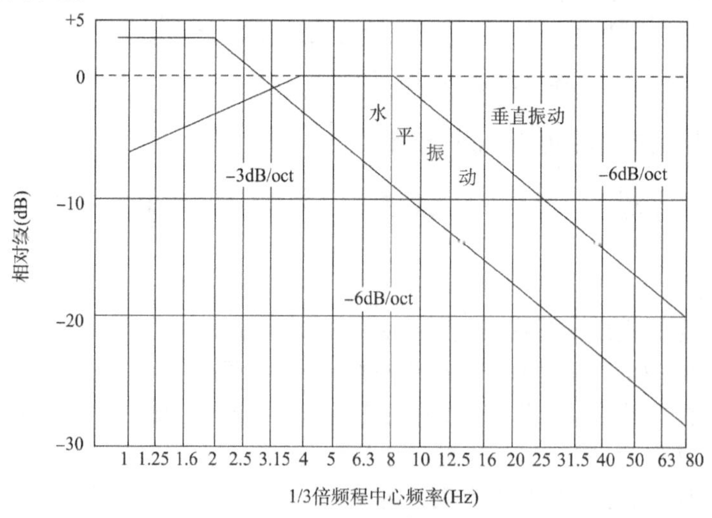

图 1-3 等感度曲线

综合振动级可用修正的振动级表示,符号为 L'_a,其表达式为:

$$L'_a = L_a + \Delta \tag{1-5}$$

式(1-5)中Δ表示修正值,是与频率相关的量,其取值见表1-1。

根据等感度曲线对垂直方向与水平方向振动的修正值 表1-1

中心频率(Hz)	1	2	4	8	16	31.5	63
垂直方向修正值(Hz)	-6	-3	0	0	-6	-12	-18
水平方向修正值(Hz)	3	3	-3	-9	-15	-21	-27

综合振动级也可用修正的振动加速度有效值表示,计算公式为:

$$L'_{a}=20\lg\left(\frac{a'}{a_0}\right) \tag{1-6}$$

$$a'=\sqrt{\sum a_{f}^{2}\,10^{\frac{\Delta f}{10}}} \tag{1-7}$$

式中:a'——修正的加速度有效值;

a_f——某频率成分加速度有效值;

Δf——垂直方向或水平方向上的修正值。

利用振动系统的综合振动级和人体对振动的敏感程度,就可以对振动系统进行主观评价。按人体受到振动的强度和暴露时间不同,可将振动对人的影响分为4种情况:

(1)"感觉阈"。此时人体刚能感受到振动的信息。

(2)"不舒适阈"。此时振动会让人在心理上产生不舒适反应。

(3)"疲劳阈"。此时人体会产生生理性反应。

(4)"极限阈"。又称"危险阈",超过该值人体会产生病理性损伤。

需要强调的是,对振动的评价是从统计学角度,对振动的平均值、低限值和高限值进行分析,在统计学上是有意义的。但由于人体之间的个体差异,不同人体对同种振动的忍受能力并不相同;同时振动评价标准还受到不同环境和工作条件的影响,所以在某些特定条件下,要另定标准来对振动进行评价。

1.4 机械噪声的测量与评价

1.4.1 机械噪声的测量

工程应用中,需要对噪声进行控制和治理,减小噪声对人体的不良影响。为了达到这个目的,需要对噪声进行测量,以此为基础才能进行噪声的分析和评价。声音可以用声压、声强或声功率来计量,现实中,声音强弱差异非常大,并且人的听觉对声音信号强弱刺激的主观感觉与声压、声强或声功率的对数值成比例关系。因此,采用声波能量的对数标度来对声音进行计量,即用"级"来衡量声压、声强和声功率的强弱,相应称为声压级、声强级和声功率级。其单位为分贝(dB),就是将声学量除以参考量并求对数,再乘以一个常数后的值。

1)声压与声压级

若没有振动产生,且大气处于静止状态,观测处的压强为大气压强。当振动产生声波时,波动会导致局部空气产生压缩或膨胀,被压缩处压强上升,膨胀处压强降低,相当于将一个压强的变化叠加在原有的大气压上。将这个由于声波而引起的叠加的压强变化称为声压,用p表示,单位为帕斯卡(Pa)。声压的大小与物体的振动强度直接相关,当物体振动的

振幅较大时，产生的声波引起的压强变化也较大，因而就会产生较大的声压，而声压越大，人耳处感受到的声音就越响，所以可以用声压的大小来计量声音的强弱。

由于声波引起的压强变化是叠加在大气压之上的，所以测量的声压是变化的声压与静止大气压强之差，声压变化的平均值为零，因此，不能把平均声压作为有用的参量来进行测量。将某一瞬间的声压称为瞬时声压，在一定时间间隔内将瞬时声压对时间求均方根值即得到有效声压，人耳对瞬时声压波动没有响应，但对动态声压的均方根值有响应。所以在声压测量中，一般采用有效声压，其表达式为：

$$p = \sqrt{\frac{1}{T}\int_0^T p^2(t)\,\mathrm{d}t} \tag{1-8}$$

式中：$p(t)$——瞬时声压；

t——时间；

T——声波完成一个周期所用的时间。

为了更加直观得描述声压和声压级的大小，表 1-2 给出了一些噪声源或环境噪声的声压和声压级数据。

一些噪声源或环境噪声的声压和声压级数据 表 1-2

噪声源或环境噪声	声压(Pa)	声压级(dB)	噪声源或环境噪声	声压(Pa)	声压级(dB)
公交车	0.2	80	听阈	2.0×10^{-5}	0
地铁	0.63	90	农村静夜	6.3×10^{-5}	10
织布车间	2.0	100	树叶响声	2.0×10^{-4}	20
8-18 鼓风机进口	6.3	110	轻声耳语	6.3×10^{-4}	30
大型球磨机附近	20	120	安静房间	2.0×10^{-3}	40
铆钉机附近	63	130	微电机附近	6.3×10^{-3}	50
喷气式飞机附近	200	140	普通讲话	2.0×10^{-2}	60
喷气式飞机喷口附近	630	150	闹市街区	6.3×10^{-2}	70

正常人耳能听到最弱声压称为人耳的"听阈"声压，大小为 2×10^{-5}Pa。若声压超过20Pa，人耳就会产生疼痛的感觉，因此，将 20Pa 定为人耳的"痛阈"声压。显然"痛阈"是"听阈"声压的 100 万倍。在这种情况下用声压的绝对值表示声音的强弱是很不方便的，因此，将两个声音的声压之比用对数的标度来表示声音的强弱，这种标度就称为声压级。某一声音的声压级定义为：该声音的声压 p 与某一参考声压 p_0 的比值取以 10 为底的对数再乘20，即：

$$L_p = 20\lg\left(\frac{p}{p_0}\right) \tag{1-9}$$

式中：L_p——声压级，dB；

p_0——参考声压，数值为 $p_0 = 2\times10^{-5}$Pa。

用分贝表示声压级时，原来较广的变化范围就得到了有效压缩，比如听阈的声压为 2×10^{-5}Pa，对应的声压级就是 0dB。正常说话声的声压大约为 2×10^{-2}Pa，对应的声压级就是60dB。使人耳感到疼痛的声压是 20Pa，对应的声压级就是 120dB。

2)声强与声强级

声压测量能对声音大小进行有效描述,但在实际工程中,有时需要直接知道机械设备所发出噪声的声功率,此时采用声能量和声强对声音进行计量。声波是由振动产生的,声波在传播时,声振动的能量也在同时发生传递和转移。把在声传播方向上单位时间内,垂直通过单位面积的声能量称为声音的强度,简称声强,通常用 I 表示,单位是 W/m^2。声强越大意味着人耳处听到的声音越响,越小则声音越轻。声强的大小与距离声源的远近有关,距离越远声强越小。

由于声强的范围也较大,因此,声强也可用"级"来进行描述,即声强级 L_I,单位为分贝(dB),表达式为:

$$L_I = 10\lg\left(\frac{I}{I_0}\right) \tag{1-10}$$

式中:I_0——参考声强。

I_0 相当于人耳能听到最弱声音的强度,参考声强的数值 $I_0 = 10^{-12}W/m^2$。声强级与声压级之间可以相互换算,换算关系式为:

$$L_I = L_p + 10\lg\left(\frac{400}{\rho_c}\right) \tag{1-11}$$

式中:ρ_c——声阻抗。

介质的声阻抗率随介质的温度和气压而改变,在 $\rho_c = 400$ 时,则$L_I = L_p$。通常情况下,声强级与声压级相差的数值非常小,可以忽略不计。

3)声功率与声功率级

声功率的定义为:声源在单位时间内向外辐射的总声能,用符号 W 表示,单位为瓦(W)。声强与声源辐射的声功率之间成正比关系,声功率越大意味着声源周围的声强也越大,两者之间的关系式为:

$$I - \frac{W}{S} \tag{1-12}$$

式中:S——波阵面面积。

如果声源辐射为球面波,那么在离声源距离为 r(m)处的球面上各点的声强为:

$$I = \frac{W}{4\pi r^2} \tag{1-13}$$

同一声源发出的声功率是一个恒定值,所以声场中到离声源距离不同的各位置上,声强大小各不相同,离声源越远声强越小。如果声源放在地面上,声波只向空中辐射,此时声强为:

$$I = \frac{W}{2\pi r^2} \tag{1-14}$$

声压通常会受到许多外在因素的影响,如接收者的距离、方向、声源周围的声场条件等,而声功率不受上述因素影响,把声功率作为计量噪声源声能输出大小的基本量,可广泛用于鉴定和比较各种声源。

声功率也用"级"来表示大小,即声功率级 L_w,单位为分贝(dB),功率为 W 的声源,其声功率级为:

$$L_w = 10\lg\left(\frac{W}{W_0}\right) \tag{1-15}$$

式中:W_0——参考声功率,取 $W_0 = 10^{-12}W$。

表 1-3 给出了一些常见声源或噪声环境的声功率和声功率级。

常见声源或噪声环境的声功率和声功率级 表 1-3

声　源	声功率(W)	声功率级(dB)	声　源	声功率(W)	声功率级(dB)
宇宙火箭	4×10^{7}	196	织布机	10^{-1}	110
喷气飞机	10^{4}	160	钢琴	2×10^{-3}	93
大型鼓风机	10^{2}	140	小电种	2×10^{-8}	43
气锤	1	120	轻声耳语	10^{-9}	30

采用声压级测量方法所获得的噪声信息有时候是不全面的，甚至会丧失一些重要的信息，因为所测的声压级不仅与噪声源的辐射强度有关，还与测点离声源的距离、方向等有关。而噪声源的辐射声功率可以排除上述因素的影响。

1.4.2 机械噪声的评价

噪声评价是参照相关标准要求或工程中的实际控制目标，对当前噪声水平进行量化综合评估。可以通过“声源—传播路径—接受者”模型来对噪声进行评价分析，该模型通过三个方面对噪声进行评价：

(1)声源方面。对声功率进行测量，以此来评价声源向外辐射噪声的强度大小。

(2)传播路径方面。利用声音传播路径进行噪声源定位，或者是对一些声学材料或部件进行吸声或隔声测试。

(3)接受者方面。对接受者进行客观声压评价和主观声品质评价。

在声源方面，工程应用中，机械系统作为声源，运行时发出的噪声不能过大，否则，会对附近人员产生不好的影响。进行噪声尤其是声功率评价，可以对同类或不同种类机器辐射噪声强度进行比较，并有利于检测机器或产品是否超过噪声规范上限。同时，机械设备产品销售时，其设备噪声必须满足相关地区的相关标准要求，才能在各个国家进行销售。

在声音传播路径方面，一方面，为了降低声源处振动产生的噪声，通常使用一些吸声和隔声材料或部件来对噪声进行削弱，比如在结构表面粘贴阻尼材料，要评价其效果，就需要测量材料的吸声系数等参数。另一方面，也需要从路径上对噪声源进行定位，如果是稳态声源，用声强探头即可进行声源定位；如果是瞬态声源，则需要用声阵列来进行声源定位。

在接受者方面，声音评价分为两个方面，即客观评价和主观评价。客观评价通过客观测量进行噪声评价，不以人的意志为转移，最常用的参数是声压级。在以人为接受体时，即为噪声主观评价，此时常以人的主观感觉为准，评价噪声对人心理和生理方面的影响。主观评价则属于声品质评价，人对声音感受带有主观性，主要表现为：同一个声音对不同观测者而言，带来的感受也可能会有所不同。

声压、声强等物理量反映声音在物理上的强弱，而不是人对声音的主观感觉。但实际生活中，对振动噪声问题的分析往往是为了降低噪声在人耳处的感官效果，从这个角度出发，就必须按照人对噪声的心理和生理特点提出相应的主观量度，因为振动噪声问题研究的核心在人身上，所以确定噪声物理量与人主观听觉之间的关系比噪声的客观评价更为重要。

主观噪声评价是一个十分复杂的问题，它的主要目的是将噪声客观物理量与人主观感受结合起来，得出与主观响应相对应的评价量，以此评价噪声对人的影响程度。振动噪声分析技术发展至今,噪声评价量和评价方法已有上百种。在实际工程中,以下评价指标或评价方法最为常见:A 声级;等效连续 A 声级;昼夜等效声级;统计声级(累计百分声级);噪声污染级;噪声评价曲线(NR 曲线)等。

1)A 声级

为了用仪器直接测出反映人对噪声的响度感觉,人们从等响曲线中选取了 40 方、70 方、100 方这三条曲线,按这三条曲线的反曲线设计了计权网络,使测量时接收到的声信号经过计权网络滤波后按频率获得不同程度衰减(修正量)。按照不同的计权网络分为 A、B、C 计权,分别模拟人耳对 40 方、70 方和 100 方纯音的响应特性。三种计权网络的频率响应曲线如图 1-4 所示,A 计权网络各频率上的修正值见表 1-4。

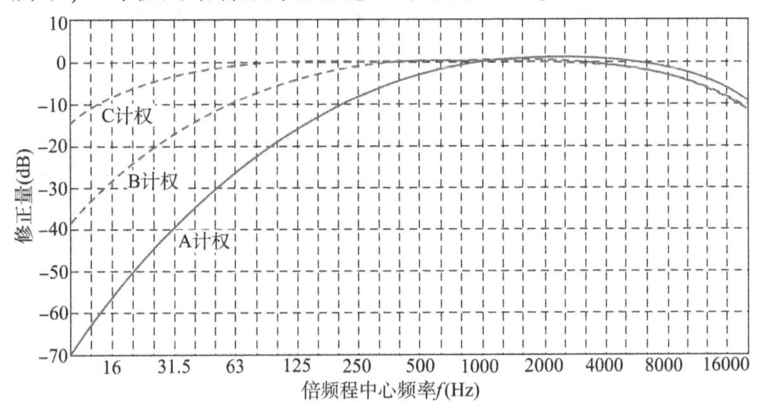

图 1-4　A、B、C 计权曲线

A 计权网络修正值　　表 1-4

f(Hz)	10	12.5	16	20	25	31.5	40	50	63	80	100	125
修正值(dB)	-70.4	-63.4	-56.7	-50.5	-44.7	-39.4	-34.6	-30.2	-26.2	-22.5	-19.1	-16.1
f(Hz)	160	200	250	315	400	500	630	800	1000	1250	1600	2000
修正值(dB)	-13.4	-10.9	-8.6	-6.6	-4.8	-3.2	-1.9	-0.8	0	0.6	1.0	1.2
f(Hz)	2500	3150	4000	5000	6300	8000	10000	12500	16000	20000		
修正值/dB	1.3	1.2	1	0.5	-0.1	-1.1	-2.5	-4.3	-6.6	-9.3		

经过 A 计权网络测出的噪声级称为 A 声级,单位为分贝。A 声级可以更合适地反映噪声对人类包括听力损伤、烦扰度等在内的综合效应,并且易对不同测量结果进行比较,把 A 声级作为噪声评价指标是一个合理的选择。

2)噪声评价数

A 声级是单一数值,是噪声所有频率成分的反映。若要比较细致地确定各倍频程噪声的评价,可采用图 1-5 所示的噪声评价曲线。噪声评价曲线按噪声级由低到高顺序进行编号,它的号数 NR 称为噪声评价数,NR 数相同的两噪声具有相同的噪声水平。规定 NR 值等于中心频率为 1000Hz 的倍频程声压级的分贝整数。考虑到高频噪声比低频噪声对人耳的干扰更为严重,因此,高频噪声的倍频程声压级要控制在较低的水平而低频噪声的倍频程声压级可适当提高些。这样,在同一条曲线上各倍频程噪声可以认为具有相同程度的干扰。

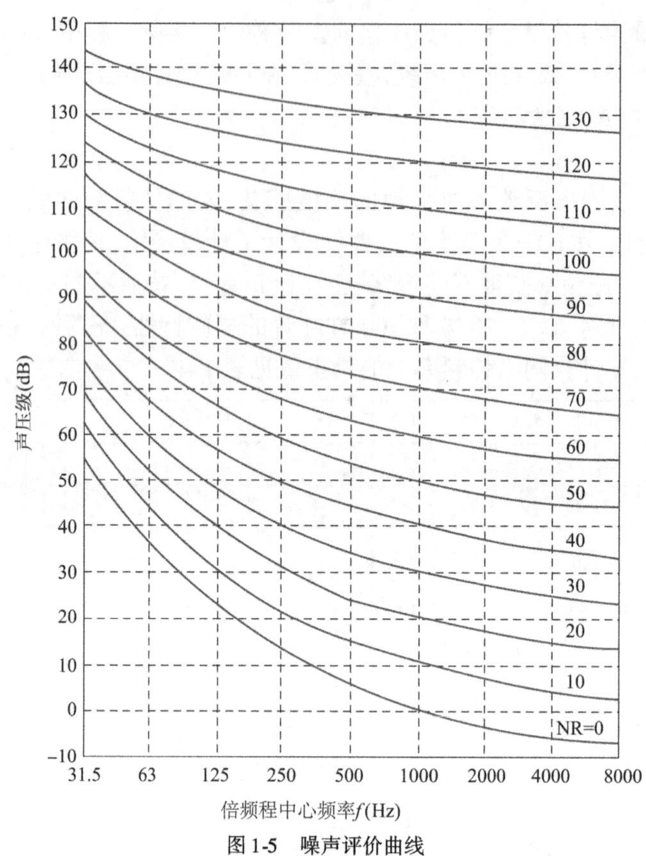

图 1-5　噪声评价曲线

1.4.3　机械噪声的频谱分析

噪声量一般是以时间为参数的随机过程，在时域分析难度较大，通常在频域进行分析，通过频谱分析能了解噪声中各个频带内的能量大小，这与产生噪声的机械系统的参数密切相关。由于声音的频率范围较大，在进行频谱分析时，将频率范围划分成若干小段，即频带或频程，然后研究不同频带内噪声能量的分布。频带的划分通常有两种类型：一种是保持频带宽度恒定，这种方法适用于频率变化不大的声音分析；另一种是保持频带相对宽度恒定，适用于频率范围较大的声音分析，常用倍频程或 1/3 倍频程。对同一噪声进行不同频程分析的频谱如图 1-6 所示。

上限、下限截止频率和中心频率的恒定百分比带宽的定义为：

$$\begin{cases} \dfrac{f_2}{f_1} = 2^n \\ f_0 = \sqrt{f_1 f_2} \end{cases} \tag{1-16}$$

式中：f_1 和 f_2——该频带的下限截止频率和上限截止频率；

f_0——某频带的中心频率。

$B = f_2 - f_1$ 为频带的带宽。

当 $n = 1$，即下一个倍频带的下限截止频率为上一个倍频带的上限截止频率，两个相邻倍频程频带的上、下截止频率、中心频率和带宽之间均为相差 1 倍，相对带宽 $B/f_0 = 1/\sqrt{2}$。当 $n = 1/3$ 时为 1/3 倍频程，上限与下限频率之比为 1.26:1。一个 1/1 倍频带可划分为 3 个

1/3 倍频带,相对宽度为 0.23。1/1 倍频带和 1/3 倍频带的频率范围见表 1-5。

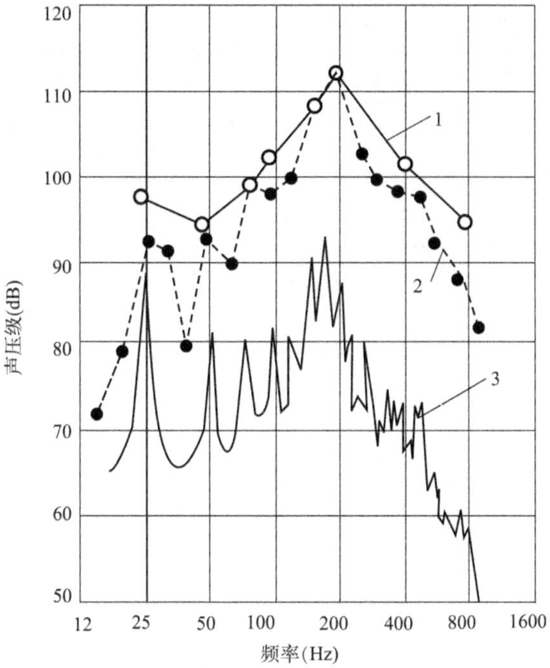

图 1-6 不同频程的噪声频谱

1-倍频程;2-1/3 倍频程;3-某恒定带宽

1/1 倍频带和 1/3 倍频带的频率表 表 1-5

1/1 倍频带			1/3 倍频带		
下限频率(Hz)	中心频率(Hz)	上限频率(Hz)	下限频率(Hz)	中心频率(Hz)	上限频率(Hz)
11	16	22	14.1	16	17.8
			17.8	20	22.4
			22.4	25	28.2
22	31.5	44	28.2	31.5	35.5
			35.5	40	44.7
			44.7	50	56.2
44	63	88	56.2	63	70.8
			70.8	80	89.1
			89.1	100	112
88	80	177	112	125	141
			141	160	178
			178	200	224
177	250	355	224	250	282
			282	315	355
			355	400	447

续上表

1/1 倍频带			1/3 倍频带		
下限频率(Hz)	中心频率(Hz)	上限频率(Hz)	下限频率(Hz)	中心频率(Hz)	上限频率(Hz)
335	500	710	447	500	562
			562	630	708
			708	800	891
710	1000	1420	891	1000	1122
			1122	1250	1413
			1413	1600	1778
1420	2000	2840	1778	2000	2239
			2239	2500	2818
			2818	3150	3548
2840	4000	5680	3548	4000	4467
			4467	5000	5623
			5623	6300	7079
5680	8000	11360	7079	8000	8913
			8913	10000	11220
			11220	12500	14130
11360	16000	22720	14130	16000	17780
			17780	20000	22390

在百分比带宽分析中,中心频率越高,对应的带宽越大,得出的数据越粗糙。恒定带宽分析(也称窄带分析)在整个频域内保持相同的带宽。声音频谱中不同中心频率处的值为对应分析带宽内的总能量。因此,分析声音频谱时需要说明是哪一类频谱,同类频谱才可以比较。

1.5 车辆平顺性测试与评价

车辆平顺性的评价实质上就是车辆系统的振动评价。车辆行驶时,由于道路路面的平整度及发动机、传动轴、车轮等旋转部件的作用,从而激发车辆振动。车辆平顺性评价,就是对车辆在行驶过程中产生的振动和冲击对乘员舒适性的影响或载货车辆在振动环境中保持货物完好能力的评价。在车辆平顺性研究中,主要考虑道路平整度的影响,因此,车辆的平顺性分析系统由"路面—车辆—人"三部分组成。其中,车辆可以简化为一个振动系统,路面平整度和行驶车速是激励,即车辆振动系统的输入。系统"输入"经过车辆的轮胎、悬架、车身、地板和座椅等弹簧、阻尼、质量元件构成的系统传递,最后表现为悬架质量或人体的振动加速度响应,即车辆系统的"输出"。将加速度响应和人的主观感受相结合,再按照一定的评价标准,就可以对乘员的舒适界限、工作效率降低界限等特性进行分析。车辆平顺性分析系统如图 1-7 所示。

研究车辆行驶平顺性,关键就是研究车辆在受到外部激振情况下,通过优化车辆结构振动系统,使得振动输出能够控制在一定范围之内,以保证人的主观舒适性。其中人体对机械振动的影响取决于振动的频率、强度、作用方向和持续时间。因此,车辆行驶过程中的振动特性和人体对振动的反应是车辆平顺性的重点研究内容。

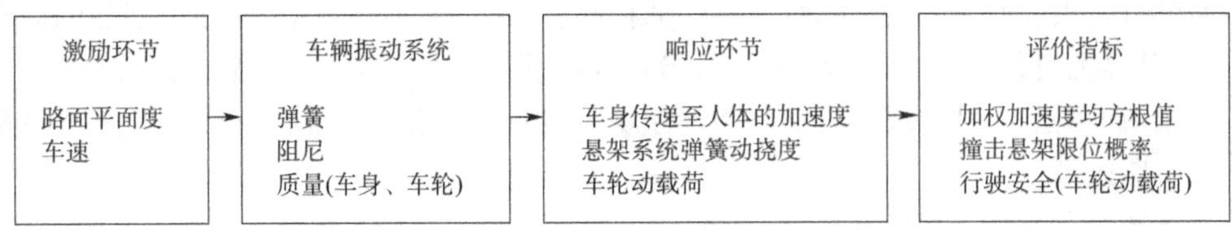

图1-7　车辆平顺性分析过程

1.5.1　振动与冲击对人体的影响

人体对振动环境十分敏感,人体长时间、持续地受到振动,会对人造成多方面的伤害:

(1)乘坐和驾驶的舒适性降低;

(2)易引起驾驶人和乘员的疲劳、不适,进而影响乘员的健康;

(3)人体各种器官在外部振动作用下,可诱发乘客晕车、呕吐等反应;

(4)振动还可能使驾驶人的工作效率降低、注意力分散,影响行车安全。

人体暴露于机械振动环境时,其生理反应一方面取决于个体的身体状态和心理素质,另一方面与激励源的频率、振动特性以及振动的持续时间密切相关。越野车辆、货车、长途客车、拖拉机、叉车或者重型推土机产生的过度振动,不仅会影响驾驶舒适性,而且还会引起驾驶人严重的职业病,例如慢性腰背痛和脊椎退化等。

人体系统不论是物理上还是生理上都是自然界中最复杂的系统,如果以机械系统来比拟,人体包含了许多线性和非线性单元,并且其相对应的机械特性也因人而异。因此,人体对振动与冲击的响应必须同时考虑生理和心理的影响。将人体看作是一个承受低频、低振级振动的机械系统,可用一组集中质量,通过串、并联近似表达的线性参数模型来描述,如图1-8所示。

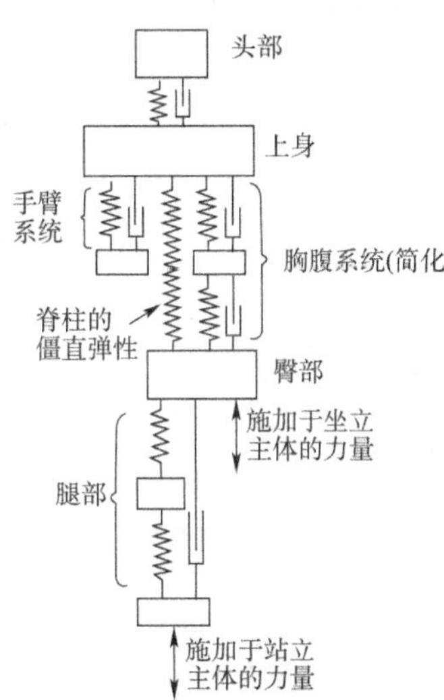

图1-8　人体站在振动平台承受垂直振动的力学模型

从人体振动模型可知,人体各躯干所承受振动的主要频率范围为0~100Hz,且整体和局部对振动的敏感频率程度也不同。就局部器官而言,人体头部的共振频率为20~30Hz,手为30~40Hz,眼球为60~90Hz,脊椎骨的共振频率为12~20Hz,100~200Hz的激励将可导致下颚—头骨的共振。

低频振动(30Hz以下)常引起头晕和手、肘、肩关节发生异变,中频振动(30~100Hz)和高频振动(100Hz以上)常引起骨关节异变、振动病和血管痉挛。进一步分析表明,人员的胸部内脏和腹部内脏共振频率范围分别为4~8Hz(称为人体第一共振频率)和10Hz(称为人体第二共振频率)。这两大共振频率在进行车辆平顺性试验和乘坐舒适性优化中需要重点考虑。

车辆的振动会对乘员的心理产生影响,如注意力分散、不舒适和疼痛等。弱的振动主要

引起人体组织和器官的位移、变形、挤压，从而影响其功能；强的振动引起人体组织和器官的机械性损伤，如撞伤、压伤、撕伤等。在中等强度振动作用下，驾驶人或乘员的心率、肺通气量、氧摄取量将增加。强烈的低频振动可抑制胃肠道蠕动和消化液分泌。但 1 ~ 2Hz 的振动则具有催眠作用；频率较高的较强振动或不稳定的振动可提高觉醒水平。长期中等强度的振动可引起头、颈、背、下肢的肌肉紧张、肌肉疲劳、活动能力下降；长期处于剧烈的振动环境下，可引起肌肉萎缩、肌张力下降，有时出现局部肌肉痉挛、坐骨神经痛、臀部疼痛。幅度较大的振动可引起人站立或坐姿不稳而产生抓握性防御反射，更强烈的振动可使骨骼系统振动和出现血斑。

尽管从 20 世纪 30 年代以来，世界各国开展了许多关于人体乘坐舒适性的研究工作，但是长期以来都难以得到公认的评价方法和指标，直到 1974 年，国际标准化组织在综合大量有关车辆驾驶人和飞行员人体全身振动研究成果的基础上，根据实验数据的整理分析，制定了国际标准 ISO 2631《人体承受全身振动评价指南》，后经多次修订、补充，于 1997 年正式公布了 ISO 2631-1：1997(E)《人体承受全身振动评价—第一部分：一般要求》。目前已发布版本为 ISO 2631-1：2004。此标准对于多输入点、多轴向随机振动环境长时间作用下，对人体的影响评价时，能与主观感觉更好地符合。图 1-9 和图 1-10 所示为国际标准 ISO 2631—1 给出的，在 1 ~ 80Hz 范围内，人员对垂直和水平振动响应的评价曲线。图中的振动量级曲线是以等效产生疲劳降低限的加速度均方根值来描绘的。超过指定的暴露曲线的振动将在多数情况下使乘员感到明显地疲劳并且降低工作效率。可以考虑接受的暴露的上限(对乘员的健康或功能的伤害)等于疲劳效能降低界限的 2 倍(6dB)，而舒适度降低界限约等于标准振动量级的 1/3 或低 10dB。

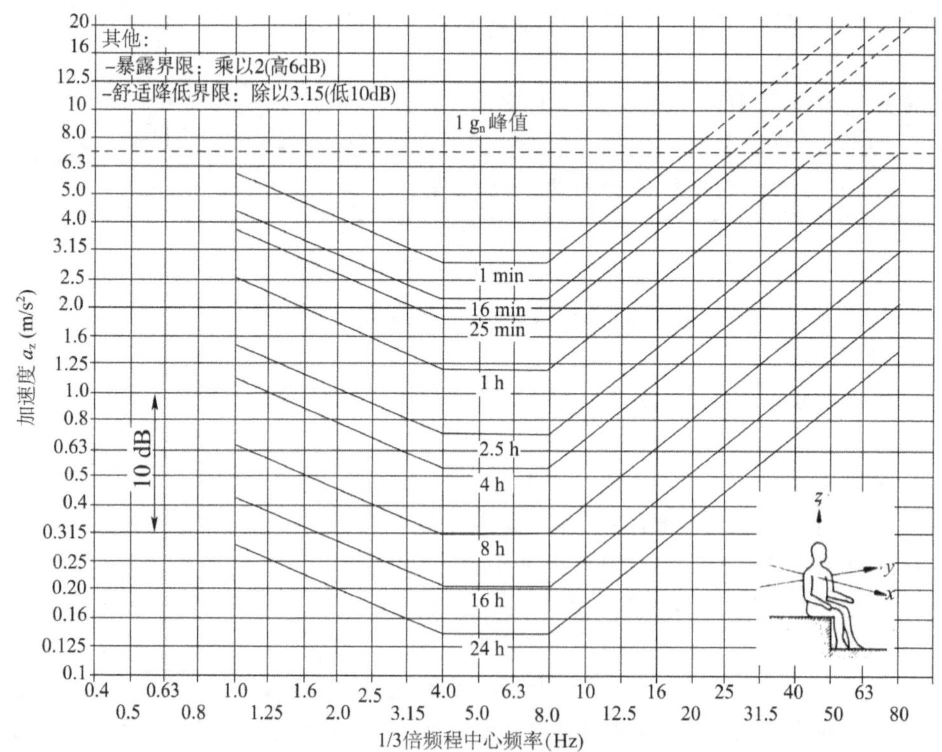

图 1-9　垂直振动评价曲线

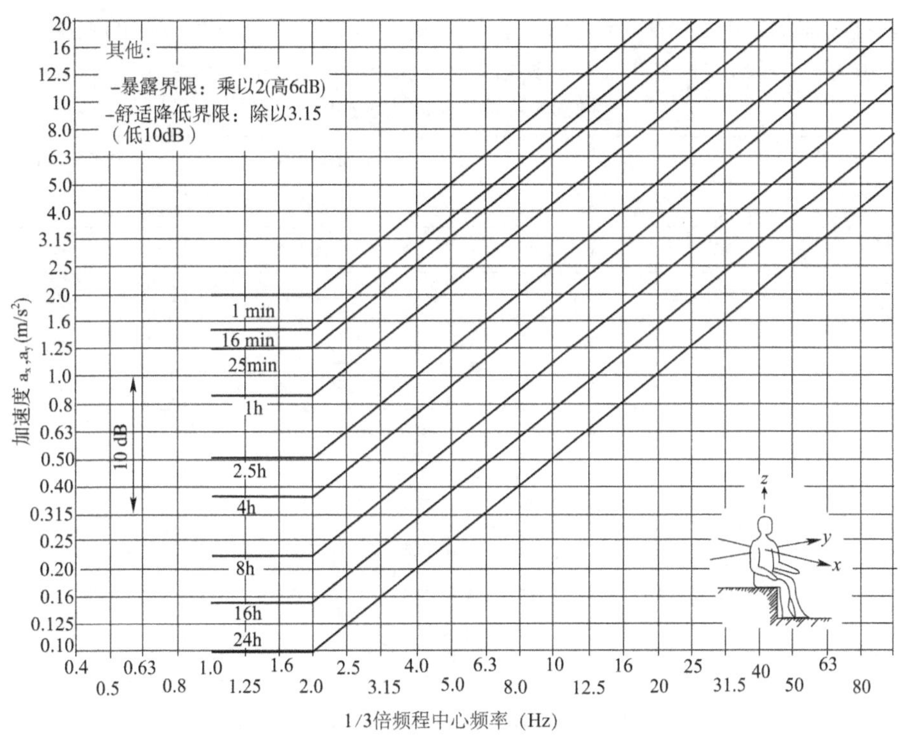

图 1-10　水平振动评价曲线

许多交通运输工具都会产生低于 1Hz 的低频振动，而低频振动对乘员的影响与高频振动是完全不同的。此频率范围的振动对结构或乘员的影响，一方面可引起乘员的运动病；另一方面，与产生于 1～80Hz 的振动影响分析方法完全不同的是，乘员在此环境下的响应将不能够简单地与激励的三个特征参数（能量、持续时间和频率）相联系起来。除此之外，乘员对低于 1Hz 振动的反作用力（或反应）也与许多外部的、非振动的因素有关，如年龄、性别、视力（想象力）、行为、气味等。对于高于 80Hz 的振动，乘员的感受和受到的影响极大地取决于振动点的当时条件，例如作用方向、位置和振动传递的面积，振动点的阻尼，甚至乘员的衣服和鞋具等。这些外部因素严重影响着皮肤和其他组织表面对高于 80Hz 振动的响应特性。

需要说明的是这里所提出的这些评价准则，并不是根据乘员的生理和心理界限而定量分类得出的严格界线，而仅是推荐的准则或趋势曲线。此外，迄今为止，对于纯粹的角振动（如车辆的俯仰、翻滚和侧倾），还没有类似的评价准则。2009 年，以国际标准为基础，我国修订、颁布了新的车辆平顺性试验和评价标准，即《汽车平顺性试验方法》（GB 4970—2009）。标准中规定了图 1-11 所示的人体坐姿力学模型。根据标准，在进行人员平顺性评价试验时，除了考虑座椅支撑面、座椅靠背支撑面、脚部地板支撑面的三个线振动外，还应考虑绕座椅支撑面三个轴向的角振动，总共要考虑 12 个方向的振动。

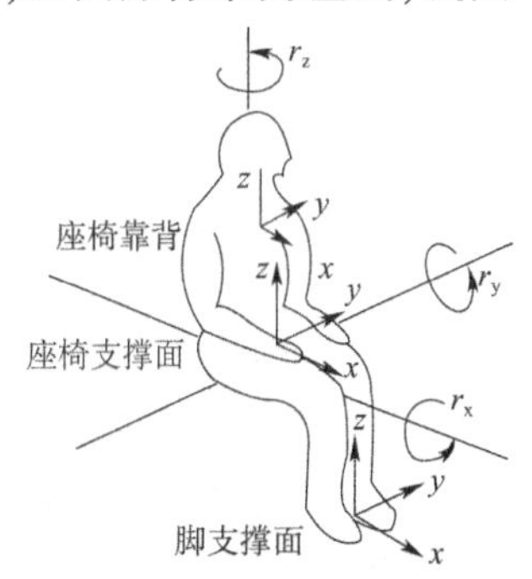

图 1-11　人体坐姿力学模型

考虑到人体对振动的敏感程度在不同的振动频带、不同的振动轴向上都不一样，在进行平顺性评价时，国家标准 GB 4970—2009 中规定了以频率加权系数和轴加权系数来综合计算振动对人体的影响,见表1-6。由于座椅坐垫上方的输入点三个方向的线振动是12个轴向中最敏感的,其轴加权系数 $k=1$,其余各轴向加权系数均小于0.8。

轴加权系数和频率加权系数 表1-6

位 置	坐标轴名称	轴加权系数 k	频率加权函数 ω
座椅坐垫上方	x_s	1.00	ω_d
	y_s	1.00	ω_d
	z_s	1.00	ω_k
	r_x	0.63m/rad	ω_e
	r_y	0.40m/rad	ω_e
	r_z	0.20m/rad	ω_e
座椅靠背	x_b	0.80	ω_c
	y_b	0.50	ω_d
	z_b	0.40	ω_d
脚支撑面	x_f	0.25	ω_k
	y_f	0.25	ω_k
	z_f	0.40	ω_k

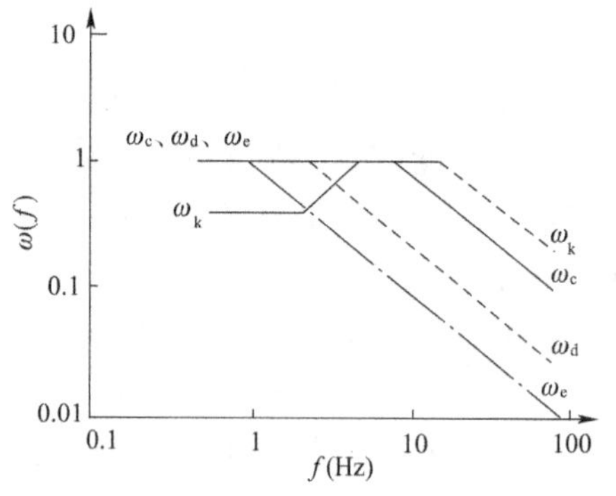

图1-12 各轴向频率加权函数

图1-12给出了各振动分量在0.5~80Hz频率范围内的频率加权函数(渐近线)。

频率 f 的加权函数 $\omega(f)$ 的具体数值也可由下列数学公式来表示:

$$\omega_k(f)=\begin{cases}0.5 & (0.5<f\leqslant 2)\\ \dfrac{f}{4} & (2<f\leqslant 4)\\ 1 & (4<f\leqslant 12.5)\\ \dfrac{12.5}{f} & (12.5<f<80)\end{cases} \tag{1-17}$$

$$\omega_d(f)=\begin{cases}1 & (0.5<f\leqslant 2)\\ \dfrac{2}{f} & (2<f\leqslant 80)\end{cases} \tag{1-18}$$

$$\omega_c(f)=\begin{cases}1 & (0.5<f\leqslant 8)\\ \dfrac{8}{f} & (8<f<80)\end{cases} \tag{1-19}$$

1.5.2 车辆平顺性评价方法

《汽车平顺性试验方法》(GB/T 4970—2009)规定了车辆在脉冲输入和随机输入行驶工况下的平顺性试验方法、试验要求及舒适性评价方法。

1)脉冲输入试验方法

GB/T 4970—2009中脉冲输入行驶评价方法,规定了基本评价方法和辅助评价方法。脉冲输入行驶试验用座椅坐垫上方、座椅靠背、驾驶人脚部地板三个测点9个方向的加速度响应绝对值的最大值与车速的关系进行评价。标准规定采用三角形单凸块或减速带以反映车辆的脉冲输入。试验时以车辆座椅支承面为测试点,同时测量所有测点和振动方向的振动,得到振动加速度响应值。

(1)基本评价方法。

当脉冲输入平顺性的峰值系数小于 9 时,脉冲输入行驶试验用座椅坐垫上方、座椅靠背、乘员或驾驶人脚步地板和车厢地板最大加速度响应 $\ddot{Z}_{\max}$ 与车速 v 的关系进行评价。

最大加速度响应 $\ddot{Z}_{\max}$ 按照下式计算:

$$\ddot{Z}_{\max} = \frac{1}{n}\sum_{j=1}^{n}\ddot{Z}_{\max j} \tag{1-20}$$

式中:n——脉冲试验有效试验次数,$n \geqslant 5$;

$\ddot{Z}_{\max j}$——第 j 次试验结果的最大加速度响应值,$\mathrm{m/s^2}$。

(2)辅助评价方法。

当脉冲输入平顺性的峰值系数大于 9 时,用基本评价方法不能完全描述振动对人体的影响,应采用辅助评价方法进行评价,评价指标为振动剂量值 VDV,计算公式为:

$$\mathrm{VDV} = \left[\int_0^T a_{\mathrm{w}}^4(t)\,\mathrm{d}t\right]^{\frac{1}{4}} \tag{1-21}$$

式中:$a_{\mathrm{w}}(t)$——加权加速度时间历程,$\mathrm{m/s^2}$;

T——作用时间(从车辆前轮接触凸块到车辆驶过凸块且冲击响应消失的时间),s。

峰值系数是加权加速度时间历程 $a_{\mathrm{w}}(t)$ 绝对值的最大值与加权加速度均方根值 $\bar{a}_{\mathrm{w}}$ 的比值。

$$\text{峰值系数} = \frac{\max(|a_{\mathrm{w}}(t)|)}{\bar{a}_{\mathrm{w}}} \tag{1-22}$$

2)随机输入试验方法

针对随机输入试验,国家标准规定以乘员(或驾驶人)人体及脚部地板处的加权加速度均方根值 $\bar{a}_{\mathrm{w}}$ 进行评价,用 $\bar{a}_{\mathrm{wx}}$、$\bar{a}_{\mathrm{wy}}$、$\bar{a}_{\mathrm{wz}}$ 分别表示前后方向、左右方向和垂直方向的加权加速度均方根值。总的加权加速度均方根值的计算可以采用如下方法:

(1)加权加速度均方根值时域计算方法。

时域法是对记录的加速度时间历程 $a(t)$,通过相应该轴向的频率加权函数滤波器得到加权加速度时间历程 $a_{\mathrm{w}}(t)$,再按下式计算单轴向加权加速度均方根值 $\bar{a}_{\mathrm{w}}$:

$$\bar{a}_{\mathrm{w}} = \left[\frac{1}{T}\int_0^T a_{\mathrm{w}}^2(t)\,\mathrm{d}t\right]^{\frac{1}{2}} \tag{1-23}$$

式中:T——作用时间,s。

(2)加权加速度均方根值频域计算方法。

由于国家标准规定的加权函数均以频率计权方式给出,且采用 1/3 倍频程计权频谱。因此,采用频域法求取车辆的加权加速度均方根值。其流程是:对记录的加速度时间历程先进行等带宽频谱分析,在得到自功率谱密度函数 $G_{\mathrm{a}}(f)$ 后,再按式(1-24)分别计算得出 1/3 倍频带的中心频率、下限频率和上限频率:

$$\begin{cases}\dfrac{f_u}{f_l}=2^{\frac{1}{3}}\\ f_c=\sqrt{f_l f_u}\\ \dfrac{f_c}{f_l}=2^{\frac{1}{6}}\\ \dfrac{f_u}{f_c}=2^{\frac{1}{6}}\end{cases} \tag{1-24}$$

式中：f_c——中心频率，Hz；

f_u——上限频率，Hz；

f_l——下限频率，Hz。

按照式(1-25)计算每一中心频率所对应的加速度均方根值。

$$\bar{a}_j = \left[\int_{f_{uj}}^{f_{lj}} G_a(f)\,\mathrm{d}f\right]^{\frac{1}{2}} \tag{1-25}$$

式中：$\bar{a}_j$——中心频率为f_{cj}的第$j(j=1,2,3,\cdots,23)$个1/3倍频带加速度均方根值，m/s^2；

f_{lj}、f_{uj}——1/3倍频带中心频率f_{cj}的上下限频率，Hz；

$G_a(f)$——加速度自功率谱密度函数，m^2/s^3。

然后再按式(1-26)计算单轴向加权加速度均方根值：

$$\bar{a}_w = \left[\sum_{j=1}^{23}(\omega_j \cdot \bar{a}_j)^2\right]^{\frac{1}{2}} \tag{1-26}$$

式中：$\bar{a}_w$——单轴向加权加速度均方根值，m/s^2；

ω_j——第j个1/3倍频带的加权系数，根据测点的位置和方向不同分别取ω_k、ω_d、ω_c。

(3)总加权加速度均方根值。

对坐姿人体的“舒适与感知”评价中，国家标准规定，人体坐姿在受到座椅旋转振动、靠背振动和脚部地板振动的影响时，对这些位置的振动使用表1-7所示的各轴向轴加权系数，得总加权加速度均方根值。各测试点在正交坐标系下的振动总加权加速度均方根值按下式计算：

$$\bar{a}_{vj} = (k_x^2\bar{a}_{wx}^2 + k_y^2\bar{a}_{wy}^2 + k_z^2\bar{a}_{wz}^2)^{\frac{1}{2}} \tag{1-27}$$

式中：a_{wx}、a_{wy}、a_{wz}——分别为相应的正交坐标系x、y、z轴向上的加权加速度均方根值，m/s^2；

k_x、k_y、k_z——分别为各轴的加权系数；

$\bar{a}_{vj}$——某点总加权加速度均方根值，m/s^2。

将各个测点的总加权加速度均方根值再进一步加权求和，按照式(1-28)计算获得最终的评价车辆平顺性的综合加权加速度均方根值$\bar{a}_v$。

$$\bar{a}_v = (\sum \bar{a}_{vj}^2)^{\frac{1}{2}} \tag{1-28}$$

总加权加速度均方根值和人的主观感觉之间的关系见表1-7。需要强调的是，表1-7建立了客观评价指标总加权加速度均方根值与人体主观评价的对应关系。

车辆平顺性主、客观评价关系表　　表1-7

总加权加速度均方根值$\bar{a}_v$(m/s^2)	人的主观感觉	总加权加速度均方根值$\bar{a}_v$(m/s^2)	人的主观感觉
<0.315	没有不舒服	0.8~1.6	不舒服

续上表

总加权加速度均方根值$\bar{a}_v$(m/s^2)	人的主观感觉	总加权加速度均方根值$\bar{a}_v$(m/s^2)	人的主观感觉
0.315 ~ 0.63	有一些不舒服	1.25 ~ 2.5	很不舒服
0.5 ~ 1	相当不舒服	>2	极不舒服

1.6 振动噪声源识别方法

车辆噪声源识别的目的主要包括以下两个方面:

(1)噪声源部位的确定,确定主要噪声源发声部件以及各噪声源在总声压级中所占的比重;

(2)噪声源特性的确定,确定声源的类别、频率特性、分布特征、变化规律和传播途径等。

噪声源识别的方法较多,应用时要根据实际对象和条件采用一种或几种合理的方法。目前,学术界中噪声源识别的方法主要有传统识别方法、频域分析法、声强测量法、声全息法和波束形成法。

1.6.1 噪声源传统识别方法

1)主观评价法

主观评价法是检测人员根据自己长期积累的经验,对机械设备运行时的噪声源部位和特性进行识别。主观评价方法受人为影响因素较大,而且也难以对噪声源给出定量的评价。因此,此法只适合于简单的噪声源识别问题。

2)分别运行法

首先在一定的条件下测定系统工作的总噪声,然后脱开或拆下可能发出较大噪声的部件或组件,在同样的条件下再测定系统的工作噪声。根据声压级的叠加原理,可以由2次测量结果计算出这个部件或组件辐射的噪声。

在车辆噪声测试中,用此法可以分离出发动机噪声、传动系统噪声、轮胎噪声、风扇噪声、进排气噪声和燃烧噪声等。由于2次测量时各部件的工况不尽相同,因此,识别精度不高。

3)覆盖法

用铅板做成一个与系统各部分表面相接近的密封隔声罩,罩的内壁衬有吸声材料,以减轻罩内的混响。罩表面设计出若干个可打开的小窗口,使相对应的机器部件表面暴露出来,其发出的噪声直接向罩外辐射。开启不同的窗口,可以确定机器噪声的主要辐射面和该面上的主要辐射区。这种方法操作很麻烦,只能找出主要的发声面,不能了解噪声的特性和来源。

4)近场测量法

近场测量法使用传声器贴近被测部件的表面(贴近表面主要是为了尽量减少受被测零部件噪声辐射干扰的影响)。若将传声器与车辆零部件表面保持着相当近的恒定距离,沿其表面上各点依次扫描,可以找出辐射面上最大的噪声辐射区及其量值大小;并用测量到的声压级值来确定噪声源部位和分辨主要噪声源。近场测量法简单易行,适合于在大尺寸机器表面上对中、高频噪声进行分析,在其他方面应用时,效果较差。

5)表面振速法

机械系统振动引起噪声,结构表面的振动速度与辐射噪声有一定的函数关系,表面振动速度(加速度)法就是根据这一原理进行声源识别的。

$$W_r = \rho_c \cdot S\overline{v^2}\sigma_r \tag{1-29}$$

式中:W_r——振动表面辐射的声功率;

ρ_c——空气声阻抗;

S——振动表面的面积;

$\overline{v^2}$——质点法向振动速度均方值的时间平均值;

σ_r——振动表面的声辐射系数。

如果将声源表面划分成若干小块后,测量每个小面积的振动速度(或加速度),可以画出声源表面的等振速曲线,它可形象表达出声辐射表面各点辐射声能的情况及最强辐射点。该方法不需要特殊的声学环境,但是需要测量大量的数据进行计算。

1.6.2 噪声源频域识别方法

1)频谱分析法

实际工程中,测量的噪声多为时域信号,为了得到噪声源的频率特征,需将复杂的时间历程波形经过傅里叶变换分解成单一的谐波分量来研究,从而获得信号的频率结构以及各谐波的幅值和相位信息。

随机信号的自功率密度函数 $G_{xx}(f)$ 描述了该信号的平均功率在各个频率上的分布,简称自谱。机械系统的各种噪声源有不同的频率特性,它由机械系统的结构和工况决定。通过频谱分析掌握信号的频率特性,再根据机械系统的结构和工况辅以一定的计算或试验,就可以进一步查明噪声的来源。

噪声频谱分析只能针对单个测点进行,而主要噪声源是相对于整个机械系统而言的,因此,频谱分析最好与其他分析法相结合。首先找到主要噪声源的发声部位,然后再对该部位处的噪声进行频谱分析,找出产生噪声的主要总成或部件。

2)倒频谱分析法

倒频谱分析法能用于分析复杂频谱上的周期成分,分离和提取密集泛频信号的周期成分,可应用于噪声源识别。倒频谱定义为对数功率谱的功率谱,表达式为:

$$C_p(q) = |F\{\lg G_x(f)\}|^2 \tag{1-30}$$

式中:$C_p(q)$——信号 $x(t)$ 的功率倒频谱;

$F\{\}$——对括号中的内容进行傅里叶变换;

$G_x(f)$——信号 $x(t)$ 的功率谱。

当被测系统中有声反射或通道传声时,声源与系统响应卷积结果在频谱图上常表现为多峰值波形,用常规的频谱分析法很难提取信号源,而采用倒频谱分析法可以从复杂的波形中分离并提取信号源。

由于倒频谱分析法能显示频谱图上复杂边频结构中的周期成分、区分出源信号和调制信号,因此,倒频谱分析法特别适合从复杂噪声源中分离某一噪声信号,从而识别出该噪声源。

3)相干分析法

相干函数可以描述2个信号在频域里的相关程度,反映平稳随机过程的输入与输出之间的因果关系。对于常参数的单输入、单输出系统,输入 $x(t)$ 和输出 $y(t)$ 都是平稳随机过程,则输入和输出的常相干函数 r_{xy}^2 可以由输入输出信号的自谱 $G_{xx}(f)$、$G_{yy}(f)$ 和互谱 $G_{xy}(f)$ 计算获得。当 $r_{xy}^2=0$ 时,说明 $x(t)$ 和 $y(t)$ 不相关,输出不是由输入引起;当 $r_{xy}^2=1$ 时,说明输入和输出完全相关,输出完全由输入引起。当 $0\leqslant r_{xy}^2\leqslant 1$,表示除 $x(t)$ 外还有其他输入存在或有外界噪声混入。

因此,在相干谱上某个频率 f 处的 r_{xy}^2 可以表示在该频率处输出谱 $G_{yy}(f)$ 中有多少百分比来自输入谱 $G_{xx}(f)$。

对于多输入、单输出系统,如输入之间不相关,可分别计算其常相干函数,表示各个输入对输出的贡献。这些常相干函数之和为重相干函数。若输入之间是相关的,就要用偏相干函数来描述每个输入对输出的贡献。

应用相干分析,可以探寻噪声谱中峰值的由来,即总噪声与机械系统中哪个部件的振动或所辐射噪声之间的关系。

1.6.3 噪声源声强识别法

声强 I 是垂直于声波传播方向的单位面积上单位时间内通过的平均声能。在 n 方向上的声强 I_n 可以表示为:

$$I_n = \frac{1}{T}\int_0^T pV_n \mathrm{d}t = E[pV_n] \tag{1-31}$$

式中:p——声场中某点的声压;

V_n——该点 n 方向上质点的瞬时振动速度;

$E[\ ]$——数学期望。

根据互相关函数的定义和 Wiener-Khintchine 公式,式(1-31)可以写为:

$$I_n = R_{pV_n}(0) = \int_0^{\infty} G_{pV_n}(f)\mathrm{d}f \tag{1-32}$$

式中:$R_{pV_n}(0)$——信号 p 和 V_n 的互相关函数 $R_{pV_n}(\tau)$ 在 $\tau=0$ 时的取值;

$G_{pV_n}(f)$——信号 p 和 V_n 的单边互功率谱密度函数。

对于一般空气介质:

$$V_n = \frac{1}{\rho}\int \frac{\partial \rho}{\partial n}\mathrm{d}t \tag{1-33}$$

式中:ρ——空气密度。

当采用两只间距为 Δn 的传声器同时测量声压时,若 Δn 很小,则可用两传声器声压 p_1 和 p_2 的均值来代替其中点的声压,用一阶有限差分来近似声压梯度:

$$p = \frac{1}{2}(p_1 + p_2) \tag{1-34}$$

$$\frac{\partial \rho}{\partial n} = \frac{p_1 - p_2}{\Delta n} \tag{1-35}$$

将式(1-35)代入式(1-33),再对式(1-33)、式(1-34)取傅里叶变换,将结果代入式(1-32),经整理可得:

$$I_n(f)=\frac{1}{2\pi\Delta n\rho}I_m[G_{12}(f)] \quad (1\text{-}36)$$

式中：$I_n(f)$——n 方向上 f 频带的声强；

$G_{12}(f)$——声压信号 p_1 和 p_2 的单边互功率谱；

I_m——表示取虚部。

由式(1-35)可知，只要测得 p_1 和 p_2，求其互谱，再经过频域代数运算即可得到声强及其频谱。由于声强是矢量，在求声功率时可以消除封闭曲面外其他噪声源和环境反射对测试结果的影响，因此对测量环境要求很低，能用于现场测量。

双传声器互谱测量法是当前声强测量中应用最多的方法，用2个相距很近的传声器，取其信号的互谱来求得。

声强测量用来识别噪声源，有3种方法：

(1)声功率排序法。用声强探头测出各表面上的声强，求和计算得到各表面的辐射声功率，排出其对系统总噪声贡献大小的次序。

(2)峰值扫描法。将探头轴线平行于被测表面平移，当信号改变符号时，过探头中点的垂线上必有声源存在。此法简单快速，可用来粗略地找出声源，如检测隔板或隔墙的声泄漏。

(3)等声强线和三维声强图。在靠近机器的某个表面上设置测量网格面，在网格结点上测量声强，得到该声辐射面的三维声强图和等声强线图，比较直观地表现该表面的声辐射状况。

从声强的定义知，声强是矢量，能表示声能流的方向和大小，因此，若能全面画出振动系统的声强矢量图，则可了解从声源到接受者之间声能流传递的方向和途径。

如果只对与某个信号相关的声强感兴趣，可将该信号作为参考信号，仅测量与此相干的声强，得到选择声强谱。

1.6.4 噪声源波束形成识别法

波束形成法主要基于声阵列获得声音信号的延迟，求和处理，进而确定声源位置。其核心思想是离散化被测物聚焦平面形成聚焦网格点，利用传声器阵列采集声信号反向聚焦各网格点并按聚焦点位置进行相位补偿后加和输出。真实信号源所在聚焦点的输出量被加强，其他聚焦点的输出量被衰减，从而有效识别声源。

延迟求和波束形成的原理如图1-13所示。每一个传声器阵列连接到一个带有延迟求和信号处理的单元。信号首先到达最右边的传声器，然后是第二个、第三个等。最先到达的信号给出最大的延迟，第二个到达的信号给出次等延迟等。把经过延迟处理后的信号进行相加，这样聚焦方向上的信号因为是同一方向，它们相加后信号就得到了加强，形成一个主波瓣，主波瓣的方向就指向假定声源的方向；而其他不同方向上的信号因为不是同向相加，则会减弱。这样就实现了空间滤波的作用。

1)基于平面波假设的延迟求和波束形成方法

平面波的设想条件是测量距离无限大，它的函数形式最为简单。把位于传感器远场的信号源发出的信号看作是平面波，将会简化波束形成问题。

在 xOy 坐标系平面有一个具有 N 个传声器的平面阵列，如图1-14所示，平面波从聚焦方向入射，第 N 个传声器的位置在 $r_m(m=1,2,3,...,N)$。当将这种阵列应用于延迟求和波束形成时，测量的声压信号 p_m 分别被延迟并相加，阵列输出为：

$$b(k',t)=\sum_{m=1}^{N}w_m p_m[t-\Delta_m(k')] \quad (1\text{-}37)$$

式中：w_m——赋予传声器的一组加权系数；

$\Delta_m(k')$——传声器的时延。

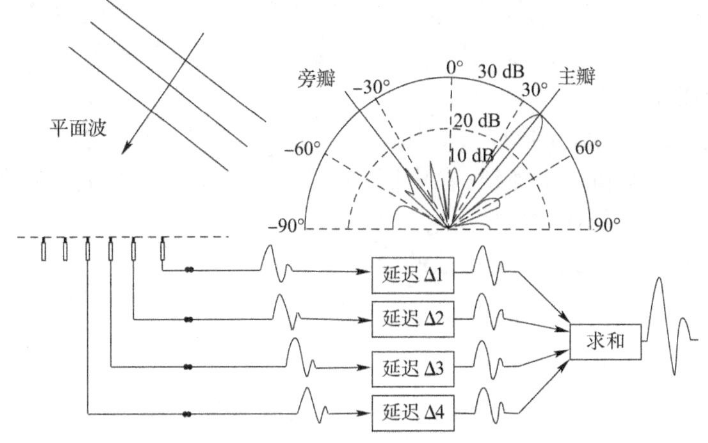

图 1-13　延迟求和波束形成原理图

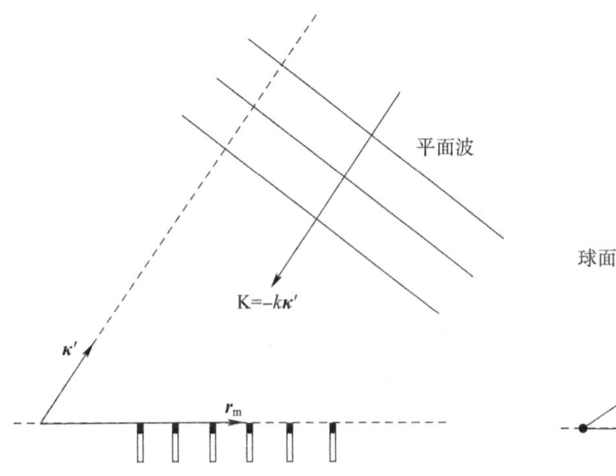

图 1-14　平面波波束形成示意图

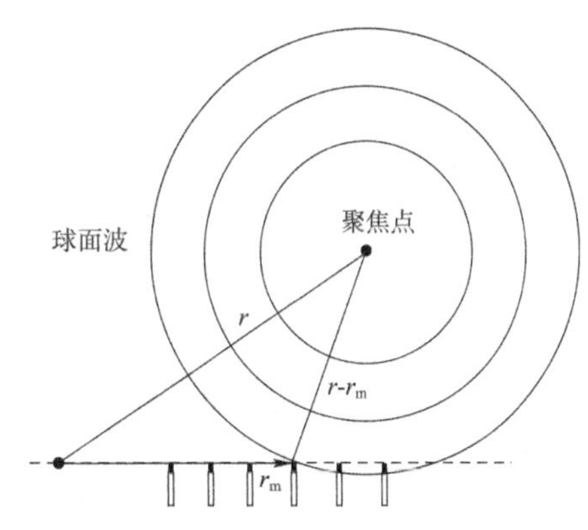

图 1-15　球面波波束形成示意图

由图 1-15 可得：

$$\Delta_m = \frac{k' \cdot r_m}{c} \tag{1-38}$$

式中：k'——单位矢量，与平面波入射的方向相反；

c——声速。

对延时求和波束形成式(1-37)进行傅里叶变换，波束形成在频域的计算公式可以转化为：

$$B(k',\omega) = \sum_{m=1}^{N} w_m P_m(\omega) e^{-jw\Delta_m(k')} = \sum_{m=1}^{N} w_m P_m(\omega) e^{jKr_m} \tag{1-39}$$

式(1-39)中，ω 是角频率，$k=\omega/c$ 是波数，$\boldsymbol{K} = -k \cdot k'$是平面波的波数矢量，它从阵列聚焦的方向入射，所以 $B(k',\omega)$也可以用 $B(\boldsymbol{k},\omega)$来代表。

另外，延迟求和波束形成方法进行归一化处理后，也可写成：

$$B(k',w) = \frac{1}{N}\sum_{m=1}^{N} w_m P_m(w) e^{jKr_m} \tag{1-40}$$

2)基于球面波假设的延迟求和波束形成方法

当声源位于阵列近场范围时,若把声源发出的信号看作是平面波,会带来严重的波束性能损失,使波束主瓣变宽,旁瓣升高,不能获得期望的波束特性。因此,在近场声源条件下,远场平面波假设就不再合适了,而采用球面波假设就能比较准确地反映实际情况,由此便产生了近场波束形成技术。

近场球面波延迟求和波束形成方法如图 1-15 所示,信号按球面波发射出来,各个传声器接收的信号进行延迟和相位补偿,在声源位置处,接收的信号同向相加得到增强,形成"聚焦点",因而可以识别出声源的位置。

近场球面波延迟求和波束形成方法的计算公式为:

$$B(\boldsymbol{r},w)=\sum_{m=1}^{N}P_{\mathrm{m}}(\omega)\mathrm{e}^{-j\omega\Delta_{\mathrm{m}}(r)} \tag{1-41}$$

式中:N——阵列中传声器的数目;

$P_{\mathrm{m}}(\omega)$——第 m 个传声器的声压信号。

近场球面波产生的时延为:

$$\Delta_{\mathrm{m}}(\boldsymbol{r})=\frac{|\boldsymbol{r}|-r_{\mathrm{m}}(\boldsymbol{r})}{c} \tag{1-42}$$

式中: c——声波的传播速度;

$\boldsymbol{r}$——参考点到聚焦点的位矢;

$\boldsymbol{r}_{\mathrm{m}}$——第 m 个传声器到参考点的位矢;

$r_{\mathrm{m}}(\boldsymbol{r})=|\boldsymbol{r}-\boldsymbol{r}_{\mathrm{m}}|$——第 m 个传声器到聚焦点的距离。

1.6.5 噪声源声全息识别法

声全息是20 世纪 60 年代把全息技术引进声学领域后出现的新学科。当时,AlexanderF. Metherell、HusseinM. EI-Sum、JohnJ. Dreher 等基于光全息术方法,提出了声全息的设想。J. R. Shell、E. Wolf 在研究逆衍射的过程中,建立了声全息的基本理论。

传统声全息技术中,声波波长小于全息面到声源面的距离,声全息的数据来自菲涅尔或夫琅和费区域,记录的声场数据仅仅包含了低空间频率信息的传播波(PropagatingWave),而丢失了非常重要的具有高空间频率信息的倏逝波(EvanescentWave),这样使得声场重建的分辨率受限于声波波长,低频的重建分辨率很差。

20 世纪 80 年代,J. D. Maynard、E. G. Williams 等提出了近场声全息(NearfieldAcousticHolography,NAH)的概念。与传统的声全息技术相比,近场声全息在距离声源很近的测量面上采集数据,它不仅记录"传播波"成分,也包含了"倏逝波"成分,重建图像的分辨率高,从而能够精确识别噪声源。利用近场声全息技术测量包络声源的全息面声压,再通过使用全息面和声源表面的变换关系,就可以重建出声源表面的声场。近场声全息适用于大型结构远场指向性的预报以及散射体结构表面特性、模态振动等研究。

近场声全息基本原理大致可以概括为:先对噪声源进行全息测量,得到测量面的复声压信息,包括幅值以及相位等信息,然后利用特定的声场转换重建算法对重建面进行声场重建,从而得到声源表面辐射的声场信息。

理想流体介质中,声音的传播满足声学波动方程:

$$\nabla^2 p(x,y,z,t)-\frac{1}{c^2}\frac{\partial^2 p(x,y,z,t)}{\partial^2 t}=0 \tag{1-43}$$

式中：$p(x,y,z,t)$——空间坐标 x,y,z 和时间 t 的函数；

∇^2——拉普拉斯算子。

由式(1-43)，可以推导出稳态声场 Helmholtz 方程：

$$\nabla^2\overline{p}(x,y,z,w)+k^2\overline{p}(x,y,zg_D(x,y,z)=z(1-jkR)\exp(jkr)2\pi r^3,w)=0 \quad (1\text{-}44)$$

近场声全息原理如图 1-16 所示，图中 z 表示重建面($z>z_H$ 时称正向重建面，当 $z<z_H$ 时称反向重建面)，z_H 表示全息面，z_S 表示声源面。若 z_H 上的测量数据已知，则可通过空间声场变换公式得出重建面声场分布 z_S 上的声场信息；若 z_H 中将 $z>0$ 看作自由场，依据 Dirichlet 边界条件，由 Green′ s Function 以及瑞利积分可得式(1-44)的解，即为声场重建公式：

$$p(x_H,y_H,z_H)=\iint_S p(x_S,y_S,z_S)g_D(x_H-x_S,y_H-y_S,z_H-z_S)\mathrm{d}x_S\mathrm{d}y_S \quad (1\text{-}45)$$

式(1-45)中，$g(x,y,z)$ 为无穷平面对应的 Green′s Function，s 为积分平面。

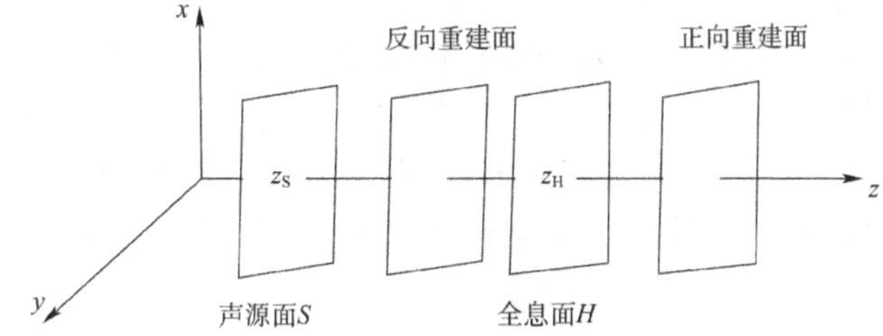

图 1-16　近场声全息原理示意图

Dirichlet 边界条件下，Green′s Function 表达式如下：

$$g_D(x,y,z)=z(1-jkr)\exp(jkr)2\pi r^3 \quad (1\text{-}46)$$

其中，$r=\sqrt{x^2+y^2+z^2}$，式(1-46)转换为：

$$g_D(x_H-x_S,y_H-y_S,z_H-z_S)=z(1-jkR)\exp(jkR)2\pi R^3 \quad (1\text{-}47)$$

式中，$R=\sqrt{(x_H-x_S)^2+(y_H-y_S)^2+(z_H-z_S)^2}$。

定义空间坐标系内沿 x,y 方向的二维傅里叶变换为：

$$F(k_x,k_y)=\int_{-\infty}^{+\infty}\int_{-\infty}^{+\infty}f(x,y)\exp[-j(k_x x+k_y y)]\mathrm{d}x\mathrm{d}y \quad (1\text{-}48)$$

对式(1-48)两边作卷积处理，由二维卷积定理可得：

$$P(k_x,k_y,z_H)=P(k_x,k_y,z_S)G_D(k_x,k_y,z_H-z_S) \quad (1\text{-}49)$$

式中：$P(k_x,k_y,z_H)$——正全息面声场上复声压 $P(k_x,k_y,z_S)$ 的二维傅里叶变换；

$G_D(k_x,k_y,z_H-z_S)$——$g_D(x_H-x_S,y_H-y_S,z_H-z_S)$ 的二维傅里叶变换。

Dirichlet 边界条件下，可得：

$$G_D(k_x,k_y,z_H-z_S)=\exp[j(z_H-z_S)]\sqrt{k^2-k_x^2-k_y^2}=\exp[jk_z(z_H-z_S)] \quad (1\text{-}50)$$

利用式(1-49)，可通过全息面的声场对正向重建面声场进行重构，然后通过二维傅里叶逆变换对正向重建面上复声压 $p(x,y,z)$ 进行重构。

$$p(x,y,z)=F_{x,y}^{-1}\frac{P(k_x,k_y,z_H)}{G_D(k_x,k_y,z-z_H)} \quad (1\text{-}51)$$

式(1-51)即为正向重建面的声场重建公式。

第2章 机械振动与噪声信号处理技术

信号是信息的载体，为了从实际获取的振动信号中提取出有用的特征信息，就需要对获取的振动信号进行处理分析。通过对振动信号进行各种有效处理，可以进行特征信号提取、参数检测、状态监测和故障诊断等。利用信号的分析结果提出有针对性的解决方案，从而实现振动与噪声的主动控制、机械故障诊断、对振动与噪声评价等。

随着计算机技术的快速发展，振动与噪声信号处理经历了从模拟信号的人工分析到数字信号的计算机自动处理过程的演变。数字信号处理具有稳定、灵活、快速、高效、高精度、应用范围广等优点，被广泛地应用于振动与噪声信号处理中。振动与噪声信号处理的实质就是对获取到的振动与噪声信号进行幅值域、时间域、频率域处理，提取有用的信息以帮助工程师解决机械系统的实际振动与噪声问题。

目前，关于机械振动与噪声信号处理的技术主要有幅值域分析技术、相关分析技术、谱分析技术、小波分析技术、盲源分离技术、Hilbert-Huang 变换技术、高阶统计量分析技术等。幅值域分析技术、傅里叶变换和相关分析技术属于传统分析技术。幅值域分析又称信号的概率密度曲线和概率分布曲线分析，傅里叶变换和相关分析都是基于时域统计分析，一般处理的信号都为平稳信号。谱分析、小波分析、盲源分离、Hilbert-Huang 变换和高阶统计量分析属于现代分析技术，其中小波分析、盲源分离、Hilbert-Huang 变换和高阶统计量分析对非平稳信号具有较好的效果。

2.1 幅值域分析技术

2.1.1 幅值域分析概述

实际的振动与噪声信号往往是确定性信号和随机信号的组合。因此，一般的振动与噪声信号可以看作是随机信号。在信号的时域中描述幅值随时间的变化关系或者幅值的分布情况称为幅值域分析方法。幅值域分析属于时域分析。随机信号的幅值域分析是以信号幅值为自变量，研究信号的幅值特征、信号的幅值分布以及其他幅值特征参数(如率分布密度、概率分布函数)等。

2.1.2 幅值域分析常用统计特征参数

为了提取时域信号的特征信息需要考虑概率与统计因素，需要通过幅值的各种统计量来表征和提取信号特征。幅值域分析常用的参数主要有：均值、均方值或均方根值、方差(或标准差)、概率密度函数、概率分布函数、联合概率密度函数等。

时域信号的特征参数可以根据有无量纲分为有量纲特征参数和无量纲特征参数。有量纲特征参数包括均值、均方值或均方根值、方差(或标准差)、峰峰值等。无量纲特征参数包括峰值因子、脉冲因子、裕度因子、波形因子、峭度因子、偏度因子等。

有量纲特征参数能够反映信号的幅值情况、能量变换情况,有量纲指标对信号特征比较敏感,会因工作条件(如负载)的变化而变化,并极易受环境干扰的影响,具有表现不够稳定的缺陷。相比而言,无量纲指标能够排除这些扰动因素的影响。

1)时域信号有量纲参数

(1)均值。

均值用来描述信号的平均水平,即数据的静态分量,也称数学期望或一次矩,反映了信号变化的中心趋势。若信号具有遍历性,则均值可用单个样本函数 $x(t)$ 的时间平均值来表示,当观测时间 T 趋于无穷大时,信号在观测时间 T 内取值的时间平均就是信号 $x(t)$ 均值。均值的定义为:

$$\mu_x = E[x(t)] = \lim_{T\to\infty}\frac{1}{T}\int_0^T x(t)\,dt \tag{2-1}$$

式中:$E[\cdot]$——集合平均记号;

T——信号的观测时间。

实际中 T 不可能取成无穷,所以计算出的值必然包含统计误差,只能作为真值的一种估计。

平均值可作为随机振动的静态分量,在工程测试中为了分析方便,常常希望振动时间历程的均值为零,当均值不为零时,常常进行零均值处理。

(2)均方值。

均方值是信号平方的平均,用来描述信号的平均能量或平均功率,是二次矩。当观测时间 T 趋于无穷大时,信号在观测时间 T 内取值平方的时间平均值就是信号 $x(t)$ 的均方值,常用符号 Ψ_x^2 表示,定义为:

$$\Psi_x^2 = \lim_{T\to\infty}\frac{1}{T}\int_0^T x^2(t)\,dt \tag{2-2}$$

如果仅对有限长的信号进行计算,则其结果仅是对其均方值的估计。

(3)均方根值。

均方根值(RMS)为均方值的正平方根,也称有效值,表征信号中能量的大小。RMS 计算在信号处理中经常用到,比如计算阶次、计算声压级等。信号的 RMS 计算公式为:

$$x_{RMS} = \sqrt{\Psi_x^2} = \sqrt{\frac{1}{N}\sum_{i=1}^{N}x_i^2} \tag{2-3}$$

(4)方差。

方差反映信号围绕均值的波动程度,描述信号的动态分量,与随机振动的能量成比例,是二阶中心矩。方差定义为:

$$\sigma_x^2 = \lim_{T\to\infty}\frac{1}{T}\int_0^T [x(t)-\mu_x]^2 dt = \frac{1}{N-1}\sum_{i=1}^{N}(x_i-\bar{x})^2 \tag{2-4}$$

方差仅反映信号 $x(t)$ 中的动态部分,方差的正算数平方根 σ_x 称为标准差。若信号 $x(t)$ 的均值为零,则均方值等于方差,如果信号 $x(t)$ 的均值不为零时,则有下式:

$$\sigma_x^2 = \Psi_x^2 - \mu_x^2 \tag{2-5}$$

(5)最值与峰值。

峰值为信号中绝对值的最大值,计算公式为:

$$X_p = \max\{|x_i|\} \tag{2-6}$$

最大值为信号中最大的值,计算公式为:

$$X_{max} = \max\{x_i\} \qquad (i=1,2,\cdots,N) \tag{2-7}$$

最小值为信号中最小的值,计算公式如下:

$$X_{min} = \min\{x_i\} \qquad (i=1,2,\cdots,N) \tag{2-8}$$

峰峰值 X_{p-p} 为最大值与其相邻最低谷值差值的绝对值,用于描述信号值变化范围的大小。

(6)方根幅值与平均幅值。

对于离散的信号数据 $x_1,x_2,\cdots,x_N$,方根幅值和平均幅值的计算公式如下。

方根幅值的计算公式为:

$$x_r = \left[\frac{1}{N}\sum_{i=1}^{N}\sqrt{|x_i|}\right]^2 \tag{2-9}$$

平均幅值的计算公式为:

$$|\bar{x}| = \frac{1}{N}\sum_{i=1}^{N}|x_i| \tag{2-10}$$

2)时域信号无量纲参数

信号无量纲参数具有对幅值和频率变化不敏感的特点,理论上其值与结构的运动条件无关,只依赖于概率密率函数 $p(x)$ 的形状。因此,无量纲参数是一种较好的诊断参数,无因次型振幅诊断参数定义为如下的形式:

$$\zeta_x = \frac{\left[\int_{-\infty}^{\infty}|x|^l p(x)\mathrm{d}x\right]^{1/l}}{\left[\int_{-\infty}^{\infty}|x|^m p(x)\mathrm{d}x\right]^{1/m}} \tag{2-11}$$

通常,工程中常用的信号无量纲参数主要有峰值因子、脉冲因子、裕度因子、波形因子、偏度因子和峭度因子等。

(1)峰值因子。

峰值因子是信号峰值与有效值(RMS)的比值,用来检测信号中是否存在冲击。峰值是一个时不稳参数,不同的时刻变动很大。由于峰值的稳定性不好,对冲击的敏感度也较差,因此,在故障诊断中,该指标逐渐被峭度指标取代。

$$C = \frac{X_p}{X_{RMS}} \tag{2-12}$$

(2)脉冲因子。

脉冲因子是信号峰值与绝对值的平均值之比。脉冲因子和峰值因子的区别在分母上,由于对于同一组数据绝对值的平均值小于有效值,所以脉冲因子大于峰值因子。脉冲因子也用于检测信号中是否存在冲击。

$$I = \frac{X_p}{|\bar{x}|} \tag{2-13}$$

(3)裕度因子。

裕度因子是信号峰值与方根幅值的比值。裕度因子可以用于检测机械设备的磨损情况。

$$C_e = \frac{X_p}{x_r} \tag{2-14}$$

(4)波形因子。

波型因子是有效值(RMS)与绝对值的平均值之比。在电子领域其物理含义可以理解为直流电流相对于等功率的交流电流的比值,其值大于或等于1。

$$S_f = \frac{X_{RMS}}{|\bar{x}|} \tag{2-15}$$

(5)偏度因子。

偏度因子,也称偏度(skewness),是对统计数据分布偏斜方向及程度的度量。统计数据的频数分布有的是对称的,有的是不对称的,即呈现偏态。在偏态分布中,当偏斜度为正值时,分布正偏,即众数位于算术平均数的左侧;当偏斜度为负值时,分布负偏,即众数位于算术平均数的右侧。利用众数、中位数和算术平均数之间的关系判断分布是左偏还是右偏。偏度是统计数据分布非对称程度的数字特征。定义为偏度是样本的三阶标准化矩,计算公式为:

$$c_3 = \frac{E[(X-\mu_x)^3]}{\sigma_x^3} = \frac{\frac{1}{N}\sum_{i=1}^{N}(x_i-\bar{x})^3}{\left[\frac{1}{N}\sum_{i=1}^{N}(x_i-\bar{x})^2\right]^3} \tag{2-16}$$

偏度定义中包括正态分布(偏度=0),正偏分布(又称左偏分布,其偏度>0),负偏分布(又称右偏分布,其偏度<0)。对于单峰分布,正偏度代表分布图线的“头”在左侧,“尾”在右侧;负偏度反之,具体如图2-1所示。需要说明的是这里所说的“左偏”和“右偏”指的是众数在算数平均值的左侧还是右侧,也即分布图的“头”在左侧还是右侧;正态分布的偏度为0,但是偏度为0并不表示数据正态分布。

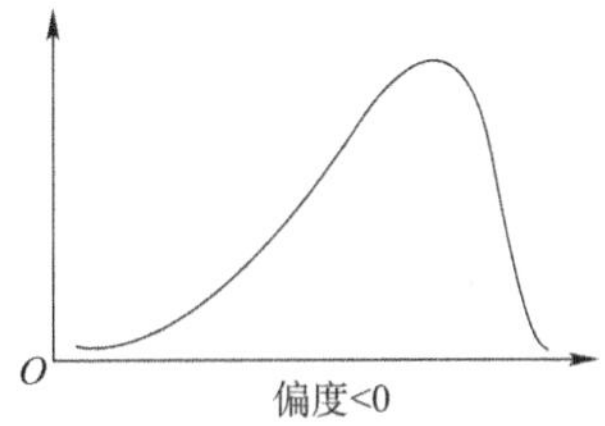

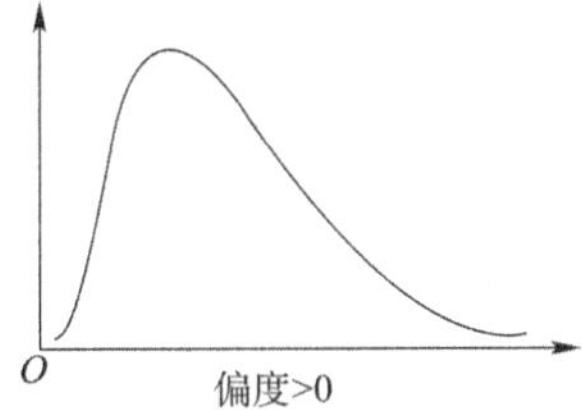

图2-1 偏度因子

(6)峭度因子。

峭度因子,也称峭度(kurtosis)或峰度,是反映随机变量分布特性的数值统计量,是归一化四阶中心矩,是表征概率密度分布曲线在平均值处峰值高低的特征数。直观来看,峭度反映分布图峰部的尖度。随机变量的峭度计算方法为:随机变量的四阶中心矩与方差平方的比值。正态分布的峭度等于3,峭度小于3时分布的曲线会较“平”,大于3时分布的曲线较“陡”。为了表示方便,通常将峭度减去3,即正态分布的峭度等于0,比正态分布陡时峭度大于0,比正态分布平缓时峭度小于0,具体如图2-2所示。计算公式为:

$$c_4 = \frac{E[(X-\mu_x)^4]}{\sigma_x^4} - 3 = \frac{\frac{1}{N}\sum_{i=1}^{N}(x_i-\bar{x})^4}{\left(\frac{1}{N}\sum_{i=1}^{N}(x_i-\bar{x})^2\right)^2} - 3 \tag{2-17}$$

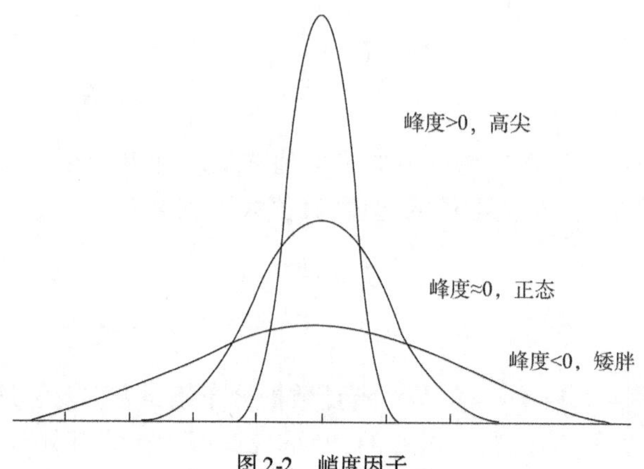

图 2-2　峭度因子

上述无量纲参数，从不同方面反映了设备状态变化的物理本质，并且一般满足对设备的状态敏感和运行参数不敏感的要求。工程实践证明，对故障和缺陷有足够的敏感性和稳定性较好的指标主要有脉冲因子和裕度因子。

脉冲因子、峰值因子和峭度因子都对冲击类故障比较敏感，特别是当故障早期发生时，这些指标值明显增加；但上升到一定程度后，随故障的逐渐发展，反而会下降，表明它们对早期故障有较高的敏感性，但稳定性不好。为了取得较好的效果，常常会将多种指标同时应用。各种无量纲指标的敏感性和稳定性见表 2-1。

各无量纲指标的敏感性和稳定性　　表 2-1

参　数	敏感性	稳定性	参　数	敏感性	稳定性
峰值因子	一般	一般	波形因子	差	好
脉冲因子	较好	一般	峭度因子	好	一般
裕度因子	好	一般			

3）时域信号幅值分布参数

（1）概率密度函数。

如图 2-3 所示，各态历经过程的样本函数 $x(t)$ 的值在 x 和 $(x+\Delta x)$ 范围内的概率可表示为：

$$p_{\text{prb}}[x \leqslant x(t) < x+\Delta x] = \lim_{T\to\infty}\frac{\Delta t}{T} \tag{2-18}$$

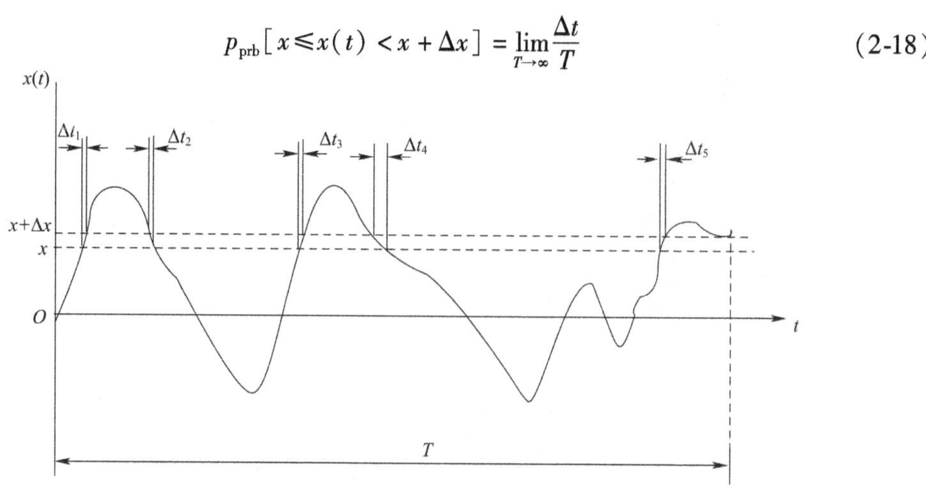

图 2-3　幅值分布概率

式中，$\Delta t=\sum_{i=1}^{n}\Delta t_i$ 为 $x(t)$ 落在间隔 $x\sim x+\Delta x$ 内的总时间；T 为总的观察时间。换言之 $x(t)$ 落在 $x\sim x+\Delta x$ 内的概率，可由 $\Delta t/T$ 的极限唯一确定。

概率密度函数是以幅值大小为横坐标，以每个幅值间隔内出现的概率为纵坐标。它反映了信号落在不同幅值强度区域内的概率情况，如图 2-4 所示。当 $\Delta x\to 0$ 时，概率密度函数定义为：

$$p(x)=\lim_{\Delta x\to 0}\frac{p_{\mathrm{prb}}[x\leqslant x(t)<x+\Delta x]}{\Delta x}=\lim_{\Delta x\to 0}\frac{1}{\Delta x}\left[\lim_{T\to\infty}\frac{\Delta t}{T}\right] \tag{2-19}$$

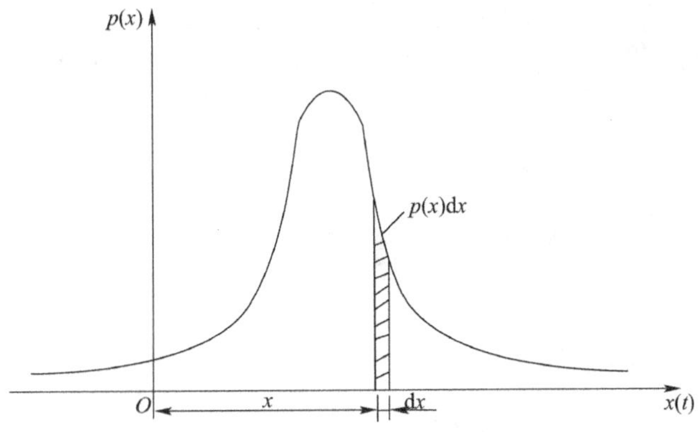

图 2-4　概率密度函数

概率密度函数全面地描述随机振动幅值分布情况。$p(x)$ 曲线下的面积 $p(x)\mathrm{d}x$，就是瞬时幅值落在 $x\sim x+\Delta x$ 内的概率。$p(x)$ 不受所取幅值间隔大小的影响，即概率密度函数表示了概率相对幅值的变化率，或者说是单位幅值的概率，故有密度的概念。

(2)概率分布函数。

随机信号 $x(t)$ 的取值小于或等于某一定值 δ 的概率，称为信号的概率分布函数，常用 $P(x)$ 表示。概率分布函数的定义为：

$$P(x)=P_{\mathrm{prb}}[x(t)\leqslant\delta]=\lim_{T\to\infty}\frac{\Delta t[x(t)\leqslant\delta]}{T} \tag{2-20}$$

其中，概率分布函数是概率密度函数的积分，即 $P(x)=\int_{-\infty}^{\delta}p(x)\mathrm{d}x$，又称累计概率，表示了幅值落在某一区间内的概率，如图 2-5 所示。

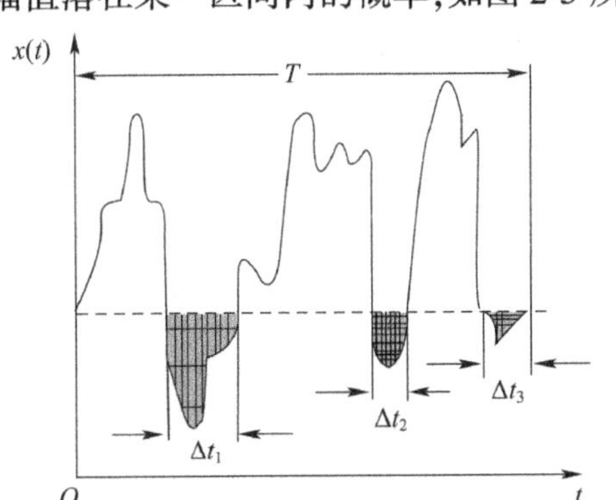

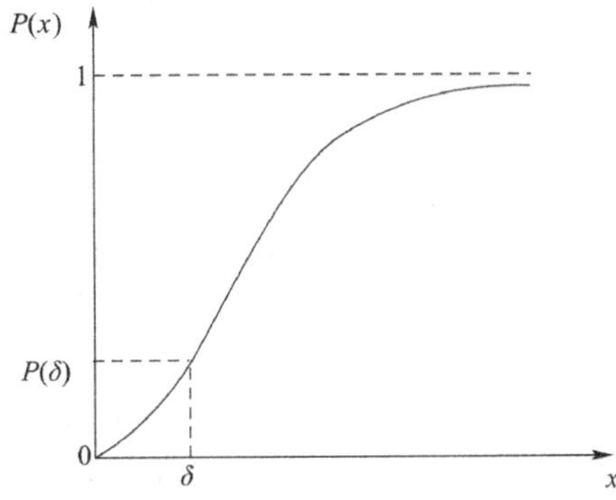

图 2-5　概率分布函数

2.1.3 幅值域分析常用特征参数的应用

(1)利用振幅概率密度和累积概率分布图进行机械系统的振动量分析、稳定性评价、振动应力分析等。按照概率密度曲线的形状以及不同振幅出现的频率就能对信号时间历程所代表的物理过程作出适当的评价和决策。

(2)利用振幅频次分布研究机械系统的随机疲劳和载荷谱。根据振幅频次分布和累计频次分布图,能统计出信号上升的峰值,可以了解作用于材料的随机载荷谱。利用随机载荷谱可以进行环境模拟、材料的常规疲劳寿命试验和进行强化试验研究等。

(3)利用无量纲参数对机械系统进行故障诊断及状态评价等。有量纲型参数常与系统的运行状态、运行参数有关,难以作为诊断参数。无量纲型参数具有对幅值和频率变化不敏感的特点,理论上只依赖于概率密度函数的形状,可以提高故障诊断的敏感性和稳定性。

2.2 傅里叶变换

2.2.1 傅里叶变换概述

傅里叶变换是振动与噪声分析的重要工具,能够从频域对信号进行描述,将频率作为自变量,把信号看作是频率的函数,在相应的图形表示中,以各频率分量的幅值或相位作为纵坐标,频率作为横坐标。连接信号时域和频域的桥梁就是傅里叶变换,在频域中对信号进行分析的方法称为信号的频域分析。

周期信号的时频域变换用傅里叶级数表示,而非周期信号的时频域变换用傅里叶积分。为了对采样得到的离散时间序列进行傅里叶变换,采用离散时间傅里叶变换(DTFT)。DTFT的频谱是连续的频谱,为了计算机处理出现了谱值离散化的离散傅里叶变换(DFT)。DFT算法的时间复杂度受分析数据量的影响很大,为了提高计算速度出现了离散傅里叶变换的快速算法(FFT)。快速傅里叶变换已经广泛应用于不同的科研和工程领域。

傅里叶变换对非平稳、非线性信号缺乏局域性信息,不能有效给出某频率成分发生的具体时间段,不能对信号做局部分析。

2.2.2 周期连续信号的傅里叶变换

1)周期连续时间信号的傅里叶级数

(1)周期信号的傅里叶级数展开。

对于周期为 T 的周期信号 $x(t)$,如果在 $[-T/2, T/2]$ 上满足狄利克雷(Dirichlet)条件:①连续或只有有限个第一类间断点;②只有有限个极值点;③绝对可积。则该周期信号按照傅里叶级数形式展开如下:

$$x(t) = a_0 + \sum_{n=1}^{\infty}(a_n \cos n\omega_0 t + b_n \sin n\omega_0 t) \tag{2-21}$$

式中,$n=1,2,3,\cdots$;$\omega_0 = 2\pi/T$;a_0、a_n、b_n 为傅里叶系数,a_0 是信号的直流分量,a_n 是余弦分量的幅值,b_n 是正弦分量的幅值,其值分别为:

$$
\begin{cases}
a_0 = \dfrac{1}{T}\int_{-\frac{T}{2}}^{\frac{T}{2}} x(t)\,\mathrm{d}t \\
a_n = \dfrac{2}{T}\int_{-\frac{T}{2}}^{\frac{T}{2}} x(t)\cos n\omega_0 t\,\mathrm{d}t \\
b_n = \dfrac{2}{T}\int_{-\frac{T}{2}}^{\frac{T}{2}} x(t)\sin n\omega_0 t\,\mathrm{d}t
\end{cases}
\tag{2-22}
$$

将式(2-22)化简成只包含余弦项的形式：

$$
x(t) = a_0 + \sum_{n=1}^{\infty} A_n \cos(n\omega_0 t + \varphi_n) \tag{2-23}
$$

其中：

$$
\begin{cases}
A_n = \sqrt{a_n^2 + b_n^2} \\
\varphi_n = -\operatorname{arctg}\dfrac{b_n}{a_n}
\end{cases}
\tag{2-24}
$$

由式(2-23)可以看出，周期信号是由无限个不同频率的谐波分量叠加而成，频谱为离散谱。各次谐波的幅值和初相位分别由 A_n 和 φ_n 决定。由于幅值 A_n，初相位 φ_n 均为角频率 ω_0 的函数，以角频率为横坐标，幅值 A_n 或初相位 φ_n 为纵坐标所作的图形统称为频谱。$A_n-\omega$ 图称为幅频谱，$\varphi_n-\omega$ 图称为相频谱。A_n 表示信号所具有的谐波分量的幅值；φ_n 是各次谐波分量在时间原点处的相位。幅值谱和相位谱结合起来便确定了信号各次谐波的波形。

(2)傅里叶级数复数形式。

傅里叶级数复指数形式为：

$$
x(t) = \sum_{n=-\infty}^{\infty} c_n e^{jn\omega_0 t} \tag{2-25}
$$

式中，$n=0,\pm1,\pm2,\cdots$；c_n 为周期信号 $x(t)$ 的复振幅，称为傅里叶系数。

$$
c_n = \frac{1}{T}\int_{-\frac{T}{2}}^{\frac{T}{2}} x(t)e^{-jn\omega_0 t}\,\mathrm{d}t \tag{2-26}
$$

通常 c_n 是复数，可以写成

$$
c_n = |c_n| e^{j\varphi_n} = Re(c_n) + j\mathrm{Im}(c_n) \tag{2-27}
$$

式中：$|c_n|$——复数 c_n 的模；

φ_n——复数 c_n 的幅角；

$Re(c_n)$——复数 c_n 的实部；

$\mathrm{Im}(c_n)$——复数 c_n 的虚部。

$$
\begin{cases}
|c_n| = \sqrt{[Re(c_n)]^2 + [\mathrm{Im}(c_n)]^2} = \dfrac{1}{2}\sqrt{a_n^2 + b_n^2} = \dfrac{1}{2}A_n \\
\varphi_n = \operatorname{arctg}\dfrac{\mathrm{Im}(c_n)}{Re(c_n)} = -\operatorname{arctg}\dfrac{b_n}{a_n}
\end{cases}
\tag{2-28}
$$

对于复数形式频谱，理论上，频率轴覆盖 $-\infty\sim+\infty$，所以称为双边谱，且关于 y 轴对称。复数形式的傅里叶级数中出现了负频率的原因是：欧拉公式将正余弦函数变成了一对指数函数，在这种形式下，n 单独取正数或单独取负数都不能构成一个完整的谐波分量，所以出现了负频率。实际中没有负频率分量，所以多采用单边谱。由式(2-28)可知，单边谱线高度为双边谱线的 2 倍，数据处理中常按此关系将它们相互转化。

2)周期连续时间信号的傅里叶变换

周期为 T 的周期连续时间信号 $x(t)$ 的傅里叶变换是离散频域函数，可表示为：

$$X(f_k) = \frac{1}{T}\int_{-\frac{T}{2}}^{\frac{T}{2}} x(t)\,\mathrm{e}^{-j2\pi f_k t}\,\mathrm{d}t \tag{2-29}$$

逆变换为：

$$x(t) = \sum_{-\infty}^{\infty} X(f_k)\,\mathrm{e}^{j2\pi f_k t} \tag{2-30}$$

其中：

$$f_k = k\Delta f \qquad (k=0,\pm1,\pm2,\cdots) \tag{2-31}$$

$$\Delta f = \frac{1}{T} \tag{2-32}$$

可以看出，周期连续时间函数的频谱是离散的。由周期信号的傅里叶级数展开可以看出，其频谱只有在基频的整数倍处才有。

2.2.3 非周期信号的傅里叶变换

1）傅里叶变换与傅里叶逆变换

进行傅里叶变换的函数需满足狄利克雷条件。非周期信号是在时间上不会重复出现的信号，一般为时域有限信号，具有收敛可积条件，其能量为有限值。非周期性振动信号的频谱用傅里叶积分表示，它是连续谱。

傅里叶变换（FT）为：

$$X(f) = \int_{-\infty}^{+\infty} x(t)\,\mathrm{e}^{-j2\pi ft}\,\mathrm{d}t \tag{2-33}$$

或

$$X(\omega) = \int_{-\infty}^{+\infty} x(t)\,\mathrm{e}^{-j\omega t}\,\mathrm{d}t \tag{2-34}$$

其傅里叶逆变换（IFT）为：

$$x(t) = \int_{-\infty}^{+\infty} X(f)\,\mathrm{e}^{j2\pi ft}\,\mathrm{d}f \tag{2-35}$$

或

$$x(t) = \frac{1}{2\pi}\int_{-\infty}^{+\infty} X(\omega)\,\mathrm{e}^{j\omega t}\,\mathrm{d}\omega \tag{2-36}$$

式（2-33）与式（2-35）构成一对傅里叶变换对，即：

$$\begin{cases} X(f) = F[x(t)] = \int_{-\infty}^{+\infty} x(t)\,\mathrm{e}^{-j2\pi ft}\,\mathrm{d}t \\ x(t) = F^{-1}[X(f)] = \int_{-\infty}^{+\infty} X(f)\,\mathrm{e}^{j2\pi ft}\,\mathrm{d}f \end{cases} \tag{2-37}$$

$$x(t) \underset{IFT}{\overset{FT}{\rightleftharpoons}} X(f) \tag{2-38}$$

2）非周期信号频谱表示方法

（1）实频特性及虚频特性表示法。

非周期信号 $x(t)$ 的傅里叶变换 $X(f)$ 是复数，有：

$$X(f) = R(f) + jI(f) \tag{2-39}$$

式中：$R(f)$——$X(f)$ 的实部；

$I(f)$——$X(f)$ 的虚部。

$R(f)$ 及 $I(f)$ 的变化规律分别称为实频特性和虚频特性。

(2)幅频特性及相频特性表示法。

$$X(f) = |X(f)| e^{j\varphi(f)} \tag{2-40}$$

幅频特性：

$$|X(f)| = \sqrt{[R(f)]^2 + [I(f)]^2} \tag{2-41}$$

式中：$|X(f)|$——$X(f)$的幅值谱。

相频特性：

$$\varphi(f) = \text{arctg}\frac{I(f)}{R(f)} \tag{2-42}$$

式中：$\varphi(f)$——$X(f)$的相位谱。

$|X(f)|$、$\varphi(f)$的变化规律分别称为幅频特性和相频特性。

(3)幅相频特性或奈奎斯特图表示法。

$X(\omega)$是复数，当表示成复指数形式时，其幅值和相角分别是以角频率为参数的函数，与极坐标中的一矢量的极径和极角一一对应。用此矢量端点随角频率ω变化的轨迹来表示$X(\omega)$的办法，称为$X(\omega)$的幅相频率特性或奈奎斯特表示法。这样的一条矢端轨迹曲线，称为幅相频率特性曲线或奈奎斯特图，其上任意一点均反映了$X(\omega)$的实频、虚频和幅频、相频信息。

3)频谱幅值信息的三种表示方法及各自的特点

(1)幅值谱。

幅值谱$|X(\omega)|$是信号$X(\omega)$的模，幅值谱客观地反映了信号$X(\omega)$中各频率分量的实际贡献，并同等地看待它们对信号的重要性，因而是一种等权谱。

(2)均方谱。

均分谱S_m是信号$X(\omega)$幅值的平方，即$S_m = |X(\omega)|^2$。它对贡献大的频率分量加大权值，对贡献小的频率分量减小权值，突出主要矛盾，是一种变权谱。

(3)对数谱。

对数谱L_m是信号$X(\omega)$的对数谱，定义为$L_m = \ln[|X(\omega)|]$。它对贡献小的频率分量加大权值，对贡献大的频率分量减小权值，突出次要矛盾，是一种变权谱。

4)非周期连续信号频谱特点

连续性：周期信号频谱为离散谱，非周期信号频谱为连续谱，幅频谱和相频谱均为连续谱。

密度性：傅里叶级数和傅里叶变换虽然都可理解为把一个信号分解为其他简单波形的"叠加"，但两者的叠加有着本质的差异。傅里叶级数是离散的叠加，其谐波中存在着一个基本频率，其余频率是基频的整数倍，所以叠加的结果是一个周期信号。而非周期信号的傅里叶变换则是"连续的叠加"，不存在基本频率，叠加的结果是非周期信号。非周期信号的傅里叶变换$X(f)$本身并不能代表谐波分量的幅值，只有在一定频带内对频率f积分后才含有幅值意义。从量纲上看，$X(f)\mathrm{d}f$具有幅值的量纲，而$X(f)$则具有幅值/频率的量纲，或可称为单位频率上的幅值，即有分布密度的含义，故称$X(f)$为信号$x(t)$的频谱密度。

双边谱：因为$X(f)$和$X(-f)$是一对共轭复数，其模相等。因此，$X(f)-f$曲线对称于纵轴，称为双边谱。在工程上因$f \geqslant 0$，为了应用方便，把负频率半边的谱图折算到正频率半边而得到单边谱(图2-6)，此时的谱图高度为双边谱的2倍。

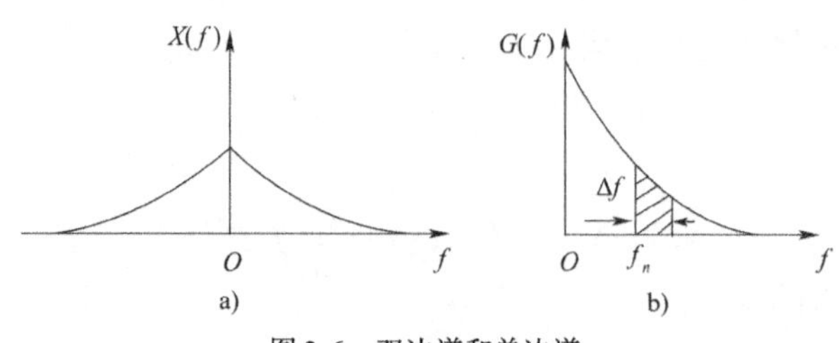

图 2-6　双边谱和单边谱

2.2.4　离散时间傅里叶变换

DTFT 是对连续时间非周期信号进行采样(信号与采样脉冲时域相乘),得到离散时间非周期信号,再求傅里叶变换的过程。在频域中等同于信号频谱与脉冲信号频谱的卷积,这样就得到了连续且周期的 DTFT 频谱(把频谱进行了周期延拓)。离散信号(数字序列)$x(n)$的傅里叶变换(DTFT)变换 $X(e^{j\omega})$表示为:

$$X(e^{jw}) = \sum_{-\infty}^{\infty} x(n)e^{-j\omega n} \tag{2-43}$$

数字序列的逆变换(IDTFT)为:

$$x(n) = \frac{1}{2\pi}\int_{-\pi}^{\pi} X(e^{jw})e^{j\omega t}d\omega \tag{2-44}$$

此处,ω 为归一化数字角频率,它和模拟(物理)角频率 Ω 的关系为 $\omega = \Omega T = \Omega/f_s$,角频率周期为 $\omega_s = \Omega_s T = 2\pi$,其中 T 为采样周期,f_s 为采样频率。可以看出,DTFT 的频谱是连续的频谱,是以 2π 为周期的频谱。

对采样频率进行归一化的好处:归一化之前,采样信号频谱是以 Ω_s 为周期的;归一化以后,采样信号频谱以 ω 为自变量并呈现以 2π 为周期的这样一个特性,在时域里面每次采样之后,即使采样周期不同,但是一个等间隔采样,那在频域里面就把它归一化变为一个0 ~ 2π 的数字角频率,便于处理和计算。但是 ω 里面总是隐含着一个明确的物理频率,即对应于 ω 这个归一化的数字角频率,一旦这个数字序列给定了一定的采样频率,ω 对应一个明确的物理频率。例如采样频率是 44.1kHz 的声卡采样数据,那么 $f_s = 44.1\text{kHz}$;在频域里面 $\omega = \frac{\pi}{2}$对应 $f = 11.025\text{kHz}$;$\omega = \pi$ 对应 $f = 22.05\text{kHz}$。

2.2.5　离散傅里叶变换和快速傅里叶变换

在信号处理过程中经常要对信号进行频谱分析,就是要对信号进行傅里叶变换。DFT 是一种时域和频域均离散化的变换,适合数值运算,已成为分析离散信号的有力工具。

因为 DFT 的计算量太大,限制了计算机的数字信号处理速度,所以学者提出了快速傅里叶变换(FFT),FFT 是离散傅里叶变换的一个快速算法。

1)离散傅里叶变换

DFT 其实就是在 DTFT 的频谱上进行频域采样,使得频谱离散化(频谱和抽样信号相乘),这也等同于将时域信号进行了卷积,与采样信号卷积就是周期延拓,得到周期离散时间信号。反过来,DFT 就是将无限长的离散信号进行截短至 N 个采样点,然后将这 N 个采样点进行周期延拓,进行傅里叶变换即为离散化的频谱。

离散信号序列 $x(n)$的离散傅里叶变换(DFT)为:

$$X(k) = X(f_k) = X(k\Delta f) = \sum_{n=0}^{N-1} x(n)e^{-j\frac{2\pi}{N}nk} \qquad (0 \leqslant k \leqslant N-1) \tag{2-45}$$

原信号 $x(t)$ 的采样信号 $x(n)$ 可以用 $X(k)$ 表示为：

$$x(n)=x(t_n)=x(n\Delta t)=\frac{1}{N}\sum_{k=0}^{N-1}X(k)e^{j\frac{2\pi}{N}nk}\qquad(0\leqslant n\leqslant N-1)\tag{2-46}$$

即为离散傅里叶逆变换(IDFT)，其含义就是把 $x(n)$ 表示成 $X(k)$ 为系数不同的频率分量的和。其中涉及的采样参数：时间分辨率 Δt，采样点数 N，采样时间 T，采样频率 f_s，频率分辨率 Δf，带宽(奈奎斯特频率)f_{max} 等，满足以下关系：

$$\begin{cases}\Delta f=\dfrac{1}{T}\\ T=N\Delta t\\ f_s=\dfrac{1}{\Delta t}=N\Delta f\\ f_{max}=\dfrac{f_s}{2}\end{cases}\tag{2-47}$$

时域的采样对应于频域的周期拓延，而时域函数的周期性造成频域的离散性。因此，周期离散时间函数对应于一周期离散频域变换函数。

DFT 是傅里叶变换在时域和频域上都离散的形式，即先将信号经过采样在时域离散化，求其连续傅里叶变换之后再在频域离散化。

离散傅里叶变换呈现以下特点：实信号变换的结果是一组复数，对于 N 点的 DFT，当 N 是偶数时，$X(k)$ 中的一半数据和另一半数据呈共轭对称性，即频谱是中间对称的，因此进行傅里叶变换后只采用其一半的频谱进行估计。即 N 点的 DFT，只有 $N/2$ 条谱线。计算得到的离散频率点为：$X_s(f_i)$，$f_i=i\cdot F_s/N, i=0,1,2,\cdots,N/2$，$f_s$ 为采样频率，N 为采样点数。

2)快速傅里叶变换

FFT 本质上就是 DFT，是 DFT 的快速算法，由 J. W. 库利和 T. W. 图基提出。采用这种算法能使计算机计算离散傅里叶变换所需要的乘法次数大为减少，特别是变换的抽样点数 N 越多，FFT 算法计算量的节省就越显著。FFT 是根据 DFT 的奇、偶、虚、实等特性，对离散傅里叶变换的算法进行改进而实现的。

FFT 的种类很多，下面以最简单的以基于 2 的 FFT(信号长度 N 为 2 的整数幂)为例简要说明一下其算法思想。

信号长度 N 为 2 的整数幂的 FFT 实际上是一种分治算法。FFT 将长度为 N 的信号分解成两个长度为 $N/2$ 信号进行处理，多次重复，这样分解一直到最后，每一次的分解都会减少计算的次数。N 个时域样本点的数据经 FFT 变换能得到 $N/2$ 条谱线。谱线数 $N/2$ 与频率分辨率 Δf、带宽 f_{max} 的关系如下：

$$\frac{N}{2}=\frac{f_{max}}{\Delta f}\tag{2-48}$$

3)几种形式傅里叶变换的联系和对比

对上述的几种傅里叶变换形式归纳如下，见表 2-2。

傅里叶变换四种形式 表 2-2

变换类型	时间函数	频域函数
傅里叶变换(FT)	非周期、连续	非周期、连续
傅里叶级数(FS)	周期、连续	非周期、离散
离散时间傅里叶变换(DTFT)	非周期、离散	周期、连续
离散傅里叶变换(DFT)	周期、离散	周期、离散

(1)傅里叶级数用于周期性连续信号,变换后的频谱是非周期离散的,其中频谱图中的各频率点是基频的整数倍。

(2)傅里叶变换用于非周期连续信号,为傅里叶积分形式,得到非周期连续的频谱。

(3)离散时间傅里叶变换为时域采样后对离散时间序列的傅里叶变换,得到了连续周期的频谱。

(4)在实际数字信号处理中,为实现计算机数字对离散信号处理的要求,将 DTFT 的频域进一步离散化,得到了周期离散的频谱。

2.2.6 信号采样过程与傅里叶变换

设振动与噪声信号 $x(t)$ 的傅里叶变换为 $X(f)$,为了用计算机来计算,必须使 $x(t)$ 变换成有限长的离散时间序列,为此对 $x(t)$ 进行采样和截断。采样是用一个周期脉冲序列 $s(t)$ 去乘 $x(t)$(周期性单位脉冲序列的周期即为采样周期 T_s,幅值为 1),信号被离散化成时间间隔为 T_s 的时间信号序列,$1/T_s = f_s$ 为采样频率。

采样过程要保证采样得到的信息不会丢失或者不会丢失太多,能够满足分析的基本要求,同时还不会有额外的失真,另外还要保证经过处理后能够重建出信号。实际信号采样过程中,涉及采样频率的选择、频率混叠失真、栅栏效应以及时域加窗截断所造成的频谱能量泄漏等问题。

1)单位脉冲函数(δ 函数)及其性质

(1)δ 函数定义。

δ 函数定义为:

$$\delta(t) = \begin{cases} \infty & (t = 0) \\ 0 & (t \neq 0) \end{cases}, \int_{-\infty}^{+\infty} \delta(t)\,\mathrm{d}t = 1 \tag{2-49}$$

(2)δ 函数频谱。

将 $\delta(t)$ 进行傅里叶变换,得到:

$$\delta(f) = \int_{-\infty}^{+\infty} \delta(t)\,\mathrm{e}^{-j2\pi ft}\,\mathrm{d}t = \mathrm{e}^0 = 1 \tag{2-50}$$

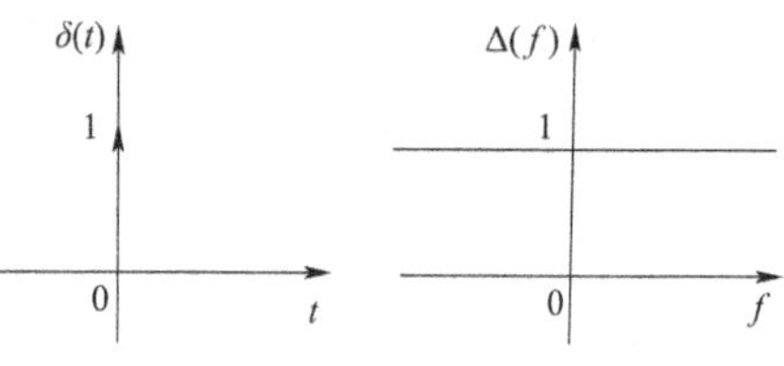

图 2-7 单位脉冲函数及其频谱

其频谱如图 2-7 所示,可以看出时域的单位脉冲信号的频谱无限宽广,且信号强度在各频率点上都相等。

(3)δ 函数采样性质。

当 δ 函数与一个连续函数 $x(t)$ 相乘,其乘积仅在 $t=0$ 处值为 $x(0)\delta(t)$,在其余位置均为 0,$x(0)\delta(t)$ 是一个强度为 $x(0)$ 的 δ 函数。

当 δ 函数与一个连续函数 $x(t)$ 相乘,并且在 $(-\infty, +\infty)$ 上积分,则有:

$$\int_{-\infty}^{+\infty} x(t)\delta(t)\,\mathrm{d}t = \int_{-\infty}^{+\infty} x(0)\delta(t)\,\mathrm{d}t = x(0)\int_{-\infty}^{+\infty} \delta(t)\,\mathrm{d}t = x(0) \tag{2-51}$$

当延时为 t_0 的 δ 函数 $\delta(t-t_0)$ 与一个连续函数 $x(t)$ 相乘,并且在 $(-\infty, +\infty)$ 上积分,则有:

$$\int_{-\infty}^{+\infty} x(t)\delta(t-t_0)\,\mathrm{d}t = \int_{-\infty}^{+\infty} x(t_0)\delta(t-t_0)\,\mathrm{d}t = x(t_0) \tag{2-52}$$

式(2-51)和式(2-52)就是 δ 函数的采样性质。它表明任何函数 $x(t)$ 与 $\delta(t-t_0)$ 的乘积

是一个强度为 $x(t_0)$ 的 $\delta(t-t_0)$ 函数，而该乘积在 $(-\infty, +\infty)$ 上的积分是 $x(t)$ 在 $t=t_0$ 时刻的函数值 $x(t_0)$。

(4) δ 函数卷积性质。

δ 函数与一个连续函数 $x(t)$ 的卷积为：

$$x(t) * \delta(t) = \int_{-\infty}^{+\infty} x(\tau)\delta(t-\tau)\mathrm{d}\tau = x(t) \tag{2-53}$$

$\delta(t \pm t_0)$ 函数与一个连续函数 $x(t)$ 的卷积为：

$$x(t) * \delta(t \pm t_0) = \int_{-\infty}^{+\infty} x(\tau)\delta(t \pm t_0 - \tau)\mathrm{d}\tau = x(t \pm t_0) \tag{2-54}$$

由式(2-53)和式(2-54)可知，信号 $x(t)$ 和 δ 函数的卷积，就是简单地将该函数在自己的横轴上平移到 δ 函数所对应的位置。图 2-8 为信号 $x(t)$ 和 δ 函数的卷积的图例分析，图 2-8a) 所示为 $x(t)$ 与 δ 的卷积结果，图 2-8b) 所示为 $x(t)$ 与 $\delta(t-t_0)$ 的卷积结果。

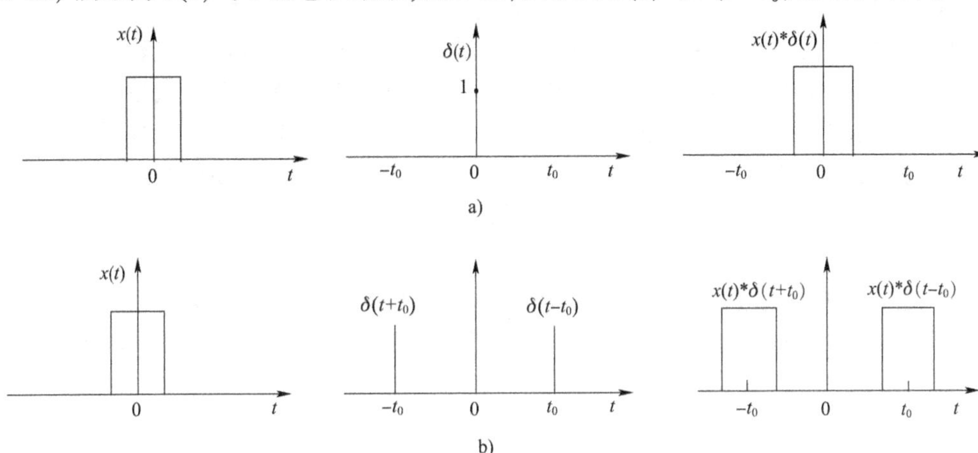

图 2-8　δ 函数与其他函数的时域卷积

2) 周期单位脉冲序列(采样函数)与其频谱

等间隔的周期性单位脉冲序列，周期为 T_S，它的数学表达式为：

$$\delta_n(t) = \sum_{n=-\infty}^{\infty} \delta(t-nT_s) \qquad (n=0, \pm 1, \pm 2, \cdots) \tag{2-55}$$

将其写成傅里叶级数则有：

$$\delta_n(t) = \sum_{n=-\infty}^{\infty} C_n \mathrm{e}^{j2\pi n f_s t} \tag{2-56}$$

其中 $f_s = 1/T_s$，则，系数 C_n 为：

$$C_n = \frac{1}{T_s}\int_{-\frac{T_s}{2}}^{\frac{T_s}{2}} \delta_n(t)\mathrm{e}^{-j2\pi n f_s t}\mathrm{d}t = \frac{1}{T_s}\mathrm{e}^{-j2\pi n f_s t}\big|_{t=0} = \frac{1}{T_s}\mathrm{e}^0 = \frac{1}{T_s} \tag{2-57}$$

由式(2-56)和式(2-57)可知：

$$\delta_n(t) = \frac{1}{T_S}\sum_{n=-\infty}^{\infty} \mathrm{e}^{j2\pi n f_s t} \tag{2-58}$$

对式(2-58)两端取傅里叶变换，即得 $\delta_n(t)$ 的频谱为：

$$S_n(f) = \frac{1}{T_s}\sum_{n=-\infty}^{\infty}\delta(f-nf_s) = \frac{1}{T_s}\sum_{n=-\infty}^{\infty}\delta\left(f-\frac{n}{T_s}\right) \tag{2-59}$$

时域周期单位脉冲序列及其频谱如图 2-9 所示。可见，时域周期单位脉冲序列的频谱也是周期脉冲序列。时域中周期为 T_S 的脉冲序列，在频域中是周期为 $1/T_S$ 的脉冲序列，其幅值为时域中脉冲幅值的 $1/T_S$ 倍。

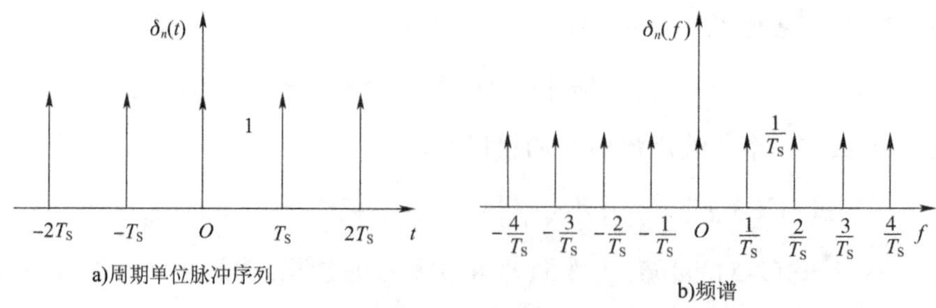

图 2-9　时域周期单位脉冲序列及其频谱

用计算机进行信号分析时，首先要将连续的模拟信号 $x(t)$ 变为一连串离散的时间序列，以数字量的形式存入内存单元，然后进行各种计算。为了实现这一过程，可先用 $\delta_n(t)$ 与连续信号 $x(t)$ 相乘。根据 δ 函数的采样性质可知，相乘的结果便能够得到一个离散的时间序列。由此看来，周期性单位脉冲序列 $\delta_n(t)$ 在数学上具有采样功能，因此又称采样函数。相应地，T_S 称为采样间隔，又称采样周期，其倒数 $1/T_s = f_S$ 称为采样频率。

3)时域采样过程

(1)采样过程。

两个信号在时域相乘，对应于各自傅里叶变换在频域上卷积；时域卷积对应各自傅里叶变换在频域相乘。这一性质对信号离散傅里叶变换的时域采样和频域采样具有重要作用。

信号 $x(t)$ 的采样过程为 $x(t)$ 与周期脉冲采样信号 $\delta(t)$ 相乘，采样后得到了离散时间信号 $x(n)$。

$$x(n) = \sum_{n\to-\infty}^{\infty} x(nT_s)\delta(t - nT_s) \tag{2-60}$$

离散序列 $x(n)$ 的傅里叶变换为：

$$X_s(f) = \frac{1}{T_s}\sum_{k\to-\infty}^{\infty} X\left(f - \frac{k}{T_s}\right) \tag{2-61}$$

在频域上，采样后信号的频谱是 $X(f)$ 和 $\delta(f)$ 的卷积 $X(f) * \delta(f)$，相当于将 $X(f)$ 乘以 $1/T_s$，然后将其平移，使其中心落在 $\delta(f)$ 脉冲序列的频率点上。

根据以上所介绍的采样函数的卷积性质，采样信号频谱是原信号的频谱 $X(f)$ 依次平移至各采样脉冲对应的频域序列点上，然后全部叠加而成，如图 2-10 所示。因为周期单位脉冲函数信号频谱的周期性和离散性，信号经时域采样之后成为离散信号，采样信号频谱由原信号的频谱与采样函数频谱卷积形成，因此，呈现周期性，周期即为采样频率 $f_s = 1/T_s$。所以理想采样信号的频谱是原信号频谱以 f_s 为周期的周期延拓。采样信号在一个周期内的频谱幅值是原信号频谱在幅值上的 $1/T_s$ 倍。

(2)混叠失真。

当 $x(t)$ 为一个限带信号，即信号最高频率 f_m 为有限值，如图 2-10 所示，当采样频率 $f_s > 2f_m$，曲线之间没有重叠，也就是说信号的频谱在每一个采样频率的倍频之间是不重合的，没有频率的混叠。若把该频谱通过一个中心频率为 0，带宽为 $\pm f_s/2$ 的理想带通滤波，就可以把信号的频谱提取出来，也就是说可以从离散序列中准确地恢复原信号。

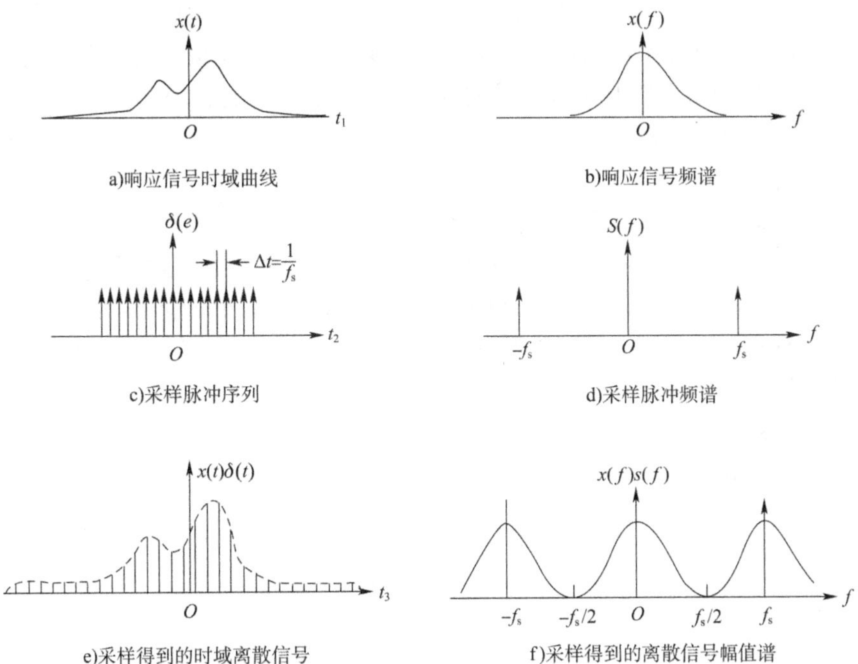

图 2-10　信号采样过程

如图 2-11 所示，当 $f_s < 2f_m$ 时，可以明显看出，经过采样后的信号出现了相互抵消的畸变。

发生混叠后，改变了原频谱中的部分频率范围内的幅值，那么由离散信号恢复原模拟信号就不可能了。

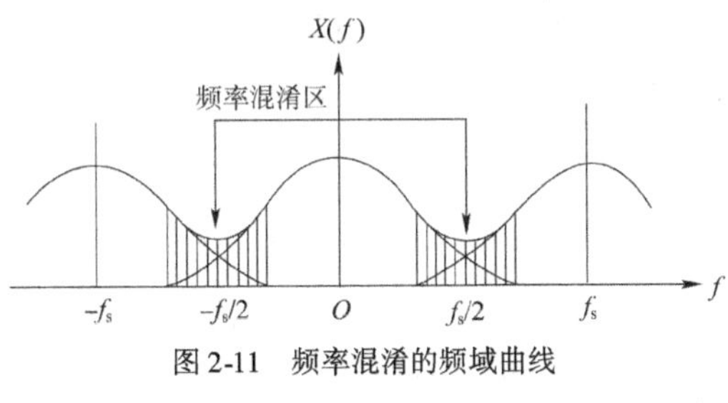

图 2-11　频率混淆的频域曲线

为保证采样后信号能够真实地保留原始信号的频率信息，信号采样频率必须至少为原信号中最高频率成分的 2 倍，即 $f_s \geqslant 2f_s$，此为采样定律，也称香农定律。

需特别注意的是，满足采样定理，只保证不发生频率混叠，而不能保证此时的采样信号能真实地反映原信号 $x(t)$。实际工作中，考虑到有噪声，为避免频率混淆，同时为了尽可能使采样信号反映原信号，采样频率比 2 倍信号最高频率更大一些，一般应选取处理信号最高频率的 2.5 ~ 10 倍。

消除频率混迭的两种途径：

①提高采样频率。提高采样频率 f_s，使得 $f_s \geqslant 2f_m$。但是工程实践中的实际信号有可能会包含很高的频率成分，甚至极端情况下会含有 0 ~ ∞ Hz 的频率成分，显然，采样频率 f_s 达不到∞。信号采集系统的采样频率不可能达到无限高，通过无限提高采样频率，以避免频率混叠常常是不现实的。此外，工程实践中，多数噪声信号是高频的，而且大多数情况下，我们对一些高频信号也并不感兴趣。因此，总的原则是在保证测量精度和数据处理能力的条件下，尽量提高采样频率。

②在 A/D 转换之前采用抗混叠滤波器。采样定理只保证了信号不被混叠为低频信号，但不能保证不受高频信号的干扰。如果传感器输出的信号中含有比所感兴趣信号频率还高的频率成分，A/D 转换器只会以所选采样频率进行采样，干扰信号就会混入有用信号中。

可以在对传感器输出信号进行采样前，对输出信号进行预处理，将高于感兴趣信号最高频率的成分滤掉。此任务可以用模拟抗混叠滤波器实现，如果不采用模拟抗混叠滤波器，信号一旦经过 AD 转换器采样后，高频干扰信号成分就已经混叠到所感兴趣的信号中，即便再采用数字滤波，也无法正确区分。

4）栅栏效应

采样的实质就是获取采样点上对应的函数值，其效果如透过栅栏的缝观看外景一样，只有落在缝隙前的少数景象被看到，其余景象都被栅栏挡住，视为零，这种现象称为栅栏效应。

不管时域采样还是频域采样，都有相应的栅栏效应。不过时域采样如满足采样定理要求，栅栏效应影响不大，而频域采样的栅栏效应则影响很大，“挡住”或丢失的频率成分有可能是重要的或具有特征的成分，以致整个处理失去意义。

为了减小栅栏效应，可以提高频率采样间隔，即提高频率分辨率，使栅栏效应中被挡住的频率成分减小。频率分辨率 Δf 有以下关系：

$$\Delta \mathrm{f} = \frac{f_s}{N} = \frac{1}{NT_s} = \frac{1}{T} \tag{2-62}$$

式中：T_s——采样时间间隔；

N——采样点数；

T——采样时间长度。

由式（2-62）可知，增加采样时间长度（增加时间域窗长）能够提高频率分辨率，这种关系是 DFT 算法固有的特征。在实际应用中，可能无法提高时间域窗长，特别是对于持续时间比较短的信号，常常在有效数据外补零，结果是对 DFT 的结果做了插值，克服栅栏效应，使谱外观平滑化。

由式（2-62）可知：

$$N = \frac{T}{\Delta t} = \frac{f_s}{\Delta f} > \frac{2f_m}{\Delta f} \tag{2-63}$$

因此，要想兼顾信号高频容量 f_m 与频率分辨力 Δf，即一个性能提高而另一个性能不变或也提高的唯一办法就是增加记录长度的点数 N。

5）截断、泄漏和窗函数

（1）截断与频谱泄漏。

对于持续时间很长的信号，为了保证采样定理要求，那么采样点数太多就会导致无法存储和计算，所以需要取有限长信号序列进行 DFT。在数学处理上看，截断就是将信号乘以时域的有限宽窗函数，而最简单的窗函数是矩形窗。

图 2-12 所示为余弦信号被矩形窗截断之后所出现的频谱图。由于窗函数的频谱是无限带宽，那么根据傅里叶变换的卷积特性，时域相乘就对应频域作卷积，作卷积时窗函频谱的旁瓣会引起皱波。

从图 2-12 可以看出，原序列 $x(t)$ 的频谱 $X(f)$ 是离散的谱线，经截断后，原频谱的离散谱线向附近展宽。将这种信号的能量在频率轴分布扩展的现象称为频谱泄漏。

频谱泄漏的影响：

①泄露使频谱变得模糊，频率分辨率降低；在主谱线两边形成很多旁瓣，引起不同频率分量间的干扰，影响频谱分辨率。

②强信号谱的旁瓣可能淹没弱信号的主谱线，或者可能把强信号谱的旁瓣误认为是另

一信号的谱线，使频谱分析产生偏差。

这两种影响都是由于对信号进行截断引起的，统称为截断效应。

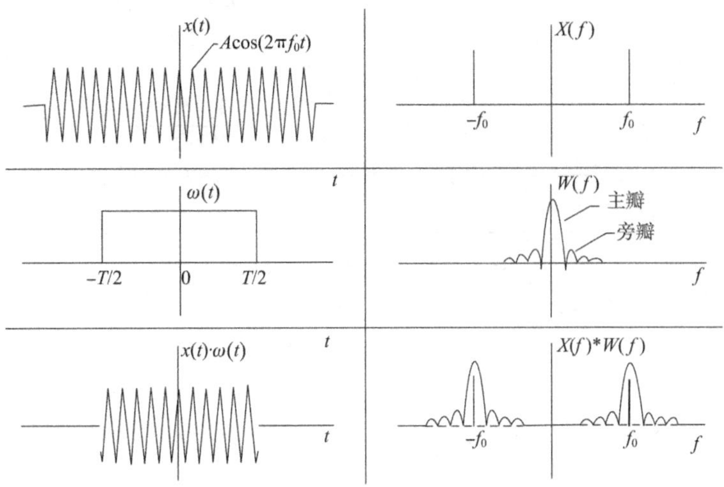

图 2-12 频率泄漏

减少泄漏的方法：

①增加采样时间长度（即增加时间域窗长）从而提高频率分辨率，实际应用中采样时间长度不可能太大，要根据实际情况合理选择采样时间长度。

②数据不要突然截断，慎重采用矩形窗，按照信号特性选择合适的窗函数。

（2）常用窗函数。

截断信号即截取测量信号中的一段，一般会带来截断误差。信号截断会增加新的频率成分，使谱值大小发生变化，产生频率泄漏。这种现象相当于原信号各种频率成分处的能量渗透到其他频率成分上，也称功率泄漏。采用不同的窗函数可以减少或抑制泄漏。

①数字信号处理常用的窗函数。

矩形窗（Rectangular）：

$$\omega(t)=1 \qquad (0\leqslant t\leqslant T) \tag{2-64}$$

汉宁窗（Hanning）：

$$\omega(t)=1-\cos\frac{2\pi t}{T} \qquad (0\leqslant t\leqslant T) \tag{2-65}$$

凯塞—贝塞尔（Kaiser-Bessel）窗：

$$\omega(t)=1-1.24\cos\frac{2\pi}{T}t+0.244\cos\frac{4\pi}{T}t-0.00305\cos\frac{6\pi}{T}t \tag{2-66}$$

平顶（Flat Top）窗：

$$\omega(t)=1-1.93\cos\frac{2\pi}{T}t+1.29\cos\frac{4\pi}{T}t-0.388\cos\frac{6\pi}{T}t+0.0322\cos\frac{8\pi}{T}t \tag{2-67}$$

图 2-13 所示为四种窗函数的时域波形图，图 2-14 所示为四种窗函数的幅值谱。可以看出，矩形窗在采样区间[0,T]内的权值恒为 1，而其他三种窗函数在[0,T]内是变权值的，且越向两端，权重越小并趋于零，这种不等权处理使得原信号在截断处时域幅值为零。

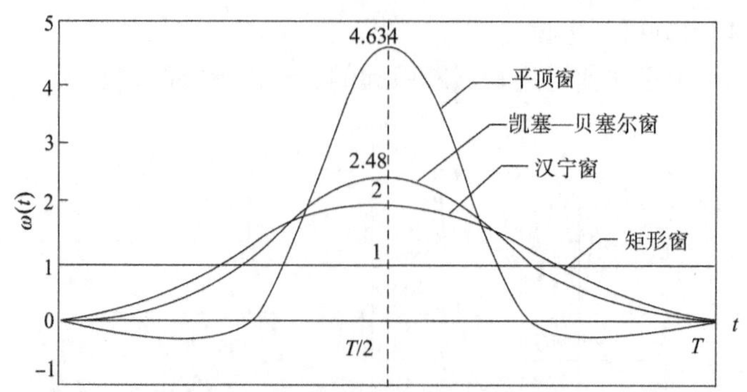

图 2-13　四种窗函数的时域图形

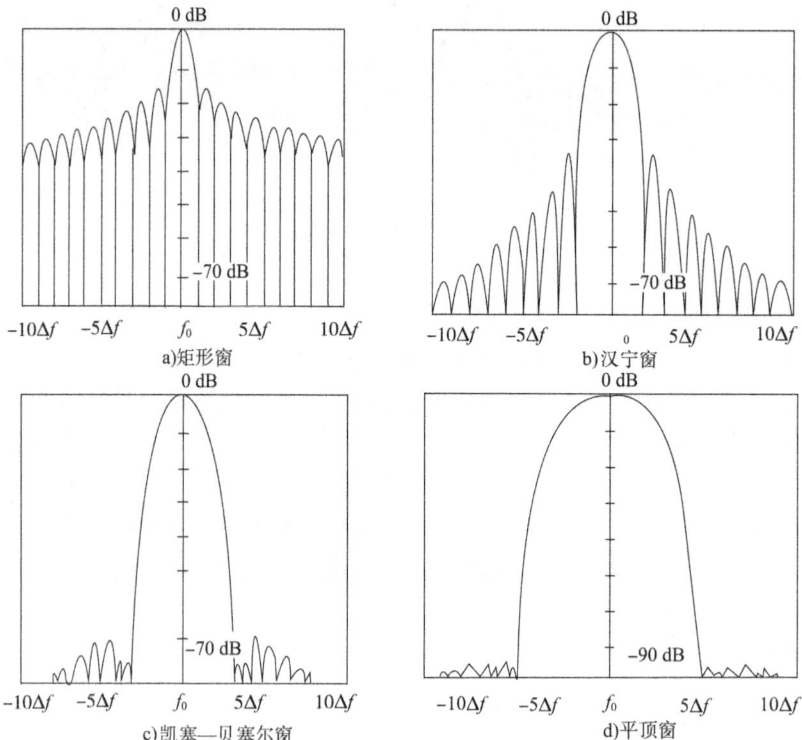

图 2-14　四种窗函数的幅值谱

窗函数的评价标准主要有：主瓣宽度、旁瓣最大值和衰减率等。其中窄的主瓣提高频率分辨能力，小的旁瓣可以减少泄漏。四种窗函数主要频谱参数见表 2-3。

四种窗函数主要频谱参数　　表 2-3

窗　函　数	主瓣有效噪声带宽（$1/T$）或（Δf）	主瓣 3dB 带宽（$1/T$）或（Δf）	旁瓣最大值（dB）	旁瓣滚降率（dB/dec）
矩形窗	1	0.89	-13.3	20
汉宁窗	1.50	1.44	-31.5	60
凯塞—贝塞尔窗	1.80	1.71	-66.6	20
平顶窗	3.77	3.72	-93.6	0

从窗函数的频谱图 2-14 和表 2-3 可以看出，矩形窗较窄，旁瓣变高，频率识别精度高

而幅值识别精度低。其余三种窗函数的旁瓣都有很大程度的降低,但主瓣却加宽了。一般来讲,主瓣宽度所造成的泄漏是次要的,而旁瓣变高所造成的泄露是主要的,它能导致较严重的皱波效应。因此,加窗减少泄漏的副作用是增加了主瓣宽度,但总的效果得到了改善。加窗虽然使原信号时域波形在幅值上发生较大变化,但是能更有效地保留原信号的频率信息。

②加窗函数的原则。

加窗函数时,应使窗函数频谱的主瓣宽度尽量窄,以获得高的频率分辨能力。旁瓣衰减应尽量大,以减少频谱拖尾,但通常不能同时满足这两个要求。因此窗函数的选择是在频率分辨率和频谱泄漏之间折中,窗函数选择的一般原则如下:

a. 当信号为整周期截断时,由于没有泄露效应,所以可直接加矩形窗。

b. 由于振动与噪声信号通常为随机信号,频率分量分布点较多,当需要关注原信号较准确的频率信息而对幅值和能量变化不苛求时,可以选择汉宁窗。如果分析窄带信号且有较强的干扰噪声时,应选用旁瓣幅度小的窗函数,如汉宁窗、三角窗。

c. 当需要进行系统校准时,由于需要保证幅值精确,可以选择平顶窗,并进行幅值补偿。

d. 当对信号频域的幅值精度和频率精度同时有较高要求时,可选择凯塞—贝塞尔窗。

e. 当需要区分两个频率相近、幅值不同的信号时,可选布莱克曼窗,因为其频率识别精度低但幅值识别精度高。

2.3 相关分析技术

2.3.1 相关分析概述

相关分析是信号在时域上的统计分析,是用相关函数等统计量来研究和描述工程信号的方法。在振动与噪声信号分析领域,相关分析已在故障定位、降噪处理和振动源识别等方面被广泛应用。

相关是指变量之间的线性关系,两个确定性信号之间具有确定的数值关系,两个随机变量之间不具有这样的确定关系,但也存在某种虽不精确但却近似的关系。例如,在齿轮箱中,滚动轴承滚道上的疲劳应力和轴向载荷之间不能用确定性函数来描述,但通过大量统计发现,轴向载荷较大时疲劳应力也相应较大,这两个变量之间有一定的线性关系。

相关分析主要研究输入和输出之间的相关性,可以求两个信号之间的关系、进行系统动态特性的测量、求出隐藏于不规则信号中的规律信号、可以以相关函数为基础通过 FFT 变换计算自功率谱和互功率谱。广泛应用于回声测距、信号识别、通信、测速、故障诊断等工程应用中。

2.3.2 自相关函数

1)自相关函数及性质

自相关函数是描述信号某一时刻与另一时刻间的相互关系,是两个状态之间相关性的数量描述,反映了信号自身随时间变化的相似性,即:

$$R_x(\tau) = \lim_{T\to\infty}\frac{1}{T}\int_0^T x(t)x(t+\tau)\mathrm{d}t \tag{2-68}$$

式中：T——信号 $x(t)$ 的观测时间；

$R_x(\tau)$——自相关函数，描述信号 $x(t)$ 与 $x(t+\tau)$ 之间的相关性。

对信号进行自相关分析，就是对信号 $x(t)$ 延迟时间 τ 后得到延迟后的信号 $x(t+\tau)$，然后对 $x(t)$ 和 $x(t+\tau)$ 做卷积计算，所得结果即为信号 $x(t)$ 的自相关函数。

为了从数量上明显地表示信号 $x(t)$ 在 t 时刻与 $t+\tau$ 时刻数值之间的相关程度，避免信号本身幅值对其相关程度度量的影响，通常将自相关函数作归一化处理，引入无量纲的系数表示相关程度，即自相关系数 $\rho_x(\tau)$：

$$\rho_x(\tau) = \frac{\lim\limits_{T\to\infty}\frac{1}{T}\int_0^T[x(t)-\mu_x][x(t+\tau)-\mu_x]\mathrm{d}t}{\sigma_x^2} = \frac{R_x(\tau)-\mu_x^2}{\sigma_x^2} \tag{2-69}$$

式中：μ_x——信号 $x(t)$ 的均值；

σ_x——信号 $x(t)$ 的标准差。

由式(2-69)可知 $R_x(\tau)$ 与 $\rho_x(\tau)$ 均随 τ 而变化，且两者呈线性关系，故可用 $\rho_x(\tau)$ 来反映信号的自相关性。

如果随机过程均值 $\mu_x=0$，则 $R_x(\tau)=\dfrac{R_x(\tau)}{\sigma_x^2}$。

自相关函数有如下性质：

(1) $R_x(\tau)$ 为偶函数，即 $R_x(\tau)=R_x(-\tau)$。因此，在实际中通常只需要得到 $x\geqslant 0$ 时的 $R_x(\tau)$ 值，而不需要研究 $x\leqslant 0$ 时的值。

(2) $R_x(0)=\Psi_x^2$，Ψ_x^2 是 $x(t)$ 的均方值。

(3) 对于各态历经随机信号 $x(t)$，有 $|R_x(\tau)|\leqslant R_x(0)$，$R_x(\tau)$ 在 $\tau=0$ 处取得最大值。

(4) 当随机信号的均值为 μ_x 时，$\lim\limits_{\tau\to\infty}R_x(\tau)=\mu_x^2$。均值为零的平稳振动信号，若 $\tau\to\infty$ 时 $x(t)$ 和 $x(t+\tau)$ 不相关，则 $R_x(\tau)\to 0$。

(5) 若平稳随机信号 $x(t)$ 含有周期成分，则它的自相关函数 $R_x(\tau)$ 中也含有周期成分，且 $R_x(\tau)$ 中周期成分的周期与信号 $x(t)$ 中周期成分的周期相等，其幅值与原周期信号幅值有关，但丢失了原信号的相位信息。

2) 常见信号的自相关函数

图 2-15 所示为四种典型信号的自相关函数，对比可知自相关函数是区别信号类型的一种有效手段。图 2-15b) 所示为正弦信号的自相关函数图；对于图 2-15e) 所示的窄带随机信号，其自相关函数衰减得慢，如图 2-15f) 所示；而对于图 2-15g) 所示的宽带随机信号来说，其自相关函数将衰减得很快，如图 2-15h) 所示；在图 2-15a)、c) 所示的信号中均含有周期性分量。从图 2-15b)、d) 也可以看出，它们相应的自相关函数曲线均不会衰减到零，因此自相关函数是从干扰噪声中找出周期信号或瞬时信号的重要手段。

2.3.3 自相关函数应用

1) 检测淹没在随机噪声中的周期信号

自相关可用于检测混淆在无规则信号中的周期信号。对于理想的稳态随机振动信号

(白噪声),其自相关函数是一个零点附近的无限窄带脉冲函数,在此过程中,任意时刻的瞬态幅值都完全独立于其他时刻的瞬态幅值。在实际工程中,稳态随机信号的自相关函数在 $\tau=0$ 附近并不是"无限窄的"脉冲函数,这是因为工程实际中任何随机过程都是频率有限的,并且频率范围越窄,自相关函数就越向两边扩散。

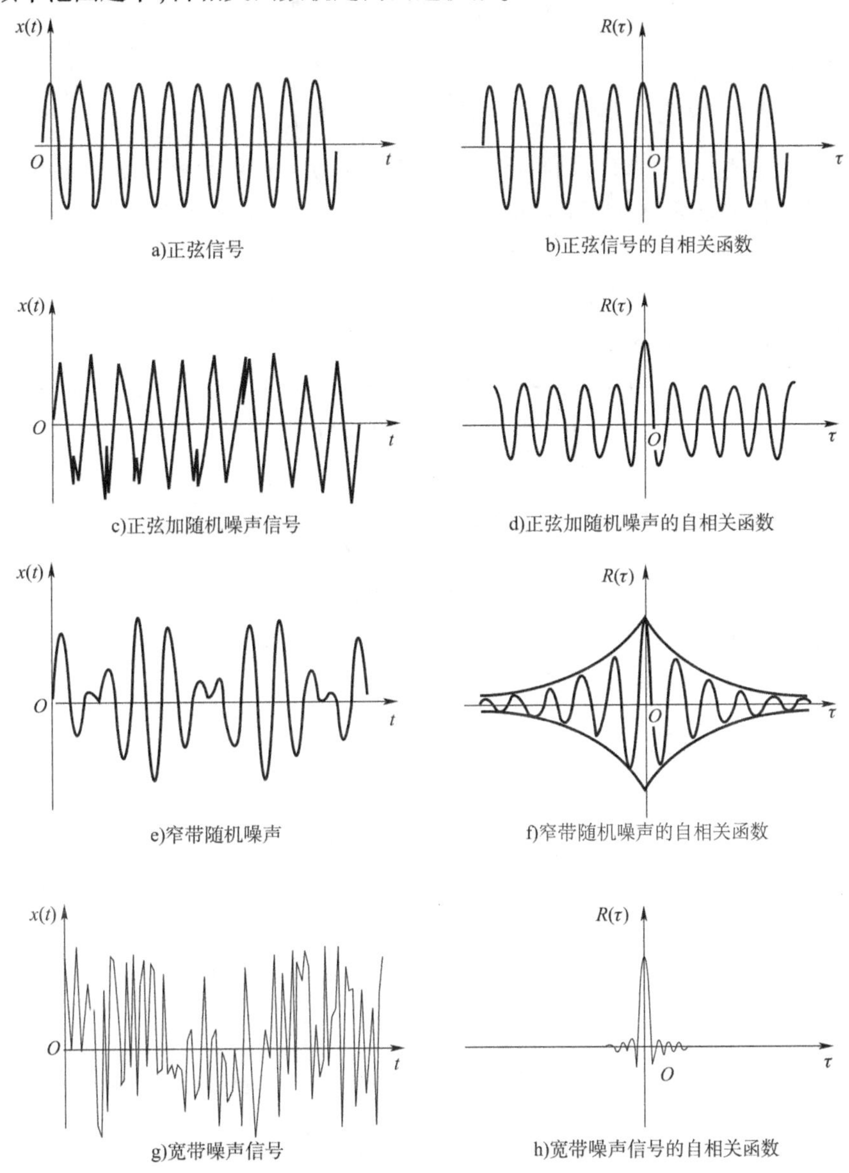

图 2-15　几种典型信号及其自相关函数图

机械系统在正常运行时发出的声音由大量、无序、大小接近的随机冲击噪声组成,因此具有较宽而均匀的频谱。当系统运行不正常时,随机噪声中会出现有规则的、周期性的脉冲信号,其大小要比随机冲击噪声大得多。例如当系统中轴承磨损而使间隙增大时,轴与轴承盖之间就会出现撞击;当轴承的滚道出现剥蚀、齿轮的某一个啮合面严重磨损等情况出现时,在随机噪声中均会出现周期信号。

利用自相关函数可以通过噪声分析方法诊断系统故障,可以从噪声中发现隐藏的周期分量,特别是在故障发生的初期,周期信号并不明显,直接观察难以发现时,采用自相关分析方法,依靠 $R_x(\tau)$ 的幅值和波动的频率诊断机械系统缺陷的所在之处。

2)计算自功率谱

自相关函数 $R_x(\tau)$ 的傅里叶变换为自功率谱密度函数:

$$S_x(f) = \int_{-\infty}^{+\infty} R_x(\tau) e^{-j2\pi f\tau} d\tau \tag{2-70}$$

逆变换为:

$$R_x(\tau) = \int_{-\infty}^{+\infty} S_x(f) e^{j2\pi f\tau} df \tag{2-71}$$

平稳过程 $x(t)$ 的 $R_x(\tau)$ 可以通过傅里叶变换转化成 $S_x(f)$,二者构成傅里叶变换对,揭示了随机信号自相关函数与其频率域描述的相互关系,自功率谱密度函数是谱分析的重要工具。

自功率谱密度函数 $S_x(f)$ 为双边谱,但是实际中根本不存在负频率的物理现象,因此常将双边谱变为单边谱(正频率谱)。单边谱 $G_x(f)$ 与双边谱 $S_x(f)$ 关系如下:

$$\begin{cases} G_x(f) = 2S_x(f) & (0 \leqslant f < +\infty) \\ G_x(f) = 0 & (f < 0) \end{cases} \tag{2-72}$$

当 $\tau = 0$ 时

$$R_x(0) = \int_0^{+\infty} G_x(f) df = \lim_{T \to \infty} \frac{1}{T} \int_{-\frac{T}{2}}^{\frac{T}{2}} x(t)^2 dt \tag{2-73}$$

可见,随机信号的功率既可以通过对信号响应的时间历程进行积分得到,也可以对其频率域的功率谱密度进行积分得到。自相关函数在零点处取得极大值,且等于随机振动信号的均方值,等于单边自功率谱与横轴所包围的面积。

2.3.4 互相关函数

互相关函数描绘了信号 $x(t)$ 与信号 $y(t)$ 作 τ 时移后的 $y(t+\tau)$ 之间的波形相似程度。互相关函数曲线峰值对应的 τ 值反映了此时 $x(t)$ 与 $y(t+\tau)$ 波形最为相似,也反映了两信号之间的滞后时间,这些特性为工程上解决了很多在实际中较难解决的技术问题。

互相关函数定义为:

$$R_{xy}(\tau) = \lim_{T \to \infty} \frac{1}{T} \int_0^T x(t) y(t+\tau) dt \tag{2-74}$$

式中:T——随机信号 $x(t)$ 与 $y(t)$ 的观测时间。

互相关函数 $R_{xy}(\tau)$ 是 τ 的函数,它完整描述了两个信号之间的相关情况。图 2-16 所示为互相关函数图。

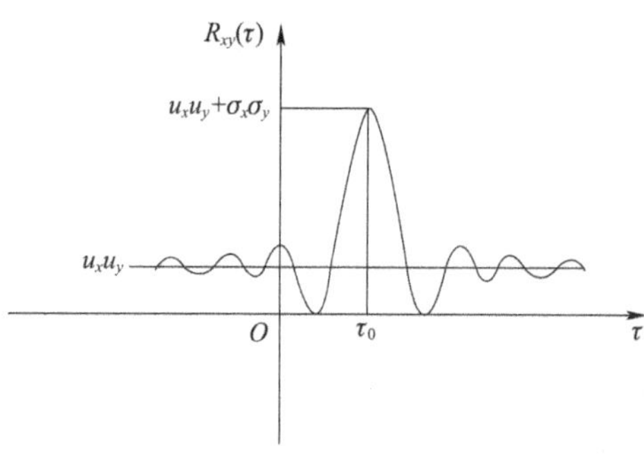

图 2-16 互相关函数图

与自相关函数类似,对互相关函数作归一化处理后的互相关系数 $\rho_{xy}(\tau)$ 表示两个随机信号的相关程度,即:

$$\rho_{xy}(\tau) = \frac{\lim\limits_{T \to \infty} \frac{1}{T} \int_0^T [x(t) - \mu_x][y(t+\tau) - \mu_y] dt}{\sigma_x \sigma_y} = \frac{R_{xy}(\tau) - \mu_x \mu_y}{\sigma_x \sigma_y} \tag{2-75}$$

互相关函数有如下性质:

(1)平稳振动信号的互相关函数是实函数，既可以为正也可以为负，它与自相关函数不同，不是偶函数，且在 $\tau=0$ 时不一定是最大值。图 2-16 所示的互相关函数在 τ_0 时，$R_{xy}(\tau)$ 出现最大值，它表示 $x(t)$ 与 $y(t)$ 在 $\tau=\tau_0$ 时存在某种联系，而在其他时间间隔则没有这种联系。或者说，它反映了 $x(t)$ 与 $y(t)$ 的滞后时间。

(2)由 $|\rho_{xy}(\tau)|\leqslant 1$，有 $\mu_x\mu_y-\sigma_x\sigma_y\leqslant R_{xy}(\tau)\leqslant\mu_x\mu_y+\sigma_x\sigma_y$。

(3)当 $|\rho_{xy}(\tau)|=1$ 时，说明两信号完全相关，且在 $\tau=\tau_0$ 处 $R_{xy}(\tau)$ 取最大值，即表示两信号有时移 $\tau=\tau_0$ 时，相关程度最高；当 $|\rho_{xy}(\tau)|=0$ 时，说明两信号互不相关，则对于任意的 τ 值，有 $\rho_{xy}(\tau)=\mu_x\mu_y$；当 $0<|\rho_{xy}(\tau)|<1$ 时，表示两信号部分相关。

(4)对于随机信号 $x(t)$ 与 $y(t)$，若它们之间没有同频的周期成分，那么当时移 τ 很大时就彼此无关，即 $\rho_{xy}(\tau)\to 0$ 而 $\rho_{xy}(\tau)\to\mu_x\mu_y$。

(5)如果 $x(t)$ 与 $y(t)$ 两信号是同频率的周期信号或包含有同频率的周期成分，则当 $\tau\to\infty$ 时，其互相关函数并不收敛，且会出现该频率的周期成分，同时保留了原两个信号的幅值和相位信息；若两信号含有频率不等的周期成分，则两者不相关，即同频相关，不同频不相关。

(6)反对称性：$R_{xy}(\tau)=R_{yx}(-\tau)$。

2.3.5 互相关函数应用

1)噪声信号识别及滞后时间测量

互相关函数是在噪声背景下提取有用信息的一种有效方法。例如对一个线性系统进行激振，测得的响应信号中常常含有大量的干扰噪声。根据线性系统的频率保持性，只有和激振频率相同的分量才可能由激振产生响应，其他分量均视为干扰噪声。因此，只要将激振信号和响应信号进行互相关处理，就可以得到由激振引起的响应幅值和相位差，从而消除噪声的影响。

在不同频率的激励作用下，根据输入信号和输出响应之间的互相关函数就可以求出各频率下从激励点到测量点之间的幅值、相位传输特性，从而得到系统的频率响应函数。

利用互相关函数提供的延时信号来测量一种随机干扰的平均传输速度。考虑沿某一方向传播的某种干扰，当在此方向上相距为 L 的两个测点同时测量，得到两个信号，用这两个信号的互相关函数可计算出干扰传播的方向和平均传播时间。例如当系统的输出与输入之间有一定的时间差时，互相关函数在时间差等于信号通过系统所需时间值时将出现峰值。设信号传播速度为 V，a 和 b 两点距离 L，则信号由 a 点传播到 b 点的时间延迟 τ 有如下关系：

$$\tau=\frac{L}{V} \tag{2-76}$$

2)计算互功率谱

两个随机信号互相关函数的傅里叶变换可以得到互功率谱密度函数：

$$S_{xy}(f)=\int_{-\infty}^{+\infty}R_{xy}(\tau)\mathrm{e}^{-j2\pi f\tau}\mathrm{d}\tau \tag{2-77}$$

其逆变换为：

$$R_{xy}(\tau)=\int_{-\infty}^{+\infty}S_{xy}(f)\mathrm{e}^{j2\pi f\tau}\mathrm{d}f \tag{2-78}$$

其相应的单边谱与双边谱关系为：

$$
\begin{cases} G_{xy}(f) = 2S_{xy}(f) & (0 \leqslant f < +\infty) \\ G_{xy}(f) = 0 & (f < 0) \end{cases} \tag{2-79}
$$

互功率谱与自功率谱的不同之处在于:它不仅能够提供按频率分布的能量大小,还能够提供输入信号 $x(t)$ 与输出信号 $y(t)$ 之间的相位关系。在机械结构动态分析中互功率谱最常用的用途是计算两个信号之间的频响函数。

2.4 谱分析技术

2.4.1 谱分析概述

谱分析是研究随机信号功率谱密度的方法,即研究信号在整个频率域内的功率分布。谱分析能够给出被分析随机信号的能量随频率的分布情况,被广泛应用于滤波、信号识别、信号分离和系统辨识等领域。

谱分析方法主要有经典谱估计与现代谱估计。经典谱分析法又称非参数化方法,主要包括周期图法和自相关法。周期图法又称直接法,是把随机信号的 N 点观察数据视为一个功率有限信号,直接进行观察数据序列的傅里叶变换,然后再取其幅值的平方,并除于 N,作为对真实功率谱的估计,该估计频谱的分辨率取决于采样时间的长度。自相关法又称间接法,是计算数据序列的自相关函数,然后对自相关函数求傅里叶变换得到信号观察序列的功率谱,并以此作为对真实功率谱的估计。因为这种方法求出的功率谱是通过自相关函数间接得到的,所以称为间接法。这两种功率谱估计方法为有偏估计,通过加窗对功率谱进行平滑,减少功率谱的误差,但仍然无法克服分辨率低的缺陷,不能满足高分辨率谱分析的需要。

为了克服非参数化分辨率低的问题,出现了参数化的高分辨谱分析,又称现代谱分析。现代谱假定所分析信号符合某一线性系统模型,利用采样数据建立模型,并进行参数估计从而求解出系统参数,继而对信号功率谱做出估计。现代谱估计方法将谱估计问题简化为数学模型中的参数估计问题,使谱估计结果更能体现随机信号的全局性质。当信号确实满足假设模型时,参数化方法要比非参数化方法得到的谱估计更精确,但多数情况下信号不一定完全符合假设模型。由于参数化方法对模型误差敏感,非参数化方法有时优于参数化方法。

2.4.2 经典谱分析方法

1)功率谱密度

振动与噪声信号大多是随机信号,其未来时刻的值不能精确确定,能量也并不是有限的,不具备绝对可积分条件,不能直接进行傅里叶变换,又因为随机信号的频率、幅值、相位都是随机的,因此从理论上讲,一般不进行幅值谱和相位谱分析。

随机信号通常具有有限的平均功率,因此可以用具有统计特性的平均功率谱密度(Power Spectral Density,PSD)来进行谱分析,从而确定随机信号在频域内的功率分布。功率谱密度估计,就是根据随机序列的有限观察值 $\{x(t)\}$,$t = 0, 1, \cdots, N$ 来估计功率谱密度函数。由于使用有限长度的信号而无法得到信号真实的谱,所以各种 PSD 估计方法所得到的谱只能是真实谱的一种估计。

由于信号的随机性,所以功率谱密度需要在统计学意义上进行分析和计算。

功率谱密度第一种定义:

$$\varphi(\omega) = \sum_{-\infty}^{\infty} R(k) e^{-j\omega k} \tag{2-80}$$

对于功率有限的随机信号,式(2-80)表示了功率有限信号的功率谱密度与其自相关函数的傅里叶变换关系,即自相关函数为功率谱密度函数的傅里叶逆变换。

$$r(k) = \frac{1}{2\pi}\int_{-\pi}^{\pi} \varphi(\omega) e^{j\omega k} d\omega \tag{2-81}$$

功率谱密度的第二种定义:

$$\varphi(\omega) = \lim_{N\to\infty} E\left\{ \frac{1}{N} \left| \sum_{t=1}^{N} x(t) e^{-i\omega t} \right|^2 \right\} \tag{2-82}$$

由该定义形式可以明显地看出,频谱分析的目的是描述信号在频率 ω 处的平均功率。

功率谱密度 PSD 估计的方法有参数化和非参数方法。非参数化方法有包括周期图法和相关图法,又称经典 PSD 估计方法。只有当被研究的信号具有足够的信息能够建立模型时才用参数化估计方法,否则用非参数化方法。

2)周期图法

周期图法又称直接法,包含了两条假设:认为随机信号是广义平稳且各态遍历的,可以用其中一个样本的其中一段来估计该随机序列的功率谱;由于采用了 DFT,就默认在时域是周期的,即将随机样本所截得的一段进行了周期延拓,这就是周期图法名字的来历。

周期图法的依据是功率谱密度的定义,当信号的可用信息仅由观测样本 $\{x(t)\}_{t=1}^{N}$ 组成时,不能进行求期望和取极限运算,忽略这两步运算。直接法先计算 N 个数据的傅里叶变换(频谱),即:

$$X(\omega) = \sum_{n=0}^{N-1} x(n) e^{-j\omega n} \tag{2-83}$$

然后取频谱和其共轭的乘积,并除以 N,得到功率谱:

$$\hat{\varphi}_p(\omega) = \frac{1}{N}|X(\omega)|^2 = \frac{1}{N}\left|\sum_{n=0}^{N-1} x(n) e^{-j\omega n}\right|^2 \tag{2-84}$$

周期图谱估计的主要用途之一就是判断时间序列中可能隐藏的周期性。$X(\omega)$ 是 $\{x(t)\}_{t=1}^{N}$ 的离散傅里叶变换(DFT),可用 FFT 来计算。所以周期图法简单快速。

3)相关图法

相关图法又称间接法,信号处理中,基于 Wiener-Khinchin 定理,一个广义平稳随机过程的功率谱密度可以定义为自相关函数的功率谱密度。即由观察的数据序列估计出自相关函数,然后对自相关函数求傅里叶变换得到信号观察序列的功率谱,并以此作为对真实功率谱的估计。

间接法是先根据 N 个样本数据估计 $x(n)$ 的样本自相关函数:

$$\hat{R}_x(k) = \frac{1}{N}\sum_{t=k+1}^{N} x(t) x^*(t-k) \qquad (0 \leqslant k \leqslant N-1) \tag{2-85}$$

样本的自相关函数系列中标负号部分的值可由 $\hat{R}_x(-k) = \hat{R}_x^*(k)$ 得到。然后,计算样本自相关函数的傅里叶变换,得到功率谱:

$$\hat{\varphi}_c(\omega) = \sum_{k=-(N-1)}^{N-1} \hat{R}_x(k) e^{-j\omega k} \tag{2-86}$$

式(2-85)称为标准有偏自相关序列估计,由此得到的序列 $\hat{R}_x(k)$ 确保是半正定的。这种半正定性对 PSD 估计尤其重要,因为当自相关序列不是正定时,将其代入式(2-86)中将会导致负的谱估计值,在大多数实际应用中这是不希望出现的。

4) FFT 计算周期图法或自相关法的补零操作

实际中,计算机不可能在连续的频率区间上估计 $\hat{\varphi}_p(\omega)$(或 $\hat{\varphi}_c(\omega)$)。因此,需要进行频率取样以进行 $\hat{\varphi}_p(\omega)$的计算,频率取样方法通常为:

$$\omega = \frac{2\pi k}{N} \qquad (k=0,1,\cdots,N-1) \tag{2-87}$$

由本章 2.2 节傅里叶变换理论中 FFT 的要求可知,FFT 需要采样点数 N 是 2 的整数次幂;在有些应用中,N 不是 2 的整数次幂,此时,FFT 算法就不能直接应用到原序列。这种情况的解决方法是,利用对已知序列补零$\{x(1),\cdots,x(N),0,0,\cdots\}$来增加序列长度,使其长度为 L(L 为 2 的整数次幂)。

当式(2-87)的取样点很稀疏时,不能很好地给出 $\hat{\varphi}_p(\omega)$的连续谱估计时,补零的方法在频率取样中非常有用,通过对序列补零重新进行频率取样并应用 FFT 就可以得到在频率 $\omega_k = \frac{2\pi k}{L}$处的 $\hat{\varphi}_p(\omega)$,$0 \leqslant k \leqslant N-1$。对 $\hat{\varphi}_p(\omega)$的细取样能将补零之前信号频谱中看不见的细节反映出来。

但是,因为原序列和补零后的序列的连续谱估计都是相同的,所以用周期图法和自相关方法估计的谱,补零不能改善其分辨率。

频率分辨率与谱线的宽度有关,谱线越细,能分辨的谱线间隔越小。谱线的宽度又与窗的主瓣有关,矩形窗的主瓣又与矩形窗的窗长有关,即频率分辨率只与采样的时间 T 有关。

5) 周期图法和相关图法的优缺点

周期图法和相关图法在弱条件下是等价的。当数据长度足够长时,周期图和相关图方法的分辨率较高,但它们的估计性能较差,因为其方差大而且不会随着数据长度的增加而减小。周期图法求出的谱随着信号序列长度的增加而起伏变化得很厉害,所以通过增加采样点的办法不能使周期图变得平滑。图 2-17 所示为含有 150Hz 和 140Hz 两个频率的谐波分量,并混合有高斯随机噪声的某信号在采样频率为 1000Hz 下的周期图法和相关图法的功率谱密度估计对比。

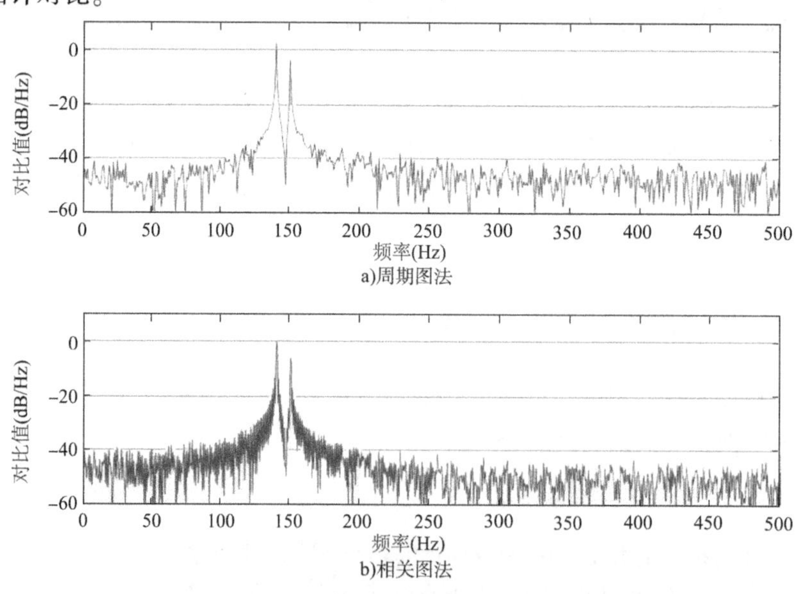

图 2-17 周期加高斯噪声信号的周期图和相关图法功率谱估计

为了改进周期图和相关图法估计功率谱时具有方差大且功率谱随着信号序列的增加而起伏变化大的缺点。学者提出了一些改进方法，但这些方法的思想是以降低分辨率为代价来减小方差，对谱进行改进的主要方法有平均和平滑。

平均就是将截取的数据段分成 L 个小段，分别计算功率谱后取功率谱的平均，这种方法使谱估计的方差减少，但偏差加大，分辨率下降。平滑是用一个适当的窗函数与算出的功率谱进行卷积，使谱线平滑，这种方法得出的谱估计是无偏的，方差也小，但分辨率下降。

2.4.3 改进的经典谱分析方法

1）Blackman-Tukey 相关图谱估计

此方法又称加窗相关图法或 BT 法，因为相关图的主要问题是谱估计的统计方差大，即使样本长度非常大时仍然如此。相关图功率谱密度估计较差的统计特性可以直观地解释为由下列原因引起：在 $\hat{\varphi}_c(\omega)$ 中累积了大量（即使是很小的）自相关函数估计的误差。这个影响可以通过加窗来截断 $\hat{\varphi}_c(\omega)$ 的求和区间来减小。Blackman-Tukey 估计表示如下：

$$\hat{\varphi}_{BT}(\omega) = \sum_{k=-(M-1)}^{M-1} w(k)\hat{R}_x(k)e^{-j\omega k} \tag{2-88}$$

式中，$w(k)$ 为窗函数且是偶函数，即 $w(k) = w(-k)$，$w(0) = 1$，当 $|k| \geqslant M$ 时，$w(k) = 0$，$w(k)$ 逐渐衰减至 0，并且 $M < N$，从式（2-88）可知，$w(k)$ 实现了对自相关序列的延迟进行加权，所以称为延迟窗。

设 $W(\omega)$ 表示 $w(k)$ 的 DTFT：

$$W(\omega) = \sum_{-\infty}^{\infty} w(k)e^{-j\omega k} = \sum_{k=-(M-1)}^{M-1} w(k)e^{-j\omega k} \tag{2-89}$$

则由两个信号序列时域乘积的 DTFT 等于信号 DTFT 在频域的卷积，而 $\hat{R}_x(k)$ 的 DTFT 就是 PSD，式（2-89）可写为：

$$\hat{\varphi}_{BT}(\omega) = \hat{\varphi}_c(\omega)W(\omega) = \frac{1}{2\pi}\int_{-\pi}^{\pi} \hat{\varphi}_c(\psi)W(\omega-\psi)d\psi \tag{2-90}$$

Blackman-Tukey 谱估计式（2-90）相当于相关图估计的“局部”加权平均。相关图法的主要问题是对真实 PSD 估计的方差大，式（2-90）表明了用一个适当的窗函数与算出的功率谱进行卷积，可以使谱线平滑，从而消除了大范围的波动，所以方差变小，但平滑效应会引起频率分辨率的下降。

加窗相关图法的窗函数选择原则：一方面频谱窗 $W(\omega)$ 引起的平滑效应会降低分辨率。窗长越小，方差减小越明显，但由频率分辨率 $\Delta f = f_s/N$（f_s 为采样频率，N 为采样点数），采样点数 N 越小，频率分辨率越低。所以选择窗长时需要在分辨率和统计方差之间折中考虑。由傅里叶变换小节对各种窗函数的介绍可知，当窗长一定时，就不能同时减小主瓣能量（为了减小平滑效应）和旁瓣能量（为减少谱泄漏），即若想减少主瓣宽度就必须接受旁瓣能量增加的事实。所以，窗形状的选择应在谱的平滑和泄漏之间折中考虑。

2）Bartlett 方法

Bartlett 法的基本思想是将具有 N 个观测点的可用样本分成 $L = N/M$ 个子样本，每个子样本有 M 个观测点，然后在每个 ω 值上对所有子样本的周期图进行平均，以此来减小周期图中较大的波动。Bartlett 方法的数学描述如下，设：

$$y_j(t) = y((j-1)M+t) \qquad (t=1,\cdots,M;j=1,\cdots,L) \tag{2-91}$$

表示第 j 个子样本的观测值，并设：

$$\hat{\varphi}_j(\omega)=\frac{1}{M}\left|\sum_{t=1}^{M}y_j(t)\mathrm{e}^{-i\omega t}\right|^2 \tag{2-92}$$

表示响应的周期图，则 Bartlett 的谱估计为：

$$\hat{\varphi}_{\mathrm{B}}(\omega)=\frac{1}{L}\sum_{j=1}^{L}\hat{\varphi}_j(\omega) \tag{2-93}$$

Bartlett 方法对样本相当于加了矩形窗，而矩形窗的主瓣宽度比其他大多数延迟窗都窄。因此，Bartlett 方法通过分段方法，使得对所估计谱的方差减小，分辨率降低，所以选择分段数 L（或 M）要在方差和分辨率之间折中。在这些改进的谱分析方法中，Bartlett 方法平滑能力最弱（当然分辨率最高），但是其泄漏也最大。

3）Welch 方法

Welch 方法从两个方面对 Bartlett 法进行改进。一方面，Welch 方法中数据的分段允许有重叠，另一方面，每段数据在计算周期图之前先加窗。为了用数学形式描述 Welch 方法，设：

$$y_j(t)=y((j-1)K+t)\qquad (t=1,\cdots,M;j=1,\cdots,S) \tag{2-94}$$

表示第 j 个数据段，式中 $(j-1)K$ 是第 j 个观测序列的起始点。如果 $K=M$ 则序列不重叠（但是相邻连接的），可以采用 Bartlett 法对样本分段（即产生 $S=L=N/M$ 个数据子样本）。但是，Welh 方法中建议 K 值选为 $M/2$，此时，有 $S=2M/N$ 个数据段（在连续子段之间有 50% 的重叠）。

$y(t)$ 的加窗周期图计算如下所示：

$$\hat{\varphi}_j=\frac{1}{MP}\left|\sum_{t=1}^{M}v(t)y_j(t)\mathrm{e}^{-i\omega t}\right|^2 \tag{2-95}$$

其中，P 表示时间窗 $\{v(t)\}$ 的功率：

$$P=\frac{1}{M}\sum_{i=1}^{M}|v(t)|^2 \tag{2-96}$$

对式(2-95)加窗周期图进行平均，即可得到 Welch 谱估计：

$$\hat{\varphi}_{\mathrm{W}}(\omega)=\frac{1}{S}\sum_{j=1}^{s}\hat{\varphi}_j(\omega) \tag{2-97}$$

Welch 方法在数据分段时允许数据之间有重叠，因为这样，就增加了式(2-97)中被平均的周期图数。同时为了更好地控制被估计 PSD 的偏差分辨率特性，在计算周期图时引入了时间窗。时间窗对每一个子样本序列末端数据的加权较小，所以即使相邻子样本序列之间有重叠，彼此之间的相关性也较小。

Welch 法是比较常用的经典功率谱估计的改进方法，以加窗（加权）求取平滑，分段重叠求得平均，因此集平均与平滑的优点于一体，从而减小方差，同时也不可避免带有两者的缺点，也是一种折中方法。

2.4.4 现代谱分析

1）现代谱分析概述

经典谱分析法在分析由窗函数所截取的有限长度信号时，假设窗函数以外的信号为零。这种不合理的假设是经典法谱估计质量差的主要原因。因此经典谱分析法所得到的谱只是真实谱与窗函数谱的卷积，即被窗函数畸变了的谱。在此基础上的各种改进方法也只能是在谱的分辨率、稳定性以及旁瓣水平之间进行各种折中，而无法全面提高。

现代谱估计的提出主要是针对经典谱估计的分辨率和方差性能不好的问题。现代谱估计即参数模型谱估计是先根据过程的先验信息或者一些假定,建立一个数学模型来表示所给定采样数据的过程,或者选择一个较好的近似实际模型,而后利用采样数据序列或者自相关序列,估计该模型的参数,最后把参数代入到该模型对应的理论功率谱表达式,得到所需要的谱。其突出的优点就是提高了谱的分辨率和真实程度。

在假设模型与实际非常接近的情况下,参数化谱估计方法相对于非参数化方法能提供更为精确的谱估计值。然而,在待研究信号的信息极少甚至没有的应用中,功率谱密度估计的非参数化方法仍然有用。谱分析的主要方法见表2-4。

谱分析主要方法 表2-4

分类	模型	方法	连续谱或离散线谱	计算复杂程度	控制参数
经典	无	相关图法(BT法)	连续	$N\log_2 N$	窗函数
		周期图法	连续离散(FFT型)	$N\log_2 N$	窗函数
参数模型	自回归(AR)	自相关法(尤拉-沃克法)	连续	N^2	AR模型阶数
		协方差法	连续	N^2	AR模型阶数
		修正协方差法(包括马布尔算法)	连续	N^2	AR模型阶数
		伯格法	连续	N^2	AR模型阶数
		递推极大似然估计法	连续	N^2	AR模型阶数
		自适应最小均方(LMS)算法	连续	N(每次递推)	AR模型阶数
		自适应递推最小二乘(RLS)算法	连续	N(每次递推)	AR模型阶数
	滑动平均(MA)	德宾法(高阶自回归)	连续	N^2	MA模型阶数
	自回归滑动平均(ARMA)	修正尤拉-沃克法	连续	N^2	AR模型阶数 MA模型阶数
		最小二乘修正尤拉-沃克法	连续	N^2	AR模型阶数 MA模型阶数
		阿凯克极大似然估计法	连续	N^3	AR模型阶数 MA模型阶数
	衰减指数信号	普朗尼法	连续	N^2	指数信号个数
	非衰减指数信号	修正普朗尼法	离散	N^2	指数信号个数
	正弦信号+噪声	皮萨年科谱波分解法	离散	N^3	正弦信号个数
非参数模型	无	最小方差法	连续	N^2	自相关矩阵维数
		多信号分类法(MUSIC法)	连续	N^2	奇异值

由表2-4可以看出,现代谱估计方法大致可以分为参数模型谱估计和非参数模型谱估计,前者有AR模型、MA模型、ARMA模型等;后者有最小方差方法、多分量的MUSIC方法等。非参数模型谱估计的特点是其模型不是用有限参数来描述,而直接由相关函数序列得到,这种方法能提高低信噪比时的谱分辨率。

参数模型法是现代谱估计的主要方法,其可分为两大类:一类是有理参数模型,这类模型可用有理系统函数来表示,所求出的功率谱都是连续的,又称有理谱。它包括自回归(AR)模型(全极点模型)、滑动平均(MA)模型(全零点模型)和自回归滑动平均模型(ARMA)模型(极-零模型);另一类是指数模型,它假定信号模型为一些指数信号(正弦信号的扩展形式)的线性组合,可以是衰减的指数信号,非衰减的指数信号或正弦信号的线性组合。参数模型中 ARMA、MA、AR 模型的谱估计较常用。

以参数模型为基础的谱分析方法步骤如下:

(1)假定研究的随机过程 $y(n)$ 是由一个输入序列 $e(n)$ 激励一个线性系统 $H(z)$ 的输出,需要对随机过程进行理论分析和实验研究以确定和选择一个合理的模型。

(2)由已知的 $y(n)$,或其自相关函数 $r_y(m)$ 来估计的 $H(z)$ 参数。这涉及对各种算法的研究。通常,模型参数的数据量比观测数据的数据量少很多,因此,为数据压缩创造了条件。

(3)由 $H(z)$ 来估计 $y(n)$ 的功率谱。

由以上分析可知,能否正确选择信号的模型,确定模型的阶数,以及估计模型的参数是决定参数模型法谱估计质量的关键。

2)ARMA 参数功率谱估计

(1)有理谱信号及谱分解。

①有理谱信号。有理谱信号是指功率谱密度 $\varphi(\omega)$ 为 $e^{-i\omega}$ 的一个有理函数(即两个关于 $e^{-i\omega}$ 的多项式的比值):

$$\varphi(\omega)=\frac{\sum_{k=-m}^{m}\gamma_{ke}{}^{-i\omega k}}{\sum_{k=-n}^{n}\rho_k e^{-i\omega k}} \tag{2-98}$$

其中,$\gamma_{-k}=\gamma_k^*$,$\rho_{-k}=\rho_k^*$。由微积分中的 Weierstrass 定理可知,当式(2-98)中阶数 m 和 n 选得足够大时,任意连续的功率谱密度都可以用式(2-98)表示的有理谱任意逼近。

有理谱密度可以分解为如下形式:

$$\varphi(\omega)=\left|\frac{B(\omega)}{A(\omega)}\right|^2\sigma^2 \tag{2-99}$$

其中,σ^2 是一个正的标量,$A(\omega)$ 和 $B(\omega)$ 为多项式:

$$\begin{cases}A(\omega)=1+a_1e^{-i\omega}+\cdots+a_ne^{-in\omega}\\ B(\omega)=1+b_1e^{-i\omega}+\cdots+b_me^{-im\omega}\end{cases} \tag{2-100}$$

式(2-100)的结果在 Z 域可以得到类似的表示。

利用 $z=e^{-i\omega}$,$\varphi(z)=\sum_{k=-m}^{m}\gamma_kz^{-k}/\sum_{k=-n}^{n}\rho_kz^{-k}$,$\varphi(\omega)$ 可以分解为:

$$\varphi(z)=\sigma^2\frac{B(z)B^*\dfrac{1}{z^*}}{A(z)A^*\dfrac{1}{z^*}} \tag{2-101}$$

其中:

$$\begin{cases}A(z)=1+a_1z^{-1}+\cdots+a_nz^{-n}\\ A^*\dfrac{1}{z^*}=\left[A\dfrac{1}{z^*}\right]^*=1+a_1^*z+\cdots+a_n^*z^n\\ B(z)=1+b_1z^{-1}+\cdots+b_mz^{-m}\\ B^*\dfrac{1}{z^*}=\left[B\dfrac{1}{z^*}\right]^*=1+b_1^*z+\cdots+b_m^*z^m\end{cases} \tag{2-102}$$

②谱分解。式(2-99)表明,任意有理功率谱密度能与某一信号联系起来,该信号可由功率为 σ^2 的白噪声通过一个传递函数为 $H(\omega)=B(\omega)/A(\omega)$ 的有理滤波器得到。该滤波器在时域中表示为:

$$y(t)=\frac{B(z)}{A(z)}e(t) \tag{2-103}$$

即有:

$$A(z)y(t)=B(z)e(t) \tag{2-104}$$

其中,$y(t)$ 为滤波器的输出,并且:

z^{-1} 为单位延迟算子($z^{-k}y(t)=y(t-k)$),$e(t)$ 为方差为 σ^2 的白噪声。

通过以上方法,有理谱密度 $\phi(\omega)$ 的参数化模型变为信号自身的模型。则谱估计问题就转化为随机信号的模型参数估计问题。信号模型式(2-104)及其两种特殊情况($m=0$ 和 $n=0$)分别对应了以下三种参数模型。

满足式(2-103)的信号 $y(t)$ 称为自回归滑动平均[Autoregressive Moving Average, ARMA]信号。如果式(2-103)中 $B(z)=1$,即式(2-100)中的 $m=0$,那么 $y(t)$ 为自回归[Antoregressive, AR]信号;若 $n=0$,$y(t)$ 为滑动平均[Moving Average, MA]信号。总结如下:

$$\begin{cases} ARMA: A(z)y(t)=B(z)e(t) \\ AR: A(z)y(t)=e(t) \\ MA: y(t)=B(z)e(t) \end{cases} \tag{2-105}$$

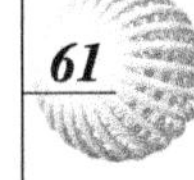

ARMA 模型输出和输入之间满足差分方程:

$$y(t)+\sum_{i=1}^{n}a_i y(t-i)=\sum_{j=0}^{n}b_j e(t-j) \qquad (b_0=1) \tag{2-106}$$

③ARMA 模型差分方程。AR 模型和 MA 模型的差分方程分别为式(2-106)中 $b_j=0$, $j=1,\cdots,n$ 和 $a_i=0, i=1,\cdots,n$ 对应的方程。AR 模型差分方程为:

$$y(t)+\sum_{i=1}^{n}a_i y(t-i)=e(t) \tag{2-107}$$

由以上分析可以看出,平稳随机信号的线性模型(AR,MA,ARMA)以白噪声激励信号经过一个因果稳定线性时不变系统得到带估计的随机信号。那么通过估计出系统的模型系数和白噪声的方差就可以确定带估计随机信号的功率谱密度。

对 ARMA 模型、AR 模型、MA 模型的模型系数求解过程中,求解 AR 模型参数的正则方程是一组线性方程,而 MA 和 ARMA 模型是非线性方程。

(2) AR 信号的 Yule-Walker 方法。

由于 AR 模型具有一系列良好的性能,因此被研究最多也得到最广泛地应用。这种模型比较简单、成熟,由于它是全极点模型,因此能较好地描述信号谱中的谱峰,表现出良好的频率分辨能力。AR 模型参数估计的方法较多,采用最多是被称为 Yule-Walker 方法的 AR 参数估计方法。

Yule-Walker 方法利用线性预测方法,参数求解得到一组标准方程,其矩阵形式为:

$$\begin{bmatrix} r(0) & r(-1) & \cdots & r(-n) \\ r(1) & r(0) & \cdots & \vdots \\ \vdots & \vdots & \vdots & r(-1) \\ r(n) & r(n-1) & \cdots & r(0) \end{bmatrix} \begin{bmatrix} 1 \\ a_1 \\ \vdots \\ a_n \end{bmatrix} = \begin{bmatrix} \sigma^2 \\ 0 \\ \vdots \\ 0 \end{bmatrix} \tag{2-108}$$

其中,$\{\hat{r}(k)\}_{k=0}^{n}$ 为样本数据 $\{y(t)\}_{t=1}^{N}$ 的自相关函数估值,可由下式计算:

$$\hat{r}(k)=\frac{1}{N}\sum_{t=k+1}^{N}y(t)y^{*}(t-k)\qquad(0\leqslant k\leqslant n)\tag{2-109}$$

当$\{\hat{r}(k)\}_{k=0}^{n}$已知时,就可以求解式(2-108)中的参数$\theta=[a_1,a_2,\cdots,a_n]^{\mathrm{T}}$。利用求出的$\theta$和式(2-108)的第一行可以求出$\sigma^2$。式(2-108)称为 Yule-Walker 方程或正则方程,是 AR 参数估计的基础。利用谱估计方法即可得到随机信号 AR 模型的功率谱密度。

(3)ARMA 信号的修正 Yule-Walker 方法。

阶数较小的 AR 或 MA 方程不能模拟具有尖锐峰和深零点的谱,当然,还有其他一些情况下的有理谱不能由 AR 或 MA 谱准确地描述。因此,应用相当成功的 ARMA 谱估计算法—修正 Yule-Walker 方法。

用于估计 ARMA 谱密度的修正 Yule-Walker 方法由两步组成;第一步,利用修正 Yule-Walker 方程估计 AR 系数$a_1,a_2,\cdots,a_n$;第二步,利用 AR 系数和自相关估值估计系数$\{\hat{r}(k)\}$估计式$\hat{\gamma}_k$。得到 ARMA 谱的公式:

$$\hat{\varphi}(\omega)=\frac{\sum_{k=-m}^{m}\hat{\gamma}_k\mathrm{e}^{-i\omega k}}{|\hat{A}(\omega)|^2}\tag{2-110}$$

由以上对 AR 和 ARMA 谱估计的参数估计过程可以看出,参数估计就是对随机信号的模型选取(阶数选取)、利用合理的算法进行模型参数估计、利用谱分解定理计算信号的功率谱密度。

2.4.5 谱分析应用

频谱分析是现代信号处理技术的最基本和常用的方法之一。在旋转机械状态监测与故障诊断中,通过频谱分析可以得到信号中轴的转动频率和啮合频率及其高次谐波等主要频率成分、各频率成分的幅值、相位的大小,对于判断齿轮箱故障产生的部位、故障的类型和产生原因提供了非常有效的分析手段。在监测过程中,通过比较同一频率成分下幅值的变化情况和有无新的频率成分产生,可以判断旋转机械的运行工况的劣化程度。

在振动监测中,通过测量信号的频谱来检测机器零件磨损情况及其他特性。在语音信号分析中,声音信号的频谱模型可以帮助人们很好地理解语音产生的过程,还可以用于语音合成和语音识别。在雷达和声呐系统中,根据接收信号的频谱来对观测范围内的声源进行定位。在医学方面,医生通过分析对病人测得的各种信号的频谱(如心电图或脑电图)来诊断病情。在地震学中,将地震前和地震期间记录下来的信号进行频谱分析能够获得一些与地震相关的地壳运动的有用信息,有助于预测地震等地壳运动现象。在经济学、气象学、天文学等领域中,谱分析能够揭示出待研究数据隐含的周期性,这种周期性与周期性活动或重复出现的过程有关。在油气勘探中还可利用地震学中的信号谱估计方法预测地表结构。

2.5 小波分析技术

2.5.1 小波分析概述

传统的振动与噪声信号处理技术建立在傅里叶变换之上,而傅里叶变换是一种全局性变换，有一定的局限性，如不具备局部化分析能力、不能分析非平稳信号等。虽然对傅里叶变换进行各种改进以改善这种局限性，如采用STFT（短时傅里叶变换）。但STFT采用的滑动窗函数一经选定就固定不变，则时频分辨率也固定不变，不具备自适应能力，而小波分析很好地解决了这个问题。

小波分析方法是一种窗口面积固定但其形状改变，时间窗和频率窗都可改变的时频局域化分析方法。这种特性使小波变换具有对信号的自适应性，这也正克服了傅里叶变换不能在时域和频域上局域化的缺点，也克服了短时傅里叶变换时间和频率分辨率都固定，不能在信号频率变化时实现动态可调以及选择合适窗宽困难的问题。

信号的小波分析就是利用小波函数对信号进行加权或滤波。小波函数具有多样性，只要满足容许条件的函数都可作为小波母函数。小波具有多分辨特点，可以用不同的分辨率来观察信号的概貌或细节。在非平稳随机信号分析中，可以在不同的分辨率下分析异常信号的细部特征，对信号在感兴趣的时段与频段进行时频局部化分析。小波变换可以正交地、无冗余且无泄露地将信号分解到不同尺度下的不同频段内进行多分辨观察。

2.5.2 连续小波变换

1）小波变换思想

小波分析的基本思想是用一簇小波函数系来表示或逼近某一信号或函数。因此，小波函数是小波分析的关键，它是指具有振荡性、能够迅速衰减到0的一类函数，小波基函数在时域上长度是有限的，而这也是其被称为小波的原因。小波函数 $\psi(t) \in L^2(R)$，满足：

$$\int_{-\infty}^{\infty} \psi(t)\,\mathrm{d}t = 0 \tag{2-111}$$

称 $\psi(t)$ 为一个基本小波或母小波，基本小波函数经伸缩和平移后，就可以得到一簇小波序列：

$$\psi_{a,b}(t) = \frac{1}{\sqrt{|a|}}\psi\left(\frac{t-b}{a}\right) \qquad (a,b \in R, a \neq 0) \tag{2-112}$$

显然，$\psi_{a,b}(t)$ 是基本函数 $\psi(t)$ 先作平移再作伸缩以后得到的。a 为尺度（伸缩）因子，b 为时间（平移）因子，实现对母小波的尺度变换和平移变换。若 a、b 不断地变化，可得到一族函数 $\psi_{a,b}(t)$。

给定能量有限信号 $x(t)$，即 $x(t) \in L^2(R)$，则 $x(t)$ 的连续小波变换为：

$$WT_x(a,b) = \frac{1}{\sqrt{a}}\int x(t)\psi^*\left(\frac{t-b}{a}\right) = \int x(t)\psi^*_{a,b}(t)\,\mathrm{d}t = < x(t),\psi_{a,b}(t) > \tag{2-113}$$

式中，$\psi^*_{a,b}(t)$ 为 $\psi_{a,b}(t)$ 的复共轭函数，$WT_x(a,b)$ 称为小波变换系数，a、b 和 t 均是连续变量，因此式（2-113）又称连续小波变换（Continuous Wavelet Transform，CWT）。小波变换的积分区间一般都是从 $-\infty$ 到 ∞。一维信号 $x(t)$ 经过小波变换后的结果 $WT_x(a,b)$ 是一个关于 a 和 b 的二元函数，而这也与小波变换是一种时频域变换相一致，因为尺度（伸缩）因子 a 和时间（平移）因子 b 分别对应着小波变换后的频率和时间因子。

$\psi(t)$ 为母小波，小波变换是先针对待分析信号选择一个合适的母小波 $\psi(t)$，对母小波

进行伸缩平移运算得到一系列小波，然后对待分析信号进行多尺度细化，即将信号投影到由其构成的信号空间中，它的重要特性是伸缩和平移。

2）小波基函数或小波基

$\psi_{a,b}(t)$是母小波经平移和伸缩所产生的一族函数，称为小波基函数或小波基。这样，式(2-113)的$WT_x(a,b)$又可解释为信号和一族小波基的内积。小波变换对小波基的要求极为宽松，只要求小波基满足容许条件即：

$$C_\psi = \int \frac{|\psi(\Omega)|^2}{|\Omega|} d\Omega < \infty \tag{2-114}$$

式中，$\psi(\Omega) = \int \psi(t) e^{-j\Omega t}$。容许条件保证了小波变换可逆。

3）小波分析的基本原理

（1）尺度参数和平移参数。

小波变换的基本原理是通过小波函数的尺度参数和平移参数通过伸缩和平移变换来实现的。尺度因子a的作用是将小波基$\psi(t)$作伸缩，a越大，$\psi\left(\frac{t}{a}\right)$越宽，如图2-18所示。在不同尺度下小波的持续时间随a加大而增宽，幅度则与$\sqrt{a}$成反比减小，但波的形状保持不变。$\psi_{a,b}(t)$中的因子$1/\sqrt{a}$是在不同的尺度下使其能量保持相等。而平移参数b代表了时间参数。

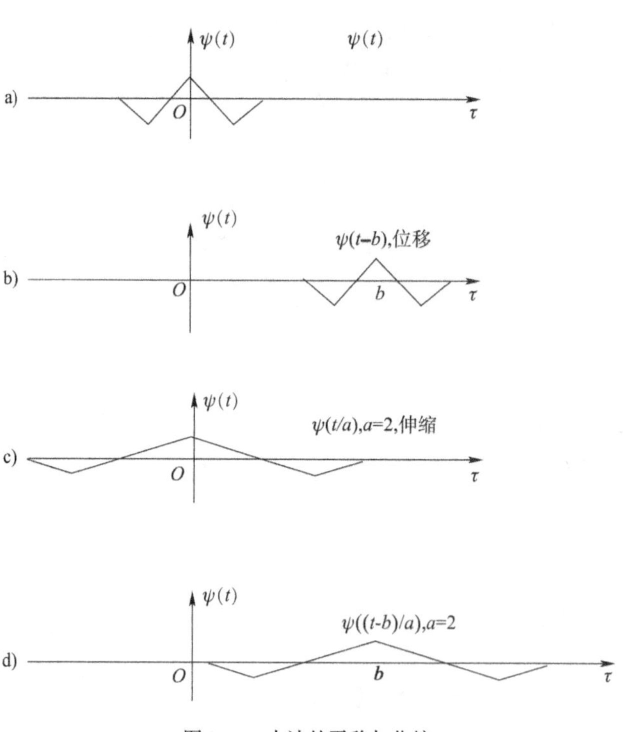

图2-18　小波的平移与收缩

（2）尺度与平移参数对应的小波时域窗口、频域窗口。

图2-19所示为小波时域窗口，a_1、a_2为$\psi_{a,b}(t)$在尺度方向上的两个不同值，其中$a_1 < a_2$，时间A、B为时间轴上的两个值。当a减小时，如在a_1处，小波$\psi_{a,b}(t)$的时域波形在时间轴方向上收缩，幅度增加，用来分析信号的细节，得到信号的高频信息；当a增大时，如在

a_2 处，$\psi_{a,b}(t)$ 的时域波形在时间轴方向上展宽，分析信号的概貌，获得信号的低频信息。即当尺度 a 较小时，小波函数比较尖锐，就对应高频，而当尺度 a 较大时，小波函数比较平缓，就对应低频。平移参数 b 只影响窗口在时间轴上的位置。

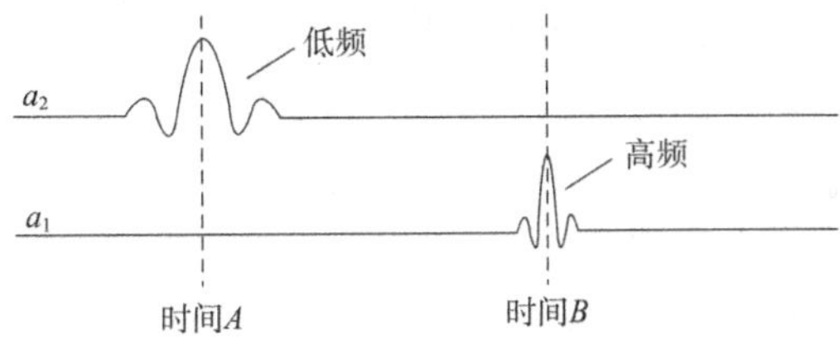

图 2-19 小波时域窗口

图 2-20 与图 2-19 相对应，为小波频域窗口，a 变大时，小波在时域变宽，而频域波形变窄，且中心频率变小，这与 a 较大时分析信号低频信息相一致；反之亦然。

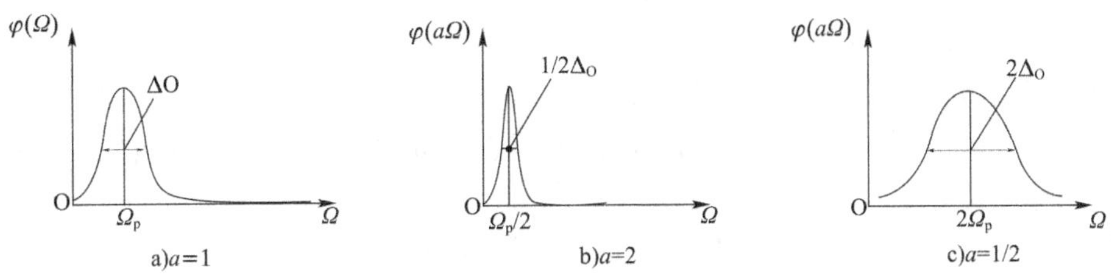

图 2-20 小波频域窗口

图 2-21 所示为小波时频域窗口，“时间—频率窗”是自适应的，即 a 较大时，频窗中心自动地调整到比较低的位置，同时频域窗口自动变窄，时域窗口自动变宽，这时对信号的频率定位能力较强，频率分辨率高，时间分辨率则低，检测到的是低频信号成分；a 变小时，频窗中心自动地调整到比较高的位置，同时频域窗口自动变宽，时域窗口自动变窄，这时对信号的时间定位能力越强，时域分辨率高，频域分辨率则低，检测到的是高频信号成分。

也就是说，通过调整尺度 a 的大小，改变了时频窗口的时宽和频宽，从而实现了信号时频局部不同分辨率的分析。对信号中的低频成分，采用宽的时间窗，得到高的频率分辨力；对信号中的高频成分，采用窄的时间窗，得到低的频率分辨力。小波变换的这种自适应特性，使它在工程技术和信号处理方面已广泛应用。

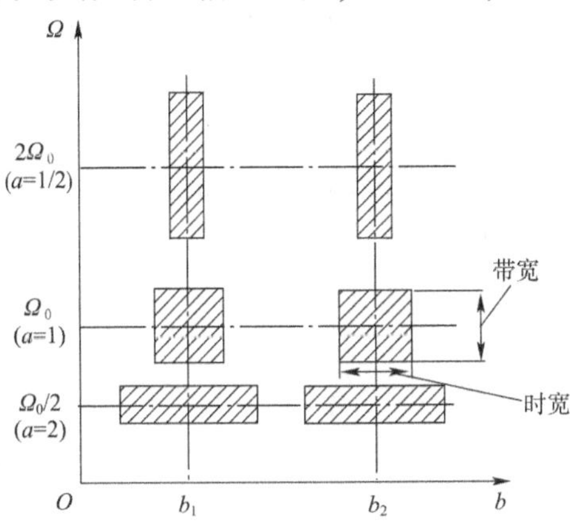

图 2-21 小波时频域窗口

(3)小波变换原理。

通过对伸缩和平移参数对应的小波时频域窗口特征分析，以及式(2-113)可知小波分析的原理如图 2-22 所示。式 $WT_x(a,b)=\frac{1}{\sqrt{a}}\int x(t)\psi^*\left(\frac{t-b}{a}\right)$ 表示了 $\psi\left(\frac{t-b}{a}\right)$ 与 $x(t)$ 的内积，当尺度 a 一定时，$WT_x(a,b)$ 表示了平移参数 b 变化时，小波在时间轴上平移与信号的内积。当平移参数 b 一定、尺度 a 由小变大时，小波的时域分辨率由低变高、频域分辨率由高到低不断改变，积分所得到的小波变换系数是尺度参数 a 和平移参数 b 的二元函数，其大小反应

了信号 $x(t)$ 在时频域内的信息。所以小波分析是信号时频域分析的一种方法。

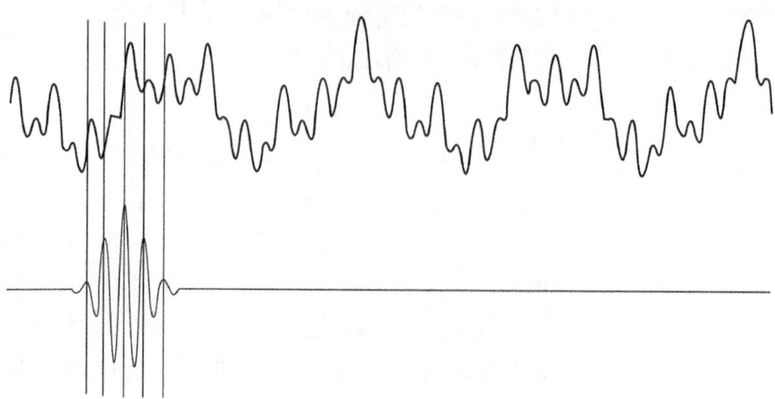

图 2-22　小波变换原理

由此可见小波变换具有如下特点：

①具有多分辨率，可以从概貌到细节逐步观察信号。

②小波的频率域函数可以理解为带通滤波器在不同尺度 a 下对信号做滤波，有相对带宽(带宽与中心频率之比)恒定的特点。

③小波变换在时频和频域内都具有表征信号局部特征的能力，有利于检测信号的瞬态特性或奇异点。

(4)振动与噪声信号处理中常用的小波。

小波分析中用到的小波基具有多样性，用不同的小波基分析同一问题会产生不同的结果。因此小波基选择是进行振动与噪声信号小波分析的一个重要问题。将小波变换处理实际信号的结果与仿真分析的理论结果之间的误差作为判断小波基选择好坏的依据，在振动与噪声信号处理中并不适用。因为大多数情况下振动信号的仿真分析是不可获得的。

目前，在振动与噪声信号分析中，选择小波基主要根据小波时域振荡的波形与被检测信号的成分相似或匹配程度。常用的小波基有 Haar 小波、Meyer 小波、MexicanHat 小波、Morlet 小波等。

①Haar 小波。

Haar 函数是小波分析中最早用到的一个正交小波函数，也是最简单的一个小波函数，它是在 $t\in[0,1]$ 范围内的单个矩形波。Harr 函数的定义如下：

$$\psi(t)=\begin{cases}1 & \left(0\leqslant t\leqslant\dfrac{1}{2}\right)\\ -1 & \left(\dfrac{1}{2}\leqslant t\leqslant 1\right)\\ 0 & (\text{其他})\end{cases}\tag{2-115}$$

Haar 小波的时频域波形如图 2-23 所示。Haar 小波在时域上是不连续的，所以作为基本小波性能不是特别好。但它也有如下优点：计算简单；$\psi(2^j t)$ $[j\in Z]$ 不但正交，且与自己的整数位移正交。因此在 $a=2^j$ 的多分辨率系统中，Haar 小波构成一组最简单的正交归一小波族。

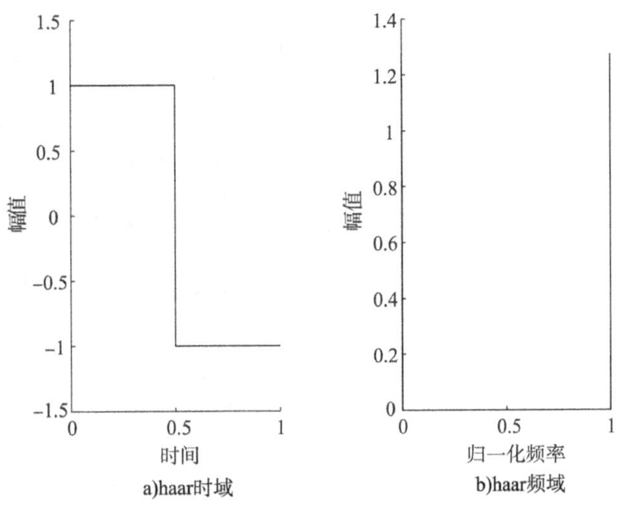

图 2-23　Haar 小波的时频域波形

②Meyer 小波。

Meyer 小波的时频域波形如图 2-24 所示，Meyer 小波也是正交小波。Meyer 小波的尺度范围具有一定限制，不能无限增大，当尺度大于 40 时，滤波器特性曲线的幅值极大衰减。利用该小波提取低频分量时，尺度较大。

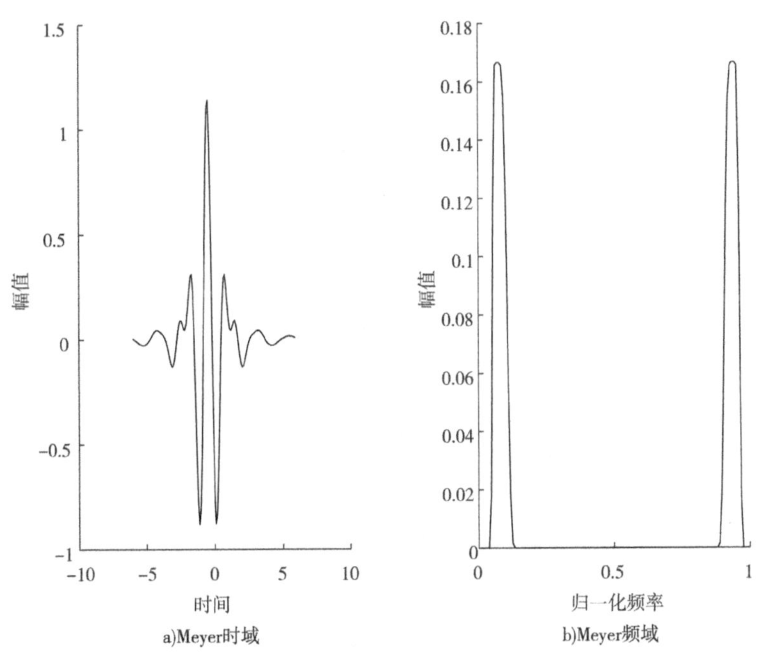

图 2-24　Meyer 小波的时频域波形

③Mexiahat 小波。

Mexiahat 小波是高斯函数的二阶导数，在时域和频域都具有很好的局部化，但它不具有正交性。图 2-25 所示为 MexiaHat 小波的时域曲线和频域特性。具有带通滤波器特性，尺度增加有一定限制，不能无限增大。

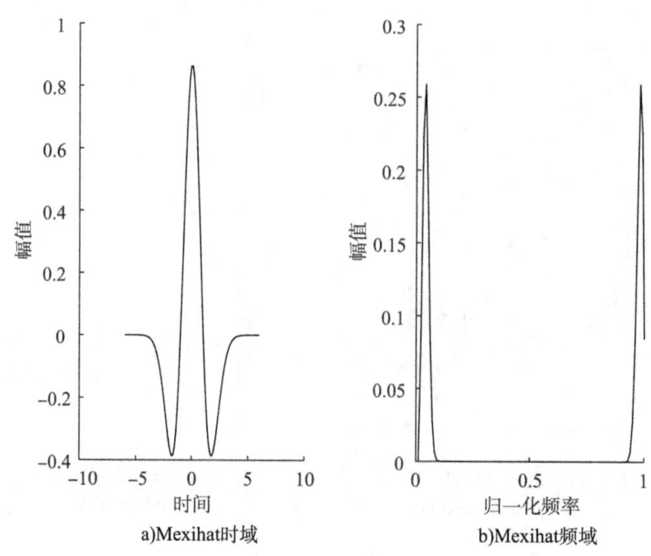

图 2-25　Mexiahat 小波的时域曲线和频域特性

④Morlet 小波。

Morlet 小波在时域和频域都具有很好的局部化，但不具备正交性，时域波形及滤波器特性如图 2-26 所示。它的滤波器具有带通滤波器特性，并且滤波器之间的分离性直观上要比 MexicaHat 小波好，尺度也有一定限制，不能无限增大。

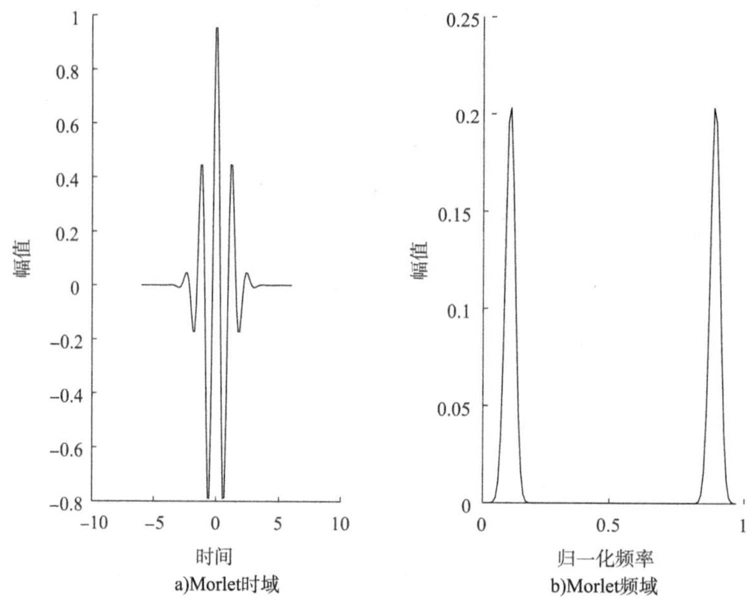

图 2-26　Morlet 小波的时域波形及滤波器特性

2.5.3　二进离散小波变换与信号的小波分解

小波分析是用有限长或快速衰减的母小波的振荡波形来表示或逼近信号，该波形被缩放和平移以匹配分析信号。连续小波是指 a、b 都连续的小波，小波变换的离散是指尺度和平移量的离散，二进离散是普遍采用的离散方式。所以离散小波变换通常指二进离散小波变换。二进离散小波变换公式为：

$$\psi_{j,k}(t)=2^{j/2}\psi(2^{j}t-k) \tag{2-116}$$

$$a_{j,k}=\int f(t)\psi_{j,k}^{*}(t)\,\mathrm{d}t \tag{2-117}$$

$$f(t)=\sum_{k}\sum_{j}a_{j,k}\psi_{j,k}(t) \tag{2-118}$$

式(2-118)表明：一个连续信号可以被分解为小波基与系数乘积之和的形式，在泛函分析中，把这些小波基称为一组基，也就是说这个信号可以由一组基线性表示出来。显然，这种离散方式不仅使各小波的频带宽度按二倍递减，同时每次分解小波点数也进行二抽一递减，大大降低了分解过程的冗余度。

2.5.4 多分辨分析

小波变换是一个时间和频率的局域变换，能通过伸缩和平移等操作对信号进行多尺度细化分析解决了傅里叶变换不能解决的许多困难问题，因而小波变换被誉为"数学显微镜"。

多分辨率分析即多尺度分析，是建立在函数空间概念上的理论，是 Mallat 在研究图像处理问题时建立的。多分辨率分析可以用不同的分辨率来观察信号的概貌或细节，这也是小波变换中多分辨分析的思想。在对非平稳振动信号进行分析时，利用多分辨分析，可以在不同的分辨率下分析异常信号的细部特征。

信号在不同尺度上的多分辨率分析，就是在不同分辨率情况下显示信号的特征。其实质就是把信号在一系列不同层次空间进行分解。信号可以分解为尺度函数生成的尺度空间和小波函数生成的小波空间，得到信号的低频粗略部分和高频细节部分，实现在不同分辨率情况下分辨信号的特征。

对一个有限能量信号 $g(t)$，因为它属于有限能量信号空间，就可以按照意愿选取不同的基来对其进行分解，数学表示如下：

$$g(t)=\sum_{k}c_{j}(k)2^{j_0/2}\varphi(2^{j_0/2}t-k)+\sum_{k}\sum_{j=j_0}^{\infty}d_{j}(k)2^{j/2}\psi(2^{j}t-k) \tag{2-119}$$

其中系数 $c_j(k)$ 称为尺度系数，$d_j(k)$ 称为小波系数，分别由下式计算：

$$\begin{cases}c_{j}(k)=\sum\limits_{m}h(m-2k)c_{j+1}(m)\\ d_{j}(k)=\sum\limits_{m}h_{1}(m-2k)c_{j+1}(m)\end{cases} \tag{2-120}$$

式(2-120)表明了一个信号可以由尺度函数作为一组基和小波函数作为一组基线性分解而成，且公式第一项代表了低频序列，反映了信号的概貌，第二项代表了高频序列，反映了信号的细节部分。

为计算出 $c_j(k)$、$d_j(k)$，由前人研究可知，使用 $h(n)$ 实现的滤波器是低通滤波器，而用 $h_1(n)$ 实现的滤波器是一个高通滤波器，因此可以分别实现对信号由低分辨率到高分辨率的分解。并且系统的数据输出数目与输入数目相等，虽然每个滤波器的输出数据数目是减半的，但是滤波器的数目是加倍的，所以这就意味着信息并没有损失，并且可以完全恢复信号。

式(2-120)表明，利用时间反转的递推系数 $h(-n)$ 和 $h_1(-n)$ 与在尺度 $j+1$ 下的展开系数 c_{j+1} 做卷积，然后再下抽样就可以得到在尺度 j 下的展开系数。也就是说，使用系数为 $h(-n)$ 和 $h_1(-n)$ 的两个数字滤波器滤波尺度 $j+1$ 的系数，然后下抽样，就可以给出下一个粗糙尺度的尺度系数和小波系数。这种滤波抽取的思想是可以反复应用的，Mallat 算法

对反应低频信息的尺度系数 c_j 不断逐层进行分解,低频信息的分辨率从而越来越高。Mallat 算法多分辨分析的基本思想如图 2-27 所示。

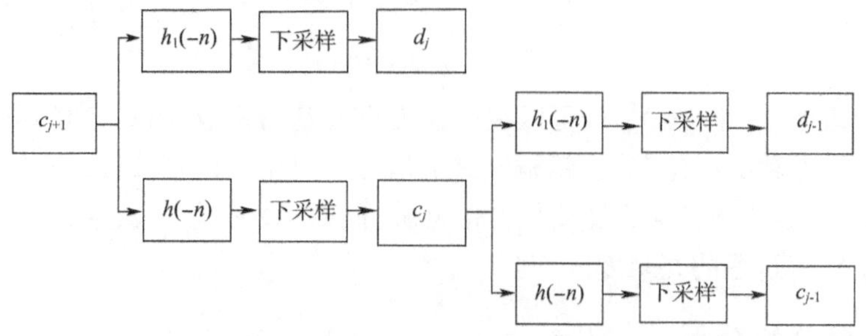

图 2-27　Mallat 算法多分辨分析基本思想

Mallat 算法只对信号的低频部分做进一步分解,而对高频部分即信号的细节部分不再继续分解,因此,这种方法虽然能很好地表征一大类以低频信息为主要成分的信号,但它不能很好地分解和表示包含大量细节信息(细小边缘或纹理)的信号,如非平稳机械振动信号、遥感图像、地震信号和生物医学信号等。

在小波变换的基础上,Coifman 和 Wickerhauser 提出了小波包的概念,为信号提供了一种更加精细的分析方法,能够对高频部分进一步分解,从而提高了时频分辨率。

小波包变换可以对高频部分提供更精细的分解,而且这种分解既无冗余,也无疏漏,所以对包含大量中、高频信息的信号能够更好地进行时频局部化分析。图 2-28 所示为二进小波包分析的基本思想。

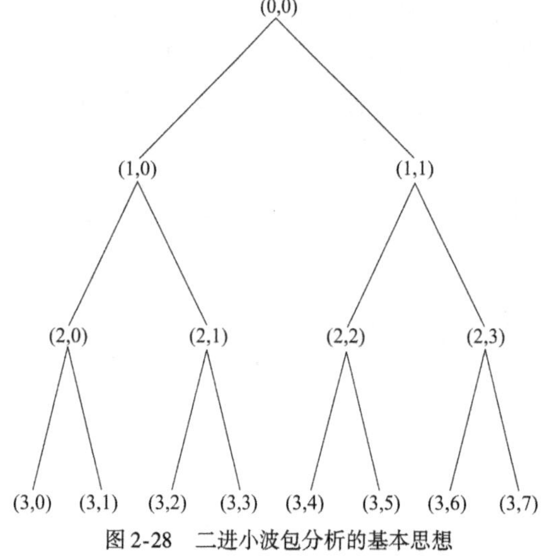

图 2-28　二进小波包分析的基本思想

小波包是从原始信号节点(0,0)开始,分级向下分解。其中节点的命名规则是从(1,0)开始,叫 1 号,(1,1)是 2 号,…,依此类推,(3,0)是 7 号,(3,7)是 14 号。每个节点都有对应的小波包系数,这个系数决定了频率的大小,反映了频率信息,时域信息包含在节点的顺序之中,也就是频率的顺序。比如,节点的排序是 1,2,3,…,14,那么频率就按先 1 号的频率变化,后 2 号的,再 3 号的,…,然后 14 号的变换。

2.5.5　小波包分析应用

小波分析能够对信号进行多尺度细化分析,已被广泛地应用于信号分析、地震勘探、机械故障诊断等诸多领域,而且取得了很多突破性成果。

在机械振动噪声与故障诊断方面,当机械中存在某一部件的早期微弱缺陷时,该缺陷信息容易被其他部件的振动信号和随机噪声所淹没。小波分析技术可以有效地提取某一微弱信号,进行弱故障信息的提取,实现早期诊断。

小波分析能够识别不同频率区间的信号,能够分辨出原始信号中位于不同频率区间的各个分信号。小波分析技术对信号进行小波和小波包分解,把信号分解为各个频段的信号,再根据诊断的目的选取包含所需的部件振动源信号的频段序列,进行深层信息处理以获取系统的故障源。

小波分析技术的主要应用有：故障诊断中的突变信号检测；地震勘探中的异常信号捕捉；信号的降噪处理；语音识别，如语音特征提取；模式识别，如指纹、人脸识别；数据压缩，如选用高消失矩的小波基；图像处理中的图像降噪和增强、图像压缩；医疗监护，如检测异常生理信号等。

2.6 盲源分析技术

2.6.1 盲源分析概述

机械系统振动与噪声问题越来越受到人们的关注，识别振动源和噪声源，分析振动和噪声传递路径成为研究的重点。振动与噪声测试中，传感器测得的信号通常是多个源信号的混叠，这种混叠影响对振动源与噪声源的识别。为了从多源混合振动与噪声信号中分离并辨识能正确表征振动源状态特征或故障特征的源信号，需要一种有效进行振动源分离的方法。

盲源分离（Blind Source Separation，BSS）是指在源信号与混合通道参数均未知的条件下，仅通过传感器观测信号来估计源信号和未知混合通道参数，以达到对多个信号分离的目的，从而恢复原始信号或信号源的信号处理方法。这里的“盲”有两层含义：一是指源信号是未知的，无法观测到；二是混合通道的参数是未知的。

在科学研究和工程应用中，很多观测信号都可以假设为不可知源信号的混合，在信号处理界和神经网络界已经成为解决信号分离问题的有效手段。盲源分离技术在阵列信号处理、语音信号处理、通信、生物医学以及通用信号分析等领域有着广泛应用，特别在机械故障诊断、转子振动复杂激励源识别等方面应用更多。

2.6.2 盲源分离模型

信号盲源分离中，用函数 $f(\cdot)$ 描述源信号通过传播途径的混合方式，即：

$$\boldsymbol{x}=f(\boldsymbol{s}) \tag{2-121}$$

根据源信号混合方式的不同，盲源分离问题分为线性混合和非线性混合，其中线性混合又分为线性瞬时混合和线性卷积混合。

1）线性瞬时混合

线性瞬时混合是最简单的一种混合方式，也是研究其他盲源分离方法的基础，线性瞬时混合模型可表示为：

$$\boldsymbol{x}(t)=\boldsymbol{A}\boldsymbol{s}(t)+\boldsymbol{n}(t) \tag{2-122}$$

式中：$\boldsymbol{x}(t)$——N 个信道通过传感器获得的 m 维观测矢量，$\boldsymbol{x}(t)=[x_1(t),x_2(t),\cdots,x_N(t)]^T$；

$\boldsymbol{s}(t)$——m 个独立源信号，$\boldsymbol{s}(t)=[s_1(t),s_2(t),\cdots,s_m(t)]^{\mathrm{T}}$；

$\boldsymbol{n}(t)$——N 维噪声信号，$\boldsymbol{n}(t)=[n_1(t),n_2(t),\cdots,n_N(t)]^{\mathrm{T}}$。

从式(2-122)可知，任意一维的观测矢量 $\boldsymbol{x}(t)$ 都是 $\mathbf{s}(t)$ 的线性组合；$\boldsymbol{A}$ 为未知的混合矩阵。盲源分离就是要从观测矢量中恢复出源信号矢量，即要找到一个分离矩阵 $\boldsymbol{U}$，通过一个线性变换使得 y 是源信号的最优估计。

$$y = Ux \tag{2-123}$$

2) 线性卷积模型

一般情况下,某一机械系统测振传感器测得的信号是同一机械系统不同的振动源或不同的机械系统共同作用的结果。也就是说,某一机械系统测振动传感器测得的振动信号是所有的激振源以某一种混合方式共同作用的结果。通常振动的每一条传播途径可以看作是一个线性滤波器,从振源经过不同的线性滤波器后形成观测信号,线性卷积混合模型矩阵形式为:

$$\boldsymbol{x}(t) = \boldsymbol{A}(t) \times \boldsymbol{s}(t) + \boldsymbol{n}(t) \tag{2-124}$$

式中:$\boldsymbol{A}(t)$——未知的线性滤波器矩阵,表征从振源到传感器的传播路径。

表示为 FIR 卷积混合模型为:

$$\boldsymbol{x}(t) = \sum_{\tau=0}^{L} \boldsymbol{A}(\tau)\boldsymbol{s}(t-\tau) \tag{2-125}$$

式中:$\boldsymbol{A}(\tau)$——L 阶线性因果可逆滤波器。

3) 非线性混合模型

实际环境中测得的混合信号通常是非线性混合信号,非线性混合的 BSS 问题比线性混合的 BSS 问题要复杂得多。非线性混合的盲源分离模型可以表示为:

$$\boldsymbol{x}(t) = \boldsymbol{f}[\boldsymbol{s}(t)] + \boldsymbol{n}(t) \tag{2-126}$$

式中:$\boldsymbol{f}[\boldsymbol{s}(t)]$——非线性混合函数矩阵。

实际信号的混合过程是非线性的或弱线性、卷积的,线性混合是非线性混合的一种近似,瞬时混合是卷积混合的一种近似。

2.6.3 盲源分析实现流程

1) 盲源分析的总体流程

盲源分离就是从混合观测信号中获得源信号。盲源分析的流程如图 2-29 所示,通过传感获得混合观测信号 $\boldsymbol{x}$,对混合观测进行预处理,得到处理后的信号 $\underline{\boldsymbol{x}}$。采用盲源分离方法对 $\underline{\boldsymbol{x}}$ 进行处理,得到振动源信号的估计。从图 2-29 中可以看出,振源 $\boldsymbol{s}$ 经过传播路径形成传感器所获取的混合观测信号 $\boldsymbol{x}$,经过预处理得到的信号 $\underline{\boldsymbol{x}}$ 经过分离矩阵 U 分离实现对原信号的分离,U 使得 $y = \hat{s}$ 为 $\boldsymbol{s}$ 的最优估计。

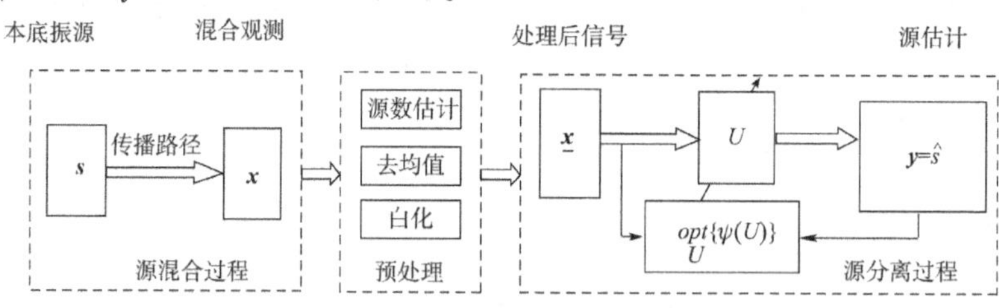

图 2-29 机械振动源信号盲源分离流程

2) 盲源分析的预处理方法

盲源分析的预处理方法通常有去均值、去相关、白化方法、源数估计。

(1) 去均值。

在绝大多数的盲源分离算法中,都假设盲源分离的各源信号是均值为零的实随机变量,这个假设可以大大简化理论推导和算法实现。因此,在求解盲源分离问题时,需要对传感器信号进行分离前的零均值处理。假设随机变量 $x(t)$ 的数学期望为 $E[x(t)]$,则去均值处理可采用下式：

$$\tilde{x}(t)=x(t)-E[x(t)] \tag{2-127}$$

在实际工程中，由于通过传感器测得观测信号的长度 N 是有限的，因此可用样本数据的平均值代替该数据的数学期望，即：

$$E[x(t)]=\frac{1}{N}\sum_{t=0}^{N}x(t) \tag{2-128}$$

预处理不会对混合矩阵造成影响，所以通过去均值预处理不影响混合矩阵的估计。

(2)去相关。

当利用信号的统计独立特性进行盲源分离时，可采用去相关的预处理方式对数据进行处理，不相关是比独立更弱的形式。如果随机变量独立，则它们不相关。而不相关，并不意味着独立，如果两个随机变量 y_1 和 y_2 的协方差等于零，则它们是不相关的。

$$\mathrm{cov}(y_1,y_2)=E\{y_1y_2\}-E\{y_1\}E\{y_2\} \tag{2-129}$$

由于随机变量都经过去均值处理，随机变量的均值都为0，此时，协方差等于相关系数。

(3)白化处理。

白化处理是将去均值后的观测矢量 $\tilde{x}(t)$ 进行线性变换，P 为变换矩阵，使其满足：

$$\begin{cases}\boldsymbol{v}(t)=\boldsymbol{P}\tilde{\boldsymbol{x}}(\mathrm{t})\\ \boldsymbol{E}[v(t)\boldsymbol{v}^T(t)]=\boldsymbol{I}\end{cases} \tag{2-130}$$

一个零均值随机向量 $\tilde{\boldsymbol{x}}(\boldsymbol{t})$ 是白化矢量，意味着它的分量不相关，并且方差为1。也就是说，$\tilde{\boldsymbol{x}}(\boldsymbol{t})$ 的协方差矩阵(或者相关矩阵)等于单位矩阵。一些BSS算法需要预先对数据 $\tilde{\boldsymbol{x}}(\boldsymbol{t})$ 进行白化处理，使用白化后的数据进行分离，收敛速度会更快。

通常的白化预处理方法是对协方差矩阵进行特征值分解：

$$E\{\tilde{\boldsymbol{x}}\tilde{\boldsymbol{x}}^T\}=\mathrm{EDE}^T \tag{2-131}$$

式中，$\boldsymbol{E}$ 是 $E\{\tilde{\boldsymbol{x}}\tilde{\boldsymbol{x}}^{\mathrm{T}}\}$ 的特征向量所组成的正交矩阵，$\boldsymbol{D}$ 是其特征值组成的对角矩阵，即 $\boldsymbol{D}=\mathrm{diag}d_1,\cdots,d_n$。

获得白化矩阵：

$$\boldsymbol{P}=\boldsymbol{E}\boldsymbol{D}^{-1/2}\boldsymbol{E}^T \tag{2-132}$$

式中，$\boldsymbol{D}^{-1/2}=\mathrm{diag}(d_1^{-1/2},\cdots,d_n^{-1/2})$。

(4)源数估计。

源数的确定是盲源分离问题的关键步骤。在源数等于观测信号数的情况下，BSS算法能把源信号较好的分离出来。但是，当源数和观测信号数不相等时，BSS算法的分离性能会恶化。源数的确定是盲源分离实施之前的重要步骤，也是选择盲源分离算法至关重要的一个依据。

2.6.4 盲源分析的实现方法

盲源分离方法通常依据一定的理论构造目标函数，然后采用无监督学习的寻优算法进行源分离矩阵 $\boldsymbol{U}$ 和源信号 $\boldsymbol{x}$ 的估计，采用的目标函数主要有峭度、负熵、互信息、KL散度、最大似然估计等。不同的混合方式，构造目标函数的原则基本相同，但具有不同的寻优算法。基于线性瞬时混合模型的BSS算法是研究线性卷积混合模型和非线性混合模型BSS算法的基础。

线性瞬时混合的盲源分析，按源信号特性的不同，可归纳为以下3种方法：

(1)最普遍的方法是用代价函数来衡量信号独立性,这种方法通常假设源信号具有统计独立性,没有考虑信号的时间结构,高阶统计量方法是求解盲源分离问题的基本手段。这种方法对多于一个高斯分布的源信号不适用。

(2)信号子空间法,这种方法考虑源信号的时序结构,从而降低对统计独立性的限制条件,采用二阶统计量方法进行混合矩阵和源信号的估计。这种方法无法分离具有相同功率谱形状的源信号。

(3)考虑源信号特征,加上一些限制条件,采用二阶统计量或高阶统计量方法估计分离矩阵和源信号。采用二阶非平稳的盲源分离方法能够分离具有相同功率谱形状的有色高斯源,但不能分离具有相同非平稳特性的信号。

工程中常用的独立分量分析(Independent Component Analysis,ICA)方法就属于第一类,是解决盲源分析问题的重要方法。它利用源信号统计独立等容易满足的先验条件,从混合信号中恢复不可观测的各个信号分量。

ICA 方法对时域是否相关未作任何约束。ICA 方法优化目标的建立准则有非高斯性最大化、最大似然估计、输出熵最大化、互信息最小化等。

(1)非高斯性最大化。

中心极限定理是非高斯性最大化准则的理论基础。中心极限定理说明:在一定条件下,独立随机变量和的分布趋向于高斯分布。也就是,两个独立随机变量和的分布比其中任何一个源随机变量的分布更接近于高斯分布。在输出信号非高斯性最大的情况下,表明两个信号的独立性最强,从而输出分量相互统计独立。非高斯性有峭度和负熵两个测度。

(2)最大似然估计。

最大似然估计(Maximum Likelihood,ML)的目标是由观测数据样本估计信号的真实概率密度。这种方法获得的解具有一致性、方差最小及全局最优等许多优点,但缺点是需要输入信号概率分布函数的先验知识。最大似然估计选取一些参数作为估计值,这些估计值给出的观测是最可能的观测,可用最大似然估计方法进行源信号分离。对数似然函数采取的形式为:

$$L=\sum_{t=1}^{T}\sum_{i=1}^{n}\log f_i(w_i^T x(t))+T\log|\det W| \tag{2-133}$$

式中: f_i——s_i 的密度函数(假设已知);

$x(t)(t=1,\cdots,N)$——观测值;

$W=(w_1,\cdots,w_n)^{\mathrm{T}}$。

最大似然函数估计要求正确的估计分量的概率密度 f_i,否则这种方法将给出错误的结论。

(3)输出熵最大化。

输出熵最大化准则是一个与最大似然估计很接近的独立分量分析估计准则,它基于最大化神经网络非线性输出的输出熵和信息流。输出熵最大化表明各输出信号之间的互信息量最小,从而各输出分量相互统计独立。

假设 x 是神经网络的输入,其输出的形式为:

$$y_i=\varphi_i(b_i^T x)+v \tag{2-134}$$

式中:φ_i——一非线性标量函数;

b_i——神经元的权矢量;

v(矢量)——附加高斯白噪声。

为实现盲源分离,需要最大化输出熵:

$$H(y)=H(\varphi_1(b_1^Tx),\cdots,\varphi_n(b_n^Tx)) \tag{2-135}$$

(4)互信息最小化。

互信息最小化是不需对数据进行任何假设的方法,如果 $y_1,y_2,\cdots,y_n$ 是独立的,则得到的互信息为0。互信息是随机变量之间依赖性的一个自然测度,它总是非负,当且仅当变量是统计独立时才为0。互信息考虑了所有变量的整个依赖性结构。在线性模型下,近似互信息的计算公式为:

$$I(y_1,y_2,\cdots,y_n)=-\sum_i E\{G_i(y_i)\}-\log|\det B|-H(x) \tag{2-136}$$

式中:$G_i(y_i)=\log p_i(y_i)$——y_i 的概率密度。

互信息、负熵与非高斯性具有密切的关系。非高斯性最大化、最大似然估计、输出熵最大化、互信息最小化是基于信息几何框架的目标函数。在建立代价函数后需要寻优算法来求解。寻优算法分为在线算法和离线算法,前者是实时的方法,存在自适应算法的收敛问题,如随机梯度法、自然梯度法和相对梯度法;而后者则是接收数据后再进行处理,典型的有Fast ICA 方法。

2.6.5 盲源分析的特点

盲源分离问题的一个重要假设就是源信号之间在统计意义上是相互独立或不相关的,它以分离信号之间的独立性程度或不相关程度来判定分离信号是否为源信号的一个最优估计,也就是对观测信号 $x(t)$ 作适当的变换,使变换后的新向量 $s(t)$ 的各个分量之间相互独立或不相关。

盲源分析问题具有不确定性:

(1)排列顺序的不确定性。在缺乏先验知识的情况下,通过盲源分离方法不能唯一确定振源信号。盲源分离输出分量顺序具有不确定性,即无法确定分离信号对应于原始信号源的哪一个分量。

(2)幅值的不确定性。盲源分离输出信号幅度具有不确定性,即无法恢复原始信号源的真实幅度。

因为,源的大量信息蕴含在源信号的波形中而不是信号的振幅或者系统输出的排列顺序中,所以,这并不影响盲源分离在机械状态监测与故障诊断中的应用。

2.6.6 盲源分析应用

盲源分离具有在没有任何先验知识的情况下,把源信号从有限个观测中分离出来的特性,使得其广泛应用于旋转机械状态监测与故障诊断中。具体实施主要包括信号采集、特征提取、状态识别和诊断决策四个主要步骤。信号采集与特征提取的有效性直接决定后两个步骤的实施,而采集信号的准确与否,是机械系统故障诊断成功的关键因素。在故障诊断问题中,振源信号(包括本底振源振动信号和干扰噪声信号)无法直接观测到,只能观测到它们的混合振动信号,而有关混合信号的混合信息是未知的。在这样的情况下应用盲源分析就能够有效地进行机械系统故障诊断。

机械系统的振动与噪声信号大量是非高斯信号,尤其是当系统出现故障时更加突出,故障源信号多表现为脉冲形式。振动源的产生具有独立性,例如轴承故障和松动故障的产生原因是互相独立的，振动与噪声源在传播途径上传播，其振动方向与传播方向是一致的，它在相邻两点的振动必定具有一定的相关性，因此振动源信号是有色信号。由于振动与噪声信号具有非高斯性、独立性并且是有色的。采用盲源分离技术可以从众多混杂的信号中将有用的机械状态特征信号分离出来，再对其进行信号处理提取机械状态特征，从而获取有效的表征机械状态特征的源信号，提高机械状态监测与故障诊断的有效性和精确性。

2.7 HHT 技 术

2.7.1 HHT 概述

HHT 为 Hilbert-Huang Transform 的简称，称为希尔伯特黄—变换。HHT 是在经验模态分解方法 EMD(Empirical Mode Decomposition)中引入了 Hilbert 谱的概念和 Hilbert 谱分析而形成的能够处理非线性非平稳信号的方法。

HHT 主要包括经验模态分解(EMD)和希尔伯特谱分析(Hilbert Spectrum Analysis，HSA)两部分。HHT 就是先将信号由 EMD 分解为若干固有模态函数(Intrinsic Mode Function，又称本征模态函数，简称 IMF)，然后将分解后的每个 IMF 分量进行 Hilbert 变换，得到信号时频属性的一种时频分析方法。

由于每个 IMF 所包含的频率成分不仅与采样频率有关，而且还随着信号本身的变化而变化，因此，EMD 方法是一种自适应的时频局部化分析方法。它从根本上摆脱了基于傅里叶变换方法的局限性，非常适用于非线性非平稳信号的分析处理。Hilbert 变换算法要求输入信号是线性稳态，而 EMD 算法起到了这样的作用，它能够将所有的时域信号转化为“线性稳态”，解决了 Hilbert 算法的不足。

HHT 被认为是近年来对以傅里叶变换为基础的线性和稳态谱分析的一个重大突破。目前，HHT 时频分析技术正在成为机电系统故障特征提取的一个重要的研究方向和热点。

2.7.2 HHT 原理

HHT 包括两个步骤：第一步是对信号进行 EMD 分解；第二步是对分解后的固有模态函数进行希尔伯特变换得到时频谱图。

1)EMD 分解的原理与算法

EMD 分解的基本原理可描述如下：

(1)找出原信号序列 $X(t)$ 中所有局部极大值并用三次样条函数拟合成上包络，同理，利用三次样条插值函数连接所有局部极小值拟合构成下包络；上下包络线的均值为包络平均 m_1，将原数据序列 $X(t)$ 减去 m_1 可得到一个去掉低频的新数据序列 h_1，即：

$$h_1 = X(t) - m_1 \tag{2-137}$$

新数据序列 h_1 要成为第一个 IMF 必须满足如下两条件：

①信号的零点和极点交替出现，即极值(包括极大值和极小值)数目和过零点数目相等或仅相差 1。

②信号的上下两条包络线关于时间轴对称，即由极大值确定的上包络与由极小值确定的下包络线计算出的局部均值为零。

一般 h_1 不是一个平稳数据系列，为此需对它重复上述过程。如 h_{i-1} 的包络平均为 m_i，则去除该包络平均所代表的低频成分后的数据序列为 h_i，即：

$$h_i = h_{i-1} - m_i \tag{2-138}$$

重复上述过程，直到 h_i、h_{i-1} 满足以标准差 S_d 控制的停止条件：

$$S_d = \sum \frac{|h_i(t) - h_{i-1}(t)|^2}{h_i^2(t)} \tag{2-139}$$

式中，S_d 一般位于 0.2 ~ 0.3 之间。

这样就得到第一个固有模态函数 $c_1 = h_i$，它表示信号数据序列中最高频的成分。

(2) 用 $X(t)$ 减去 c_1，得到一个去掉高频成分的新数据序列 r_1；再对 r_1 进行步骤(1)中的分解，得到第二个固有模态函数分量 c_2，如此重复直到最后一个数据序列 r_n 不可被分解，此时，r_n 代表数据序列 $X(t)$ 的趋势或均值。在算法中的极值点是指一阶导数为零的点。这样，就把一个数据分解成一组固有模态函数和残余量之和，即：

$$X(t) = c_1 + c_2 + \cdots + c_n + r_n = \sum_{i=1}^{n} c_i + r_n \tag{2-140}$$

以上所用的方法称为 EMD。EMD 方法就是对复杂信号进行"筛选"的过程，将信号逐级分解，得到一系列具有不同特征尺度的 IMF。通常，EMD 方法分解出来的前几个 IMF 往往集中了原信号中最显著、最重要的信息，不同的模态分量包含不同的时间尺度，可以使信号的特征在不同的分辨率下显示出来。因此，可以利用 EMD 从复杂的信号中提取出含故障特征的模式分量。

2) Hilbert 谱原理与算法

Hilbert 变换是一种线性变换。通过 EMD，若已经获得一个信号 $X(t)$ 的固有模态函数组，就可以对每个固有模态函数进行 Hilbert 变换，求出瞬时频率，得到 Hilbert 谱。

把式(2-140)的 i 标改为 j，即：

$$X(t) = \sum_{j=1}^{n} c_j + r_n \tag{2-141}$$

对式(2-141)中除了残余量 r_n 的每个固有模态函数 $c_j(t)$ 进行 Hilbert 变换可得变换后的数据序列 $y_j(t)$：

$$y_j(t) = H[c_j(t)] = \frac{1}{\pi} P \int_{-\infty}^{+\infty} \frac{c_j(\tau)}{t - \tau} d\tau \tag{2-142}$$

式中：P——Cauchy 主值。

由 $c_j(t)$ 和 $y_j(t)$ 可以构成一个复序列：

$$z_j(t) = c_j(t) + i y_j(t) = a_j(t) e^{i\theta_j(t)} \tag{2-143}$$

其中：

$$\begin{cases} a_j(t) = [c_j^2(t) + y_j^2(t)]^{1/2} \\ \theta_j(t) = \arctan \dfrac{y_j(t)}{c_j(t)} \end{cases} \tag{2-144}$$

得到瞬时频率为：

$$\begin{cases} \omega_j(t) = \dfrac{d\theta_j(t)}{dt} \\ f_i(t) = \dfrac{1}{2\pi} \omega_j(t) \end{cases} \tag{2-145}$$

对 IMF 的各个分量进行 Hilbert 变换以后，可以把数据表示为：

$$X(t) = \sum_{j=1}^{n} a_j(t)\exp[j\int \omega_j(t)\,\mathrm{d}t] \tag{2-146}$$

在推导中略去了残余分量 r_n，因为它是一个单调函数或是一个常量。虽然在进行 Hilbert 变换时可把残余分量看作长周期的波动，但有时残余分量能量较大，会对其他有用分量的分析产生影响，并且感兴趣的信息一般出现在小能量的高频部分。因此，在做变换时一般将不是固有模态函数的成分都略去。

式(2-146)中每一个成分的幅值和频率都是时间的函数。同样的数据表示成带有 a_j 和 ω_j 的常量的傅里叶变换的形式为：

$$X(t) = \sum_{j=1}^{n} a_j \mathrm{e}^{\mathrm{j}\omega_j t} \tag{2-147}$$

据此，可以认为傅里叶变换是 Hilbert 变换的特殊形式。幅度变量和瞬时频率不仅大大提高了展开的有效性，而且使之适合于非平稳数据。这样，就突破了常数幅度和固定频率的限制，并获得变量幅度和频率表达式。大大提高了信号分解的效率，而且还使分解适合于非稳态、非线性数据。

三个变量 a、ω、t 互相相关，根据式(2-147)可以把时间、频率和幅值画在三维图上，其中幅值可以在时频平面中以等高线表示。这种幅值的时频分布表示就称为希尔伯特幅值谱，或简称希尔伯特谱。若把幅值的平方表示在时频平面上，便得到希尔伯特能量谱。

时变幅值 $a(t)$ 的时频分布就定义为分量 $c_j(t)$ 的 Hilbert 谱：

$$H_j(\omega,t) = H_j[\omega(t),t] = a_j(t) \tag{2-148}$$

最后，汇总所有分量的 Hilbert 谱，就得到原始信号的 Hilbert 谱：

$$H(\omega,t) = \sum_{i=1}^{n} H_j(\omega,t) \tag{2-149}$$

同样，可以得到 Hilbert 边际谱 $h(\omega)$ 如下：

$$h(\omega) = \int_{-\infty}^{\infty} H(\omega,t)\,\mathrm{d}t \tag{2-150}$$

式中，$h(\omega)$ 表明单位频率内的幅度分布（或者能量分布）的累加。

应该指出，不论是 $H(\omega,t)$ 或是 $h(\omega)$ 中的频率都是与傅里叶分析中的频率意义完全不同的。在傅里叶表达中，在某一频率 ω 处的存在，代表一个正弦或余弦波在整个时间长度上都存在。而这里所指的在某一频率 ω 处的存在，仅代表在数据的整个时间长度上，有这样一个频率的振动波在局部出现过。

Hilbert 谱是一个加权的联合时间频率幅值分布，在每一个时间频率单元上的权值就是局部幅值。Hilbert 谱精确地描述了信号的幅值在整个频段上随时间和频率的变化规律，边际谱表明单位频率内的幅度/能量分布，代表着整个数据段幅度概率分布的累加。边际谱中某一频率仅代表有这样频率的振动存在的可能性，因此，傅里叶谱与边际谱的相似性较小。

3）HHT 存在的问题

HHT 方法能够较好地解决非平稳、非线性信号分析问题，但 HHT 在应用中也存在一定的问题，主要表现在以下几个方面。

（1）HHT 方法的数学理论依据。HHT 方法的核心内容是 EMD，它只是一种经验式的分解方法，没有太多的数学理论依据。

（2）上、下包络的曲线拟合。在求数据上、下包络时，Huang 等人采取的是三次样条曲线拟合，该拟合方法是一种试探性的方法，有待进一步进行深入的研究。

(3)EMD 的停止标准。HHT 的核心内容是 EMD,而 EMD 的核心又是 IMF。仿真试验证明,对于不同的停止标准,得到的 IMF 分量有一定的区别。Huang 等人在先后撰写的论文中,给出了两种不同的停止标准,在后来的研究中,学者又提出了一种基于偏微分方程的停止标准。

(4)边界摆动问题。由于在求取 IMF 的过程中,采取的是三次样条曲线的拟合方法,从而导致了其边界处会出现摆动现象。

2.7.3 HHT 应用

HHT 能分析非线性非平稳信号,能够自适应产生“基”;HHT 的瞬时频率是采用求导获得,这样求出的瞬时频率是局部性的;HHT 能在时间和频率同时达到很高的精度,这使它非常适用于分析突变信号。

HHT 具有明显的优越性,它能够精确地做出时间—频率图,这是小波等其他信号分析很难实现的;它允许 IMF 的幅值改变,突破了传统上仅将幅度不变的简谐信号定义为基本信号的局限,使信号分析更加灵活方便;它是一种更具有自适应性的时频局部化分析方法。

基于经验模式分解可以实现非平稳信号趋势项的剔除。均值具有趋向性的非平稳随机信号 $x(t)$ 是由确定性部分 $d(t)$ 与平稳随机部分 $s(t)$ 所组成,即 $x(t)=d(t)+s(t)$。趋势项 $d(t)$ 可以为线性函数、幂函数、指数函数及周期函数等。基于 EMD,将原始信号分解,总是得到从高频到低频,最后为单调趋势项的一组固有模态函数,其分解是很有规律的。这种方法尤其适合于处理均值具有趋向性的非平稳随机信号。

HHT 作为一种新的信号分析理论,已经在机械故障诊断、结构健康监测、流体力学、医学信号处理和语音信号处理、地震监测等领域得到广泛应用,并取得了较好的效果。但由于尚处在初步发展阶段,因而还存在着一些问题需要研究和改进。

2.8 高阶统计量分析技术

2.8.1 高阶统计量分析概述

高阶统计量(Higher-order statistics,HOS)是指比二阶统计量更高阶的随机信号的统计量。随机信号的二阶统计量有方差、协方差、自相关函数、功率谱、互相关函数、互功率谱等,而随机信号的高阶统计量主要有高阶矩、高阶累积量、高阶矩谱、高阶累积量谱。

在二阶统计量信号分析中,通常假设信号服从高斯分布,仅用二阶统计量便可以提取信息,进行参数辨识及各种处理。对不服从高斯分布的信号,一阶、二阶统计量不能完备地表示其统计特征,或者说,信息没有全部包含在一、二阶统计量中,更高阶的统计量中也包含了大量的有用信息。

高阶统计量信号处理方法,就是从非高斯信号的高阶统计量中提取信号有用信息的方法。高阶统计量方法是对基于相关函数或功率谱的随机信号处理方法的重要补充,能够为二阶统计量方法无法解决的许多信号处理问题提供解决方案。

使用高阶统计量分析能够从高阶统计量中提取大量信息从而处理非高斯信号的模式识别、信号检测、分类等问题;能够进行检测和表征系统中的非线性以及非线性系统辨识问题;能够抑制未知功率谱的加性有色噪声影响;能够辨识非最小相位系统或重构非最小相位信号等。高阶累积量分析已广泛应用于需要考虑非高斯性、非最小相位、有色噪声、非线性或循环平稳性的各类问题中。

2.8.2 高阶累积量及其谱

以下从随机变量到随机向量再到随机过程的特征函数引入高阶矩、高阶累积量及其谱的相关理论。

1)随机变量的特征函数与累积量

(1)矩生成函数。

定义:设随机变量 x 具有概率密度 $f(x)$,其特征函数定义为:

$$\Phi(s) = \int_{-\infty}^{+\infty} f(x)\mathrm{e}^{sx}\mathrm{d}x = E\{\mathrm{e}^{sx}\} \tag{2-151}$$

式中:s——特征函数的参数。

特征函数 $\Phi(s)$ 只是参数 s 的函数,对 $\Phi(s)$ 求 k 次导数,可得:

$$\Phi^k(s) = E\{x^k \mathrm{e}^{sx}\} \tag{2-152}$$

则有:

$$\Phi^k(0) = E\{x^k\} = m_k \tag{2-153}$$

即,$\Phi(s)$ 在原点的 k 阶导数等于 x 的 k 阶矩 m_k。因此,也称作 $\Phi(s)$ 为矩生成函数(又称第一特征函数)。矩生成函数可以唯一、完全地确定一个概率分布,这可以由矩生成函数的唯一性定理说明。

(2)累积量生成函数及累积量。

由矩生成函数可以定义随机变量 x 的累积量生成函数(又称第二特征函数)及累积量。

定义:设随机变量 x 的矩生成函数为 $\Phi(s)$,则函数:

$$\Psi(s) = \ln\Phi(s) \tag{2-154}$$

称为 x 的累积量生成函数,而 $\Psi(s)$ 在原点的 k 阶导数则称为 x 的 k 阶累积量。

$$c_k = \left.\frac{\mathrm{d}^k \Psi(s)}{\mathrm{d}s^k}\right|_{s=0} \tag{2-155}$$

如果将 $\Phi(s)$ 和 $\Psi(s)$ 展开成 Taylor 级数,根据以上定义,有:

$$\begin{cases} \Phi(s) = 1 + m_1 s + \dfrac{1}{2}m_2 s^2 + \cdots + \dfrac{1}{k!}m_k s^k + \cdots \\ \Psi(s) = c_1 s + \dfrac{1}{2}c_2 s^2 + \cdots + \dfrac{1}{k!}c_k s^k + \cdots \end{cases} \tag{2-156}$$

也就是说,x 的 k 阶矩和累积量分别是其矩生成函数和累积量生成函数的 Taylor 级数展开中 s^k 项的系数。

2)随机向量的特征函数与累积量

定义:令 $x = [x_1, x_2, \cdots, x_k]^{\mathrm{T}}$ 是一随机矢量,且 $s = [s_1, s_2, \cdots, s_k]^{\mathrm{T}}$,则随机矢量 x 的矩生成函数定义为:

$$\Phi(s_1, s_2, \cdots, s_k) = E\{\mathrm{e}^{s_1 x_1 + s_2 x_2 + \cdots + s_k x_k}\} = E\{\mathrm{e}^{s^T x}\} \tag{2-157}$$

x 的累积量生成函数定义为:

$$\Psi(s_1, s_2, \cdots, s_k) = \ln\Phi(s_1, s_2, \cdots, s_k) \tag{2-158}$$

x 的 $(v_1, v_2, \cdots, v_k)$ 阶矩和累积量分别定义为矩生成函数和累积量生成函数的 Taylor 级数展开中 $s_1^{v_1} s_2^{v_2} \cdots s_k^{v_k}$ 项的函数,即:

$$\begin{cases} m_{v_1,v_2,\cdots,v_k} = \left.\dfrac{\partial^v \Phi(s_1,s_2,\cdots,s_k)}{\partial s_1^{v_1}\partial s_2^{v_2}\cdots\partial s_k^{v_k}}\right|_{s_1=s_2=\cdots=s_k=0} = E\{x_1^{v_1}\cdots x_k^{v_k}\} \\ c_{v_1,v_2,\cdots,v_k} = \left.\dfrac{\partial^v \Psi(s_1,s_2,\cdots,s_k)}{\partial s_1^{v_1}\partial s_2^{v_2}\cdots\partial s_k^{v_k}}\right|_{s_1=s_2=\cdots=s_k=0} \end{cases} \tag{2-159}$$

其中，$v=v_1+v_2+\cdots+v_k$。

对 $v_1=v_2=\cdots=v_k=1$ 的情况，随机向量 x 的矩和累积量分别为：

$$\begin{cases} m_k = m_{1,1,\cdots,1} = \mathrm{mom}(x_1,\cdots,x_k) \\ c_k = c_{1,1,\cdots,1} = \mathrm{cum}(x_1,\cdots,x_k) \end{cases} \tag{2-160}$$

3)随机过程的高阶矩和高阶累积量

定义：设$\{x(n)\}$为 k 阶平稳随机过程，则该过程的 k 阶矩定义为：

$$m_{kx}(\tau_1,\tau_2,\cdots,\tau_{k-1}) = \mathrm{mom}\{x(n),x(n+\tau_1),\cdots,x(n+\tau_{k-1})\} \tag{2-161}$$

而 k 阶累积量定义为：

$$c_{kx}(\tau_1,\tau_2,\cdots,\tau_{k-1}) = \mathrm{cum}\{x(n),x(n+\tau_1),\cdots,x(n+\tau_{k-1})\} \tag{2-162}$$

根据这一定义，平稳随机过程的 k 阶矩和 k 阶累积量实质上就是取 $x_1=x(n)$，$x_2=x(n+\tau_1)$，$\cdots$，$x_k=x(n+\tau_{k-1})$之后的随机向量$[x(n),x(n+\tau_1),\cdots,x(n+\tau_{k-1})]^{\mathrm{T}}$ 的 $v_1=v_2=\cdots=v_k=1$ 时的矩和累积量。由于 k 阶平稳性假设，随机过程的 k 阶矩和 k 阶累积量均只有 $k-1$ 个独立的变量，它们仅仅是滞后 $\tau_1,\tau_2,\cdots,\tau_{k-1}$的函数，而与时间 n 无关。

根据以上定义，随机过程$\{x(n)\}$的矩和累积量如下。

(1)一阶矩和一阶累积量为：

$$m_{1x} = c_{1x} = E\{x(n)\} \tag{2-163}$$

(2)二阶矩和二阶累积量为：

$$m_{2x}(\tau_1) = E\{x(n)x(n+\tau_1)\} = r_x(\tau_1) \quad \text{(自相关函数)} \tag{2-164}$$

$$c_{2x}(\tau_1) = m_{2x}(\tau_1) - m_{1x}^2 = \mathrm{cov}\{x(n),x(n+\tau_1)\} \quad \text{(自协方差函数)} \tag{2-165}$$

随机过程均值为 0 时，有 $m_{2x}(\tau_1)=c_{2x}(\tau_1)=r_x(\tau_1)$。

(3)三阶矩和三阶累积量为：

$$m_{3x}(\tau_1,\tau_2) = E\{x(n)x(n+\tau_1)x(n+\tau_2)\} \tag{2-166}$$

$$\begin{aligned} c_{3x}(\tau_1,\tau_2) &= \mathrm{cum}\{x(n),x(n+\tau_1),x(n+\tau_2)\} \\ &= m_{3x}(\tau_1,\tau_2) - m_{1x}[m_{2x}(\tau_1)+m_{2x}(\tau_2)+m_{2x}(\tau_1-\tau_2)] + 2m_{1x}^2 \\ &= E\{[x(n)-m_{1x}][x(n+\tau_1)-m_{1x}][x(n+\tau_2)-m_{1x}]\} \end{aligned} \tag{2-167}$$

随机过程均值为 0 时，有 $m_{3x}(\tau_1,\tau_2)=c_{3x}(\tau_1,\tau_2)$。

(4)四阶矩和四阶累积量为：

$$m_{4x}(\tau_1,\tau_2,\tau_3) = E\{x(n)x(n+\tau_1)x(n+\tau_2)x(n+\tau_3)\} \tag{2-168}$$

$$\begin{aligned} c_{4x}(\tau_1,\tau_2,\tau_3) &= \mathrm{cum}\{x(n),x(n+\tau_1),x(n+\tau_2),x(n+\tau_3)\} \\ &= m_{4x}(\tau_1,\tau_2,\tau_3) - m_{2x}(\tau_1)m_{2x}(\tau_3-\tau_2) - m_{2x}(\tau_2)m_{2x}(\tau_3-\tau_1) - \\ &\quad m_{2x}(\tau_3)m_{2x}(\tau_2-\tau_1) - m_{1x}[m_{3x}(\tau_2-\tau_1,\tau_3-\tau_1) + m_{3x}(\tau_2,\tau_3) + \\ &\quad m_{3x}(\tau_1,\tau_3) + m_{3x}(\tau_1,\tau_2)] - (m_{1x})^2[m_{2x}(\tau_1) + m_{2x}(\tau_2) + \\ &\quad m_{2x}(\tau_3) + m_{2x}(\tau_3-\tau_1) + m_{2x}(\tau_3-\tau_2) + m_{2x}(\tau_2-\tau_1)] - \\ &\quad 6(m_{1x})^4 \end{aligned} \tag{2-169}$$

从以上的分析可知：当随机过程的均值不为 0 时，二阶及以上的矩和累积量不相同；当

随机过程的均值为0时,三阶及以上的矩和累积量不相同。

4)高斯过程的矩和累积量

平稳高斯过程$\{x(n)\}$的矩和累积量为:

$$\begin{cases} m_{1x}=E\{x(n)\} \\ m_{2x}(\tau)=r_x(\tau) \\ m_{kx}(\tau_1,\cdots,\tau_{k-1})=\begin{cases} \equiv 0 & (\text{若 } k\geqslant 3 \text{ 且为奇数}) \\ \neq 0 & (\text{若 } k\geqslant 4 \text{ 且为偶数}) \end{cases} \end{cases} \tag{2-170}$$

$$\begin{cases} c_{1x}=E\{x(n)\} \\ c_{2x}(\tau)=\mathrm{cov}\{x(n),x(n+\tau)\}=r_x(\tau)-m_{1x}^2 \\ c_{kx}(\tau_1,\tau_2,\cdots,\tau_{k-1})\equiv 0 \qquad (\text{当 } k\geqslant 3) \end{cases} \tag{2-171}$$

可见,高斯过程的高阶累积量恒等于零,即使对有色高斯过程也是这样,这是在信号处理中使用高阶累积量的主要动机之一,高阶矩不具备这个优点。

5)高阶矩谱和高阶累积量谱

对平稳随机过程$\{x(n)\}$,它的功率谱密度定义为其自相关函数的傅里叶变换。与此类似,可以分别由高阶矩和高阶累积量的多维傅里叶变换定义高阶矩谱和高阶累积量谱。

设$m_{kx}(\tau_1,\tau_2,\cdots,\tau_{k-1})$绝对可和,即:

$$\sum_{\tau_1=-\infty}^{+\infty}\cdots\sum_{\tau_{k-1}=-\infty}^{+\infty}|m_{kx}(\tau_1,\cdots,\tau_{k-1})|<\infty \tag{2-172}$$

则k阶矩谱定义为k阶矩的$k-1$维傅里叶变换,即:

$$M_{kx}(\omega_1,\omega_2,\cdots,\omega_{k-1})=\sum_{\tau_1=-\infty}^{\infty}\cdots\sum_{\tau_{k-1}=-\infty}^{+\infty}m_{kx}(\tau_1,\cdots,\tau_{k-1})\exp[-j\sum_{i=1}^{k-1}\omega_i\tau_i] \tag{2-173}$$

设高阶累积量$c_{kx}(\tau_1,\tau_2,\cdots,\tau_{k-1})$绝对可和,即:

$$\sum_{\tau_1=-\infty}^{+\infty}\cdots\sum_{\tau_{k-1}=-\infty}^{+\infty}|c_{kx}(\tau_1,\cdots,\tau_{k-1})|<\infty \tag{2-174}$$

则k阶累积量谱定义为k阶矩的$k-1$维傅里叶变换,即:

$$S_{kx}(\omega_1,\omega_2,\cdots,\omega_{k-1})=\sum_{\tau_1=-\infty}^{\infty}\cdots\sum_{\tau_{k-1}=-\infty}^{+\infty}c_{kx}(\tau_1,\cdots,\tau_{k-1})\exp[-j\sum_{i=1}^{k-1}\omega_i\tau_i] \tag{2-175}$$

高阶累积量谱常简称高阶谱或多谱。最常用的高阶谱是三阶谱(双谱,Bispectrum)

$$B_x(\omega_1,\omega_2)=\sum_{\tau_1=-\infty}^{\infty}\sum_{\tau_2=-\infty}^{+\infty}c_{3x}(\tau_1,\tau_2)\mathrm{e}^{-j(\omega_1\tau_1+\omega_2\tau_2)} \tag{2-176}$$

和四阶谱(三谱,Trispectrum)

$$T_x(\omega_1,\omega_2,\omega_3)=\sum_{\tau_1=-\infty}^{\infty}\sum_{\tau_2=-\infty}^{+\infty}\sum_{\tau_3=-\infty}^{\infty}c_{4x}(\tau_1,\tau_2,\tau_3)\mathrm{e}^{-j(\omega_1\tau_1+\omega_2\tau_2+\omega_3\tau_3)} \tag{2-177}$$

显然,对高斯随机过程,其双谱、三谱以及更高阶的谱恒等于零。

2.8.3 高阶累积量及高阶谱的性质

1)高阶累积量的性质

(1)若$\lambda_i(i=1,2,\cdots,k)$是常数,且$x_i(i=1,2,\cdots,k)$为随机变量,则:

$$\mathrm{cum}(\lambda_1x_1,\lambda_2x_2,\cdots,\lambda_kx_k)=(\prod_{i=1}^{k}\lambda_i)\cdot\mathrm{cum}(x_1,x_2,\cdots,x_k) \tag{2-178}$$

(2)累积量相对于变元是对称的,即:

$$\mathrm{cum}(x_1,x_2,\cdots,x_k)=\mathrm{cum}(x_{i_1},x_{i_2},\cdots,x_{i_k}) \tag{2-179}$$

其中，$(i_1,i_2,\cdots,i_k)$是$(1,2,\cdots,k)$的任一排列。

(3)累积量相对于其变元是加性的，即：

$$\mathrm{cum}(x_1+y_1,x_2,\cdots,x_k)=\mathrm{cum}(x_1,x_2,\cdots,x_k)+\mathrm{cum}(y_1,x_2,\cdots,x_k) \tag{2-180}$$

也就是和的累积量等于累积量之和（“累积量”由此得名）。

(4)若随机变量$\{x_i\}$与随机变量$\{y_i\}$统计独立，则：

$$\mathrm{cum}(x_1+y_1,\cdots,x_k+y_k)=\mathrm{cum}(x_1,\cdots,x_k)+\mathrm{cum}(y_1,\cdots,y_k) \tag{2-181}$$

这一性质说明，两个统计独立随机过程之和的累积量等于各个随机过程累积量之和。因此，如果一个非高斯信号$\{x(n)\}$的观测受到与之独立的加性有色高斯噪声$\{e(n)\}$的污染，即：

$$y(n)=x(n)+e(n) \tag{2-182}$$

那么，观测过程的高阶累积量就等于非高斯信号的高阶累积量，即：

$$c_{ky}(\tau_1,\tau_2,\cdots,\tau_{k-1})=c_{kx}(\tau_1,\tau_2,\cdots,\tau_{k-1})+c_{ke}(\tau_1,\tau_2,\cdots,\tau_{k-1})=c_{kx}(\tau_1,\tau_2,\cdots,\tau_{k-1}) \tag{2-183}$$

也就是高阶累积量从理论上可以完全抑制高斯有色噪声的影响，这一重要的结论对高阶矩不成立。高斯过程高于二阶的累积量及其谱恒等于零。因而非零的高阶累积量或高阶谱提供了一种高斯性偏离程度的度量。

(5)若k个随机变量$\{x_i\}$的一个子集同其他部分独立，则：

$$\mathrm{cum}(x_1,\cdots,x_k)\equiv 0 \tag{2-184}$$

由这个性质可说明，独立同分布随机序列的累积量为δ函数，即若$\{w(n)\}$是独立同分布过程，则：

$$c_{kw}(\tau_1,\tau_2,\cdots,\tau_{k-1})=\gamma_{kw}\delta(\tau_1)\cdots\delta(\tau_{k-1}) \tag{2-185}$$

因此，这种随机过程的高阶谱是多维平坦的，这种噪声称为高阶白噪声。

(6)若α是一常数，则：

$$\mathrm{cum}(\alpha+x_1,\cdots,x_k)=\mathrm{cum}(x_1,\cdots,x_k) \tag{2-186}$$

讨论可知，高阶矩和高阶累积量存在一定差别，具体如下：

①高斯过程的高于二阶的累积量及其谱恒等于零。因而非零的高阶累积量或高阶谱提供了一种高斯性偏离程度的度量，高阶矩却不具备这一性质。

②正如白噪声的自相关函数或协方差函数是脉冲函数，其功率谱是平坦的，(高阶)白噪声的高阶累积量是多维脉冲函数，而多谱是多维平坦的。高阶矩和高阶矩谱则不然。

③统计独立随机过程和的累积量等于各随机过程累积量的和，而高阶矩则不然。

正是由于这些差别，造成了在高阶统计量信号处理中，主要以高阶累积量和高阶谱而很少以高阶矩和高阶矩谱作为数学工具。

考虑计算复杂性，实际问题中主要用到三、四阶累积量以及双谱和三谱。

2)高阶谱的性质

(1)高阶谱一般为多维复函数，即它们具有幅度和相位：

$$s_{kx}(\omega_1,\cdots,\omega_{k-1})=|s_{kx}(\omega_1,\cdots,\omega_{k-1})|\exp\{j\Phi_{kx}(\omega_1,\cdots,\omega_{k-1})\} \tag{2-187}$$

这是与功率谱明显不同的一点。对随机过程$\{x(n)\}$的功率谱，$P_x(\omega)$为实数且$P_x(\omega)\geqslant 0$，因此功率谱不含相位信息。

(2)高阶谱存在丰富的对称性。高阶谱的对称性是由于高阶累积量的对称性产生的。

(3)设$H(z)$为有限维数、线性移不变、指数稳定的系统的传递函数，若系统输入$\{v(n)\}$

为平稳非高斯随机过程，其 k 阶谱为 $S_{kv}(\omega_1,\omega_2,\cdots,\omega_{k-1})$，则系统输出 $\{y(n)\}$ 的 k 阶谱为：

$$S_{ky}(\omega_1,\omega_2,\cdots,\omega_{k-1})=S_{kv}(\omega_1,\omega_2,\cdots,\omega_{k-1})\cdot H(e^{j\omega_1})H(e^{j\omega_2})\cdots H(e^{j\omega_{k-1}})\cdot H(\exp\{-j\sum_{i=1}^{k-1}\omega_i\}) \tag{2-188}$$

写成多维 Z 变换形式，有：

$$S_{ky}(z_1,z_2,\cdots,z_{k-1})=S_{kv}(z_1,z_2,\cdots,z_{k-1})\cdot H(z_1)H(z_2)\cdots H(z_{k-1})\cdot H(-\prod_{i=1}^{k-1}z_i^{-1}) \tag{2-189}$$

可知，$\{v(n)\}$ 和 $\{y(n)\}$ 的功率谱之间存在以下关系：

$$P_y(\omega)=P_v(\omega)\cdot H(e^{j\omega})\cdot H^*(e^{j\omega})=P_v(\omega)\cdot|H(e^{j\omega})|^2 \tag{2-190}$$

不难看出，线性系统输入、输出过程高阶谱之间的关系是功率谱之间关系的直接扩展；同时，系统输出的功率谱中不含系统的相位信息。

功率谱和高阶谱存在以下主要差别：功率谱不能反映信号或系统的非线性，而高阶谱或高阶累积量却可以检测和表征信号或系统中的非线性。

(4)对于线性非高斯过程，高阶谱的一个直接的应用是重构其功率谱。

考虑一个线性非高斯信号 $\{x(n)\}$，其观测受到与之独立的未知加性有色高斯噪声 $\{e(n)\}$ 的干扰，即 $y(n)=x(n)+e(n)$，如果要估计 $\{x(n)\}$ 的功率谱 $P_x(\omega)$，可以先得到 $y(n)$ 的双谱 $B_y(\omega_1,\omega_2)=B_x(\omega_1,\omega_2)$ 或三谱 $T_y(\omega_1,\omega_2,\omega_3)=T_x(\omega_1,\omega_2,\omega_3)$，由

$$\begin{aligned}B_x(\omega,0)&=\gamma_{3w}H(e^{j\omega})\cdot H(1)\cdot H^*(e^{-j\omega})=\gamma_{3w}\cdot H(1)\cdot/\sigma^2\cdot\{\sigma^2\cdot|H(e^{j\omega})|^2\}\\&=\gamma_{3w}\cdot H(1)/\sigma^2\cdot P_x(\omega)\end{aligned} \tag{2-191}$$

式中，$P_x(\omega)=\sigma^2\cdot|H(e^{j\omega})|^2$。

可以获得：

$$P_x(\omega)=B_x(\omega,0)\cdot a \tag{2-192}$$

结果只相差一个比例常数 a 未知。

由

$$T_x(\omega,0,0)=\gamma_{4w}H^2(1)/\sigma^2\cdot P_x(\omega) \tag{2-193}$$

可以获得：

$$P_x(\omega)=T_x(\omega,0,0)\cdot b \tag{2-194}$$

结果只相差一个比例常数 b 未知。

无疑，这比从 $\{y(n)\}$ 估计 $\{x(n)\}$ 的功率谱要好得多(观测噪声无影响)。

2.8.4 高阶统计量分析应用

目前，高阶统计量已成为信号处理领域的一种新的强有力工具，已被广泛应用于机械振动、故障诊断、系统辨识、雷达、通信、语音处理、图像处理、地震勘测、生物工程、海洋学、天文学等领域。典型的信号处理应用包括系统辨识与时间序列分析建模、阵列信号处理、信号检测、信号重构、自适应估计与滤波、盲反卷积与盲均衡、谐波恢复、图像处理等。

能够有效去除信号中的噪声：高阶统计量不仅可以自动抑制高斯有色噪声的影响，也可能抑制非高斯有色噪声的影响；高阶循环统计量则能自动抑制任何平稳(高斯与非高斯)噪声的影响。

最小相位系统辨识：为了只根据观测量即系统的输出来辨识系统的传递函数，功率谱只

反映了系统的幅频特性，不能反映相频特性。因为不同的系统可能具有相同的幅频特性，幅频特性相同系统的输出就有相同的功率谱，由系统输出的功率谱或自相关函数，不可能辨识出非最小相位系统的传递函数，即使不存在观测噪声的情况也不能。对同一非高斯分布的输入，不同系统输出的高阶谱或高价累积量可能明显不同，利用这一点，就可以从系统的输出中识别非最小相位系统的传递函数，同时高阶累积量可以有效地抑制观测噪声的影响。在第本章的谱分析技术中，对 ARMA 和 MA 系统中的 MA 参数估计求解涉及非线性方程，但是利用高阶统计量方法可以线性地估计 MA 参数，对系统辨识提供了方便。

信号重构：利用高阶谱图双谱、三谱的复数特性可以实现对信号的幅值重构和相位重构。

信号检测：高阶统计量中包含了信号中比二阶统计量更多的信息，所以利用高阶统计量可以实现对包含有噪声中的确定性信号、随机信号、谐波信号实现检测和滤波。

盲信号分离：根据盲源分离的基本思想，更高阶的统计方法能获得更好的分离效果。

第3章 机械减振与降噪控制技术

对机械系统进行研究主要是为了获得系统的内部特性并对系统进行必要地控制和改进。对机械系统的振动与噪声产生机理进行研究,在振动系统减振与降噪理论指导下进行系统减振与降噪控制具有重要的意义。

3.1 减振与降噪控制概述

振动普遍存在于生活中,振动与噪声的传播具备源头、传递路径和接受者三个要素。振源产生的振动,通过传递介质传递给接受者(人或物)。

环境中的振动源主要是自然振源和人工振源。自然振源来自大自然,比如地震、大地脉动、风振等,人工振源是指因为人类活动产生的振动,比如工厂中机器运转、道路上汽车火车的行驶、建筑工程打桩搅拌等产生的振动。

传递介质为振动与噪声提供了传播途径,传播介质可分为固体、液体及空气,比如摆放机械设备的地基、道路、水、空气等。

接受者并不只有人类,还包括建筑物及仪器设备等一切受振动影响的事物。因此振动与噪声控制的基本方法也可分为三个方面,振源控制、传递过程的控制及对接收者采取的控制。

3.1.1 减振控制

1)振源控制

(1)改进加工工艺。

改进加工工艺,想尽办法使振动最小。生活中经常看到,工厂在机械加工锻造过程中存在强力撞击的现象,巨大的冲击会引起被加工零件和基础的振动,长期下来会存在各种问题,比如螺栓松动,生产精度下降等。控制此类振动最有效的方法是改进加工工艺,即用非撞击方法代替撞击方法,如用焊接替代铆接、用压延替代冲压、用滚轧替代锤击等。

(2)减少振源的扰动。

振动的主要来源是振动源本身的不平衡力引起的对设备的激励。因此改进振动设备的设计和提高制造加工装配精度,使其振动最小,是最有效的控制方法。例如,某些旋转机械,如果没有处理好平衡问题,运转时就会出现离心偏心惯性力,高速转动时更会引起很大的振动,所以在安装的时候要严格进行对中,而且设备制造也必须高标准,避免设备的质量不均引起偏心力。一些有传动轴系的设备运转时会产生扭转振动、横向振动和纵向振动等各种振动。相应的控制方法通常是保证其受力均匀,传动扭矩平衡,并应有足够的刚度等,以改善其振动情况。

(3)防止共振。

共振是系统固有频率和激励力频率相同时，振动的幅度被大幅放大，带来的破坏非常严重。那么控制共振的方法就可以从系统固有频率和激励频率两方面入手。调整系统的固有频率，即通过改变系统的结构和总体尺寸或采用局部加强法可以改变机械系统的固有频率，使固有频率和激励力频率不相等；改变激励力频率，即通过改变机器的转速或改换机型，使激励力频率和固有频率不相等。在无法改变固有频率和激励力频率时还可通过阻尼来降低振动，即将振动源安装在非刚性的基础上以降低共振响应，对于一些薄壳机体或仪器仪表柜等结构，在表面涂贴弹性高阻尼结构材料可以增加其阻尼，以增加能量耗散，降低其振幅。

2)振动传递过程中的控制

(1)加大振动源和受振对象之间的距离。

振动在介质中传播，会发生能量的扩散，而且介质也会吸收一些振动能量，所以随着距离的增加，振动会逐渐减弱。因此，加大振动源与受振对象之间的距离是控制振动的有效措施之一。比如铁路一般都建设在远离市区的城市外围，目的就是减少火车经过时产生的振动对人们生活工作的影响。某些精密仪器的厂房也必须远离振动，以免振动对设备造成损伤而无法使用。

(2)隔振沟。

在振动机械基础的四周开挖一定宽度和深度的沟槽，这就是防振沟，里面填充松软物质(如木屑等)，当振动通过防振沟时，松软物质会吸收能量，能够削弱振动的传递，这也是以往常采用的隔振措施之一。但是隔振沟的隔振效果和沟的深度与有关，有些时候这种方法性价比不高。

(3)对防振对象采取振动控制措施。

在振动控制中，隔振是非常有效的方法，而且隔振还有投资小、节省空间等优势。隔振分两类：一类为主动隔振，另一类为被动隔振。主动隔振就是减少动力设备产生的激励力向外传递，主要针对自身会产生很强振动的动力设备，减少振动向外界的输出。被动隔振就是减少外来振动对防振对象的影响，针对的是精密仪器等不能受振动影响的设备，采取的隔振措施是为了减少振动的输入，避免设备损坏。这两种隔振都是在振源或防振对象与支承结构之间加隔振器件。

3.1.2 降噪控制

噪声控制是研究使噪声降低到允许环境噪声的工程技术。噪声控制和振动控制一样，也可以通过控制噪声源、控制噪声传播路径及接受者来达到适当的声学环境，即经济上、技术上和要求上合理的声学环境，而不是噪声越低越好。控制噪声源是最根本、最有效的手段。噪声传播路径的控制是最常用的方法，常规方法有隔声、吸声及消声技术，对接受者的保护也是一个重要手段，比如使用隔声耳罩、耳塞等。

噪声传播路径控制的基本方法有以下三种。

1)吸声降噪

声波入射到材料表面后会被分成三部分：一部分被材料反射，一部分被材料吸收，还有一部分透过材料。此种情况下，噪声和受众在同一空间内，吸声降噪是增大被材料吸收的部分，使得总噪声级减少。一般用具有吸声性能的材料或结构装饰在系统表面，吸收掉入射到

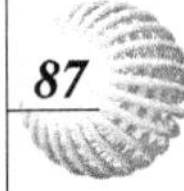

上面的部分声能，这便是吸声降噪。

2)隔声技术

把发声的物体或把需要安静的场所封闭起来使其与周围隔绝的方法称为隔声。隔声是噪声控制中最有效的措施之一。与吸声降噪不同，隔声降噪是尽量减少透过材料的声能部分。将噪声控制在一个小空间内，或者让外界的声音无法穿透进需要安静的场所，使噪声和受众分开。因此，设置适当的屏蔽物便可以使大部分声能反射回去，从而降低噪声的传播。具有隔声能力的屏蔽物称为隔声构件或者隔声结构，如砖砌的隔墙、水泥砌块墙、隔声罩体等。

3)消声技术

空气动力性噪声是一种常见的噪声污染，各种有进排气过程的设备都会产生空气流动，比如飞机、火箭等，这就造成了声级很高的空气动力性噪声。控制这种噪声最有效的方法之一是在各种空气动力设备的气流通道上或进排气口上加装消声器。消声器是一种既能允许气流顺利通过又能有效地阻止或减弱声能向外传播的装置。利用消声器来降低噪声的技术称为消声技术。

3.2 隔振与阻尼技术

3.2.1 隔振概述

隔振就是把机械或仪器安装在合适的弹性装置上以隔离振动的措施。将刚性连接变成弹性连接，将振动能量用阻尼来消耗掉，从而达到减振降噪的目的。如图3-1所示，没有隔振处理前，机械设备与地基之间是近刚性连接，如果地基或者设备产生振动，这个振动几乎可以完全传递出去；但是如果将设备与地基之间的连接改为弹性连接，弹性装置的隔振效果能够削弱振动，再通过合理的设计，振动传递将被降低甚至完全隔离，从而达到减振降噪的效果。

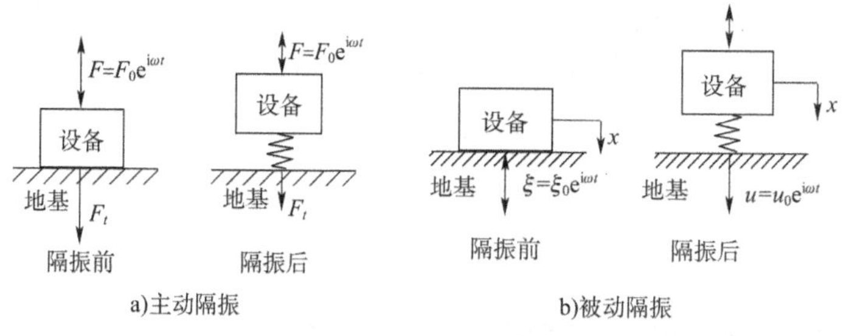

图3-1　设备隔振示意图

根据激励源的不同，隔振通常分为主动隔振和被动隔振两类。如图3-1a)所示的是主动隔振系统，设备本身是振动源，加隔振装置是为了减少它对周围机器、仪器和建筑物的影响。而图3-1b)所示的被动隔振系统，设备是受保护对象，隔振是削弱或隔离来自支承的振动，减少地基的振动对设备的影响，尽可能地降低设备的振动，从而达到保护设备的目的。

3.2.2 隔振原理

假设机器的质量为 M，隔振器可以看成是一个刚度为 K 的弹簧与一个阻尼系数为 R 的阻尼器，并联在机器与刚性地基之间，组成单自由度的隔振系统。这个隔振系统的共振频率 f_0 表示为：

$$f_0 = \frac{1}{2\pi}\sqrt{\frac{K}{M}\left(1 - \frac{R}{R_c}\right)} \tag{3-1}$$

$$R_c = 2\sqrt{KM} \tag{3-2}$$

式中：K——弹簧的刚度，N/m；

M——机器的质量，kg；

$\zeta = \frac{R}{R_c}$——阻尼比；

R——阻尼器的阻尼系数，N·s/m；

R_c——隔振系统的临界阻尼系数，表示外力停止作用后，使系统不产生振动的最小阻尼系数。

由式(3-1)可以看出，当阻尼比 $\zeta = \frac{R}{R_c} = 1$ 时，振动被抑制，共振频率 $f_0 = 0$。当 $\frac{R}{R_c} = 0$ 时，即系统无阻尼或阻尼很小以致可以忽略时式(3-1)简化为：

$$f_0 = \frac{1}{2\pi}\sqrt{\frac{K}{M}} \tag{3-3}$$

实际中，常用振动传递系数 T 来衡量隔振效果。传递系数是指通过隔振元件之后设备受到的力与扰动力之间的比值，或通过隔振元件之后设备的位移与扰动位移之间的比值，即：

$$T = \left|\frac{\text{设备受到的力幅值}}{\text{扰动力幅值}}\right|$$

或

$$T = \left|\frac{\text{设备位移幅值}}{\text{扰动位移幅值}}\right|$$

分别称为力传递率和位移传递率。T 越小，说明统统隔振结构传递的振动越小，隔振效果越好。当 $T = 1$ 表明干扰全部被传递，没有隔振效果。当传递率 $T = 0.3$ 时，也就是说振动只有 30% 传递出去了，剩下的全部被隔绝，设备或者环境受到的振动影响就降低了许多。因此，传递率 T 的理论计算是隔振理论的关键所在。

当知道阻尼比和频率比之后就可以得到传递率的表达式为：

$$T = \sqrt{\frac{1 + 4\zeta^2\left(\frac{f}{f_0}\right)^2}{\left[1 - \left(\frac{f}{f_0}\right)^2\right]^2 + \left[2\zeta\left(\frac{f}{f_0}\right)\right]^2}} \tag{3-4}$$

当 $f/f_0 \ll 1$ 时，可忽略不计，计算得到的 T 略大于 1，隔振效果很差；当 $f/f_0 = 1$ 时，T 有最大值且大于 1，没有隔振效果，反而放大了激励力；当 $f/f_0 > \sqrt{2}$ 时，T 值小于 1，这说明隔振系统起到了隔振作用，且 f/f_0 比值越高，T 越小，说明隔振效果越好，在工程实践中一般取为 2.5～5。

3.2.3 常见的隔振材料及隔振器

隔振材料或隔振元件经常连接在设备和基础之间，因此必须要能够支承运动设备动力载荷。一般隔振器都具有良好弹性恢复性能，在弹性的压缩和伸长过程中振动能量以热能的形式耗散一部分,这就起到了削弱乃至隔离振动的作用。常用的隔振材料有钢弹簧、橡胶、软木、毛毡类、空气弹簧、液体弹簧等。表3-1列出了一些材料的性能,实际生产过程中可根据需要选用合适的隔振材料或元件。很多时候单一的隔振材料可能并不能满足生产需要,所以常将这些材料复合使用以满足要求,如"钢弹簧—橡胶隔振器"就是一种常用的隔振装置。

常见隔振材料的性能比较 表3-1

性　能	剪切橡胶	金属弹簧	软　木	玻璃纤维板	气　垫
最低自振频率(Hz)	3	1	10	7	0.2
横向稳定性	好	差	好	好	好
抗腐蚀老化	较好	最好	较差	较好	较好
应用广泛程度	广泛应用	广泛应用	不够广泛	部分应用	极少应用
施工与安装	方便	较方便	方便	不方便	不方便
造价	一般	较高	一般	较高	高

工程应用中,常见的隔振器有以下几种。

1)钢弹簧隔振器

钢弹簧隔振器在工业振动控制中广泛应用,其中最常用的是螺旋弹簧和板条式弹簧两种,如图3-2所示。

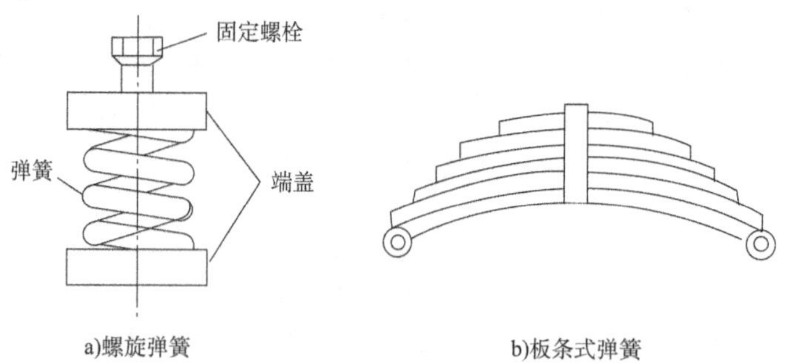

图3-2　弹簧隔振器

螺旋弹簧减振器在很多机械上都有应用,比如各类风机、球磨机、破碎机、压力机等。实际应用中需要根据使用条件设计合理的参数,在特定工况下能取得很好的减振效果。

螺旋弹簧减振器的特点是固有频率较低,一般在5Hz以下,在低频可以保持较好的隔振性能,但是弹簧阻尼系数比较小,一般为0.005~0.01,这使得螺旋弹簧减振器在共振区有较高的传递率,使设备产生剧烈摇摆,使用中往往要在弹簧和基础之间加橡胶、毛毡等内阻较大的垫,以此来提高减振器的阻尼,或者增加内插杆和弹簧盖等稳定装置来降低振动的幅值。在高频区隔振效果差。静态压缩量较大,一般在2cm以上,所能承受的负荷较大,耐腐蚀、耐老化、经久耐用。

板条式减振器是由多条长度不等的钢板条叠合制成,因为钢板之间存在摩擦,所以减振器有适宜的阻尼比。由于结构限制,这种减振器只在一个方向上有隔振作用,多用于火车、汽车的车体减振和只有垂直冲击的锻锤基础隔振。

2)橡胶隔振器

橡胶隔振器也是工程中常用的一种隔振装置。橡胶隔振器可以做成各种形状和各种刚度系数。通常采用硬度和阻尼合适的橡胶材料制成,阻尼比钢弹簧大。根据承力条件的不同,可以分为压缩型、剪切型、复合型等,如图3-3所示。

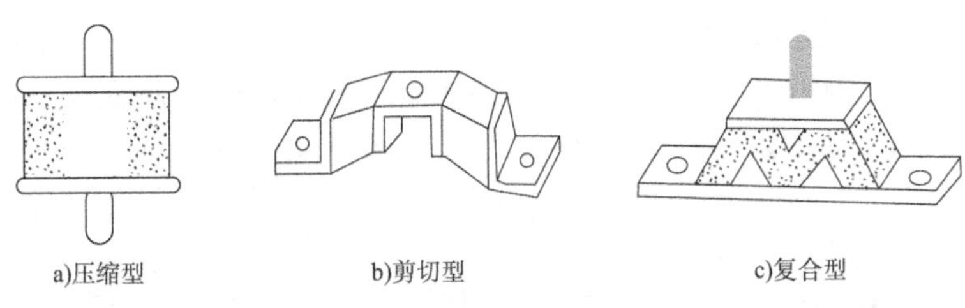

图 3-3　橡胶隔振器

橡胶的内摩擦使橡胶隔振器具有一定的阻尼，在共振点附近有较好的减振效果。橡胶一般受压能力和抗扭能力强，所以一般用于承受剪切力和压缩力。刚度具有较宽的范围可供选择，而且可以做成各种形状以满足实际情况的需要。由于橡胶对温度有较高的要求，所以其隔振性能易受温度影响，在高温或者低温条件下使用，性能都不好。长时间使用会发生老化现象。橡胶的静态压缩量低且固有频率高于 5Hz，因此这种隔振器适用于固有频率高于 5Hz 而且质量不大的设备。安装方便，隔振效果明显，被广泛应用于工业和民用建筑领域。

3）空气弹簧

空气弹簧是在一个密封的容器中充入压缩空气，利用气体可压缩性实现其弹性作用。空气弹簧具有较理想的非线性弹性特性，固有频率一般在 1Hz 以下，而且有黏性阻尼，所以对高频振动有很好的隔振作用。因为空气弹簧由橡胶作为气囊，橡胶的延展性和强度很强，所以承受载荷能力范围较大。空气弹簧机构一般有自动调节机构，通过自动调节内压的方法来满足承受不同载荷的要求，让其保持在一个相对稳定的位置。在载荷变动的情况下，也能保持固有频率不变，其原理及基本结构如图 3-4 所示。

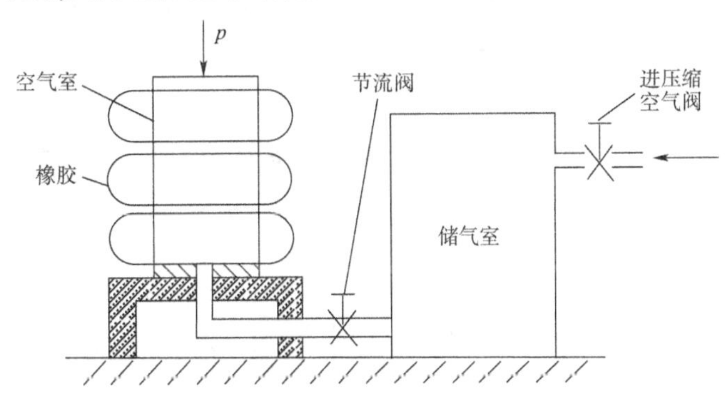

图 3-4　空气弹簧隔振

空气弹簧也有一些缺点，比如，制造成本高。空气弹簧能实现自动控制内部气压，靠的是储气室和一套复杂的辅助系统，并且一般空气弹簧只能在垂直方向上承重，所以应用的范围比较小，汽车采用空气弹簧以改善行驶平顺性。空气弹簧的使用寿命低于钢弹簧和橡胶，这也制约了空气弹簧的使用。

3.2.4　阻尼减振

阻尼是指系统损耗能量的能力。由于能量守恒，振动能量被阻尼吸收耗散掉之后，剩余的能量必然降低，振动就会减弱，从而达到减振的目的。利用阻尼耗能这一规律，可以充分发挥阻尼材料在减振领域的能力。降低设备的振动，增强稳定性。阻尼减振方法一般有以下几种，一种是在物体表面涂黏弹性高阻尼材料，在一些金属板表面涂阻尼材料之后，如果金属板发生振动，振动能量传递给阻尼材料，由阻尼材料的内部摩擦将振动能量转化为热能耗散掉,减少了板的振动能量,从而减弱了振动,也降低了由于振动而带来的噪声。第二种是用高黏弹性阻尼结构取代常规金属结构,金属结构传递振动的能力很强,如果使用阻尼结构(阻尼合金)代替金属的话,振动传递路径受阻,振动也会被大幅削弱。第三种是通过阻尼结构来约束振动板件的振动,在板之间或者表面增加一层阻尼层,在振动发生时能够约束板的振动,从而达到减振的目的。

阻尼能够降低振动的幅值,而且由于阻尼材料的弹性,能够让机械系统快速恢复到原来状态。阻尼减振材料有以下几种。

1)阻尼合金

阻尼合金是一种低噪声合金,合金可以作为某种结构在机械设备中使用,与一般合金相比,具有高阻尼性能。用合适的阻尼合金代替结构中的部分振动部件,能够降低设备中的振动和噪声。阻尼合金一般分为铜基和铁基两类,铜基的主要指双晶型 Mn-Cu 合金,机械强度与结构钢相似,耐海水腐蚀,用于制造低噪声舰艇的螺旋桨。铁基阻尼合金主要指强磁性型 Fe-Cr-A1、Fe-Cr-Mo 及 Fe-Cr-Si-Mo 合金,可用于制造机器上的某些冲击部件。阻尼合金的损耗因子范围为 0.05 ~ 0.15,最高可达 0.30。阻尼合金不仅能减少振动发声,而且能够吸收能量,将能量以热能形式耗散掉,阻尼合金还具有一般金属的硬度和刚度,这是合金比一般金属的优势所在。

2)黏弹性阻尼材料

工程中的黏弹性材料一般为橡胶和塑料,是一种高分子聚合物,其特有的弹性迟滞现象能够有效地吸收振动能量,然后以热能的形式耗散掉,阻尼性能很好。一般做成胶片,贴在振动物体表面,当受到外力时,内部分子链拉伸、旋转,卸力之后,分子链恢复原始状态,这一过程中材料的内摩擦就将能量转化成了热量耗散掉了。

由于橡胶对温度敏感,所以阻尼材料都需要一个适宜的工作温度。在低温情况下,阻尼材料呈现玻璃态,弹性模量大而损耗因子小,在高温下呈现橡皮态,弹性模量和损耗因子都很小,这两种情况下都很难发挥其减振特性。只有处于过渡态的温度时,阻尼材料的减振特性才能很好地发挥出来。

将黏弹性阻尼材料涂在振动物体表面,物体振动时,阻尼材料内部摩擦能够吸收能量,通过热能的形式耗散出去,起到了隔振减振的效果。施工方便,不受设备外形限制。

3)阻尼结构

在振动板件上附加阻尼结构的常用方法有自由阻尼层和约束阻尼层两种结构。

自由阻尼层结构是将一定厚度的阻尼材料黏合或喷涂在金属板的一面或两面而构成,如图 3-5 所示,当基层板发生弯曲振动,阻尼层发生弹性形变,这一过程中,阻尼层消耗能量,达到减振的目的。制造工艺简单,成本低廉,是目前普遍采用的减振技术。

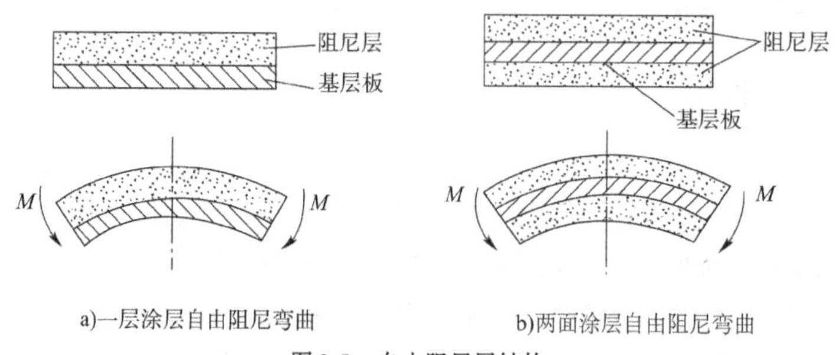

图 3-5　自由阻尼层结构

约束阻尼层结构是在基板和阻尼材料的基础上再复加一层弹性模量较高的起约束作用的金属板，如图 3-6 所示。当板受振动而弯曲变形时，阻尼层随之振动，但受到约束层的约束，各层之间因发生剪切作用而消耗掉比自由阻尼结构更多的振动能量。而且金属薄板还增加了阻尼结构的弹性模量，这种方式的减振效果更好，但制造相对复杂。

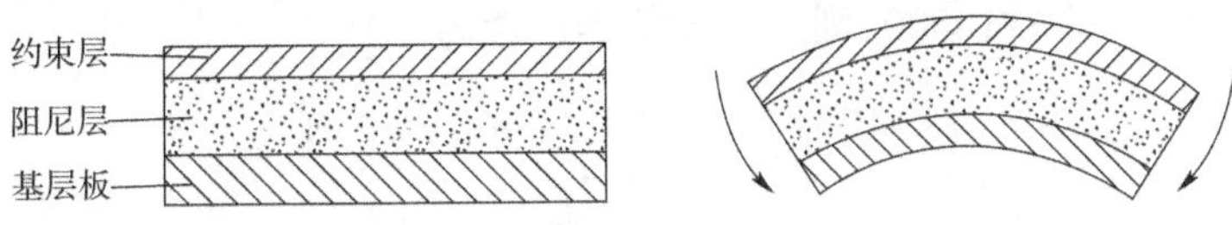

图 3-6　约束阻尼层结构

一般约束层取材和基层板一样，厚度也与基层板相同，这样的约束阻尼结构阻尼效果较好。实际应用中，常根据振动频率和基层板材质选择不同硬度和厚度的阻尼层。对于中低频振动，要采用软的阻尼材料，厚度要薄，对于中高频振动，则要采用硬的阻尼材料，并且阻尼层的厚度也要加大。

3.3　隔声降噪技术

采用隔声装置对机械噪声进行隔振是非常有效的措施。当噪声源相对集中而且较少时，使用隔声装置将机械噪声源封闭起来，将噪声限制在一个小空间里，这种装置被称为隔声罩。相反，在噪声源数量较多时将其分别隔开通常不现实，这时可采取另一种方式，将需要安静的场所用隔声结构围起来，避免外界噪声进入其中，这种装置称为隔声间。此外，在噪声源与受干扰位置之间用不封闭的隔声结构进行阻挡，可以将高频声反射回去，使屏障后形成“声影区”，在声影区内噪声明显降低，称为声屏障。

3.3.1　隔声原理

隔声技术控制的是透射过材料的那部分声能。隔声技术需要增强材料的反射和吸收能力，减少透射部分的声能。如图 3-7 所示，将透射声能降低到小于入射声能，就达到了隔声的目的。这种由屏障物引起声能降低的现象称为隔声，隔声构件隔声量的大小与隔声构件的材料、结构和声波的频率有关。

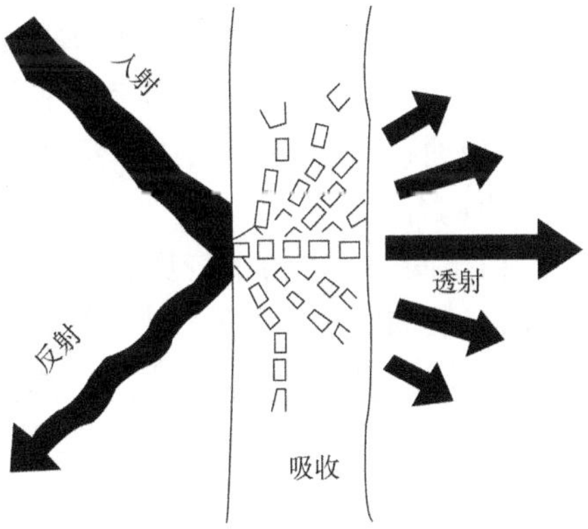

图 3-7　隔声原理

1）透声系数

衡量一个结构或某种材料的隔声能力，常用透过声能 E_{τ} 与入射声能 E_0 的比值表示，称为透声系数 τ，即：

$$\tau = \frac{E_{\tau}}{E_0} \tag{3-5}$$

从式(3-5)可以看出 τ 小于 1，τ 越小，则表示声能减弱越大，如 $\tau = 0.1$，表示只有 1/10 的声能透射过去，表示声能衰减了 10 倍。

2）隔声量

实际工程中，由于透声系数是一个小于 1 的数，而且变化范围大（通常在 $10^{-1} \sim 10^{-6}$ 之间），使用起来很不方便，因此采用 τ 的倒数，并取常用对数来表示透射能力的大小，称为隔

声量 R,单位为 dB,即:

$$R = 10\lg \frac{1}{\tau} \tag{3-6}$$

τ 值越小,R 值越大,说明材料隔声性能越好,例如某一声源经过隔声处理后,其噪声减弱到原来的万分之一,即 1/10000,则该介质的隔声量为:

$$R = 10\lg \frac{1}{\tau} = 10\lg 10000\text{dB} = 40\text{dB}$$

隔声量的大小和隔声装置的结构、性质和入射声波频率有关。对于不同的声波,隔声量可能有较大差异,所以隔声量是频率的函数,工程上通常用频率 125Hz、250Hz、500Hz、1000Hz、2000Hz、4000Hz 六个频率的平均隔声量来表示材料的隔声能力。

3)质量定律

隔声构件的性质、结构形式多种多样,为了分析简单,主要讨论单匀质墙的情况。假设墙是均匀无限大,将空间分成了两个半无限空间,墙上的各点振动情况一样,不考虑边界和墙的刚度阻尼等属性,根据透声系数的定义及平面声波理论,可以导出单层墙在声波垂直入射时的隔声量为:

$$TL_0 = 10\lg\left[1 + \left(\frac{\pi f m}{\rho_0 c_0}\right)^2\right] \tag{3-7}$$

式中:m——墙体单位面积的质量;

f——入射声波频率;

ρ_0——空气介质密度;

c_0——空气中的声速。

一般情况下 $\pi f m > \rho_0 c_0$,式(3-7)可以简化为:

$$TL_0 = 20\lg m + 20\lg f - 43 \tag{3-8}$$

如果声波是无规则入射,则墙的隔声量为:

$$TL \approx TL_0 - 5 \tag{3-9}$$

以上公式说明墙的单位面积质量越大,隔声效果越好,单位面积每增加 1 倍,隔声量增加 6dB,这一规律通常称为质量定律。但是上述公式是在假设条件下推导出来的,通常情况下,单位面积每增加 1 倍,隔声量增加 4 ~ 5dB。

4)吻合效应

由于固体的墙板本身具有一定的弹性,声波以某一角度入射到墙板上时,会激起构件的弯曲振动,如图 3-8 所示。当一定频率的声波在墙板上投影波长正好与其激发的墙板的弯曲波波长相等时,声波在墙板上的投影与墙板的弯曲波发生吻合,墙板弯曲波振动的振幅便达到最大,因而向墙板的另一面辐射较强的声波,可以粗略地认为,墙板此时已失去了传声阻力,所以相应的隔声量很小,这一现象称为"吻合效应"。相应的入射声波频率称为"吻合频率"。

发生吻合的条件是:

$$\frac{\lambda}{\lambda_b} = \sin\theta \tag{3-10}$$

式中:λ_b——构件弯曲波波长,m;

λ——空气声入射波波长,m;

θ——入射声波的入射角,(°)。

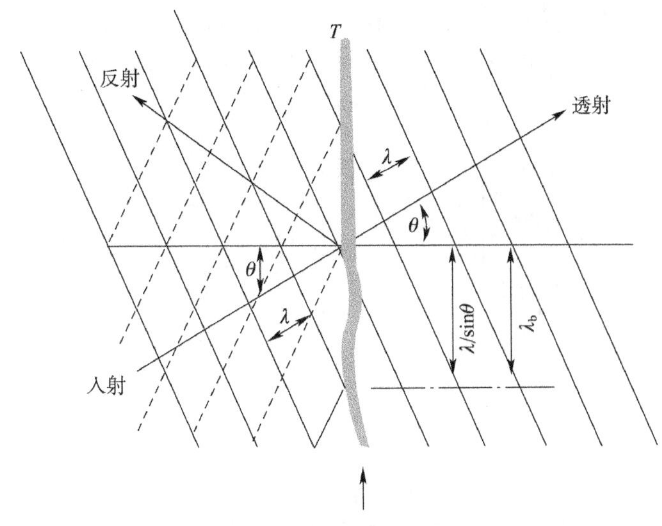

图 3-8　隔声吻合效应

通常声波入射角度 θ 较小。当入射角为 90°时，$\sin\theta=1$，故只有在 $\lambda=\lambda_b$ 的条件下才能发生吻合效应；$\lambda=\lambda_b$ 时，出现吻合效应的最低频率，低于这一频率的声波不会产生吻合效应，因而这一频率称为吻合效应的临界频率 f_c。

吻合临界频率计算公式如下：

$$f_c=\frac{c^2}{2\pi}\sqrt{\frac{\rho h}{D}}=\frac{c^2}{2\pi h}\sqrt{\frac{12\rho(1-\mu^2)}{E}} \tag{3-11}$$

式中：h——板的厚度；

μ——材料的泊松比；

D——板的弯曲刚度；

E——材料的弹性模量；

μ——材料的泊松比；

ρ——材料密度；

c——空气中的声速。

由式(3-11)可以看出，临界频率的大小与构件的密度、厚度和弹性模量等因素有关。为了避免人耳听到噪声，需要将吻合临界频率控制在人的听觉范围以外，低频区或者高频区。生活中常见的如砖墙、混凝土墙等一般都很厚实，弯曲刚度较大，所以临界频率经常出现在低频率段，这在人耳听觉范围以外，人们感受不到。而一些金属板和非金属板作为板墙时，因为比较薄而且轻的原因，临界频率则出现在听觉敏感范围内，因此在墙体构件设计受到厚度限制时，要选用密度大、厚度小的材料，使 f_c 升高至人耳不敏感的区域。此外，还可以增加构件的阻尼，以提高吻合区的隔声量，改善总的隔声效果。

3.3.2　单层匀质薄板隔声

单层匀质密实墙的隔声性能和入射声波的频率有关，其频率特性取决于墙的单位面积质量、刚度、材料的内阻尼，以及墙的边界条件等因素。单层匀质密实墙的典型隔声频率特性如图 3-9 所示。

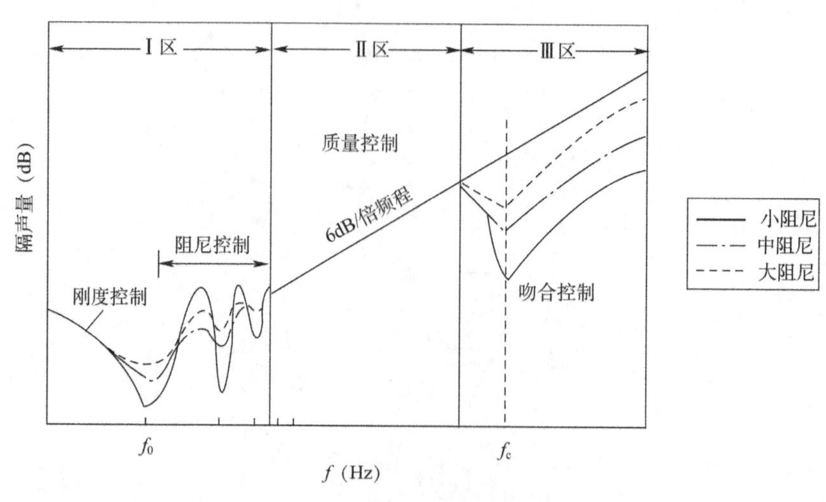

图 3-9　单层均质墙隔声频率特性

当频率由低到高时，根据隔声量变化的不同规律，可以划分为四个区域，分别是刚度控制区、阻尼控制区、质量控制区、吻合效应区。当声波频率低于薄板共振频率时，板的隔声受刚度控制，刚度越大隔声量越大，在刚度一定时，隔声量随频率增加而降低。随着频率的增加，质量效应逐渐增大，在某些频率下，刚度和质量效应共同作用而产生共振现象，图中 f_0 为共振基频，这时板振动幅度很大，隔声量出现极小值，隔声量大小主要取决于构件材质、形状和阻尼，称为阻尼控制，这段区域希望其跨度尽量小。当频率继续增高，则质量起主要控制作用，这时隔声量随频率增加而增加，隔声量主要受薄板的面密度控制，满足质量定律。之后频率增大，隔声量反而减小，这是因为出现了吻合效应，在吻合临界频率 f_c 处，隔声量有一个较大的降低，形成一个隔声量低谷，通常称为“吻合谷”。越过低谷之后，隔声量又逐渐增加。

综上可知，单层匀质墙的隔声性能主要由墙板的面密度、刚度和内阻尼决定，而且受到入射声波频率的影响。在入射声波的不同频率范围，可能某一因素起主要作用，其他因素起次要作用，所以在实际生活中要根据声波频率选择合适的方法，根据特点增大隔声量。

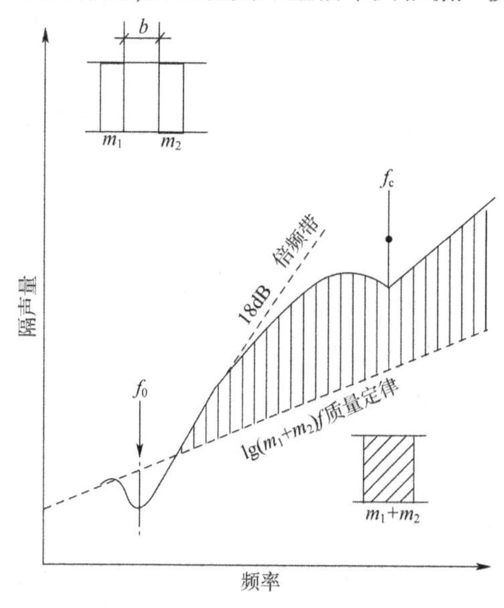

图 3-10　双层板结构隔声频率特性

3.3.3　双层板结构隔声

实践证明，双层墙之间夹一定厚度空气层的隔声效果要比单层密实均匀板材的隔声效果好得多，如果没有这层空气，只能增加隔声材料的面密度或厚度，显然这是不可取的。如图 3-10 所示，图中阴影部分表明双层墙的隔声性能优于单层墙，双层板结构突破了质量定律的限制，在同样隔声量下，双层板结构的墙体厚度要少 2/3 ~ 3/4。

双层板之所以能够大幅增加隔声量，这是因为声波必须依次透过隔声板、空气层、隔声板，在物理性质截然不同的物质表面会发生多次反射，再经过空气的弹性和附加吸收作用，声强逐级衰减，总的透射量减少，隔声效果显著。

双层墙的共振频率指入射声波垂直入射时墙板的共振频率 f_0，近似为：

$$f_0 = \frac{c}{2\pi}\sqrt{\frac{\rho_0}{D}\left(\frac{1}{M_1} + \frac{1}{M_2}\right)} \tag{3-12}$$

式中：D——空气层厚度，m；

ρ_0——空气面密度，kg/m^2；

M_1、M_2——双层墙的面密度，kg/m^2；

c——空气中的声速，m/s。

根据共振频率表达式可知，共振频率受到空气层厚度和双层墙面密度影响。在墙的面密度一定时，D 越小，即空气层越薄，双层墙的共振频率 f_0 越高。生活中常见的较重砖墙、混凝土墙等双层结构，因为面密度较大，所以共振频率 f_0 较小，一般在 15～20Hz，低于人耳的听觉频率下限，对人基本没有影响。

一些尺寸小的轻质双层墙或顶棚，由于面密度小、空气层厚度小，使得共振频率较大，在人的听觉范围内。生活中由于空间或材料限制，有时候必须使用轻薄双层墙，这就导致了隔声效果较差。所以在设计薄而轻的双层结构时，可以结合阻尼减振原理，在其表面涂阻尼层，以减弱共振作用的影响；此外还可以利用吸声材料以增大吸声量。

实际工作中多采用经验公式对隔声量进行估算：

$$TL = 16\lg(m_1 + m_2) + 16\lg f - 30 + \Delta R \tag{3-13}$$

平均隔声量的计算公式为：

$$\overline{TL} = \begin{cases} 16\lg(m_1 + m_2) + 8 + \Delta R & (m_1 + m_2 > 200\text{kg/m}^2) \\ 13.5\lg(m_1 + m_2) + 14 + \Delta R & (m_1 + m_2 > 200\text{kg/m}^2) \end{cases} \tag{3-14}$$

式中：ΔR——空气层附加隔声量。

ΔR 可以从图 3-11 查到，该曲线是在实验室中通过大量实验获得的。

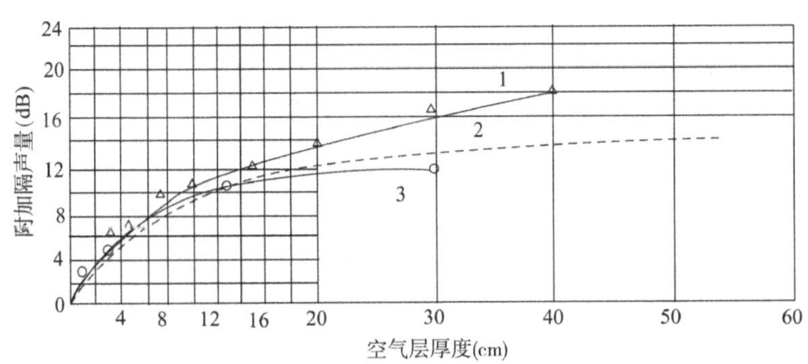

图 3-11　双层墙隔声量与空气层厚度关系

1-双层加气混凝土墙；2-双层无纸石膏板墙；3-双层纸面石膏板墙

从图 3-11 可以看出，当空气层厚度不大时，三种双层墙结构的附加隔声量差别不大，在空气层厚度较大时，才体现出附加隔声量之间的差异。当双层墙面密度不同时，ΔR 值不完全相同，使用重双层墙时参考曲线 1，使用轻双层墙时参考曲线 3。

3.3.4　隔声罩隔声

隔声罩是将机械噪声控制在一个相对较小的空间内，综合使用吸声、阻尼、共振等降噪技术，来消除噪声的设备，如图 3-12 所示。

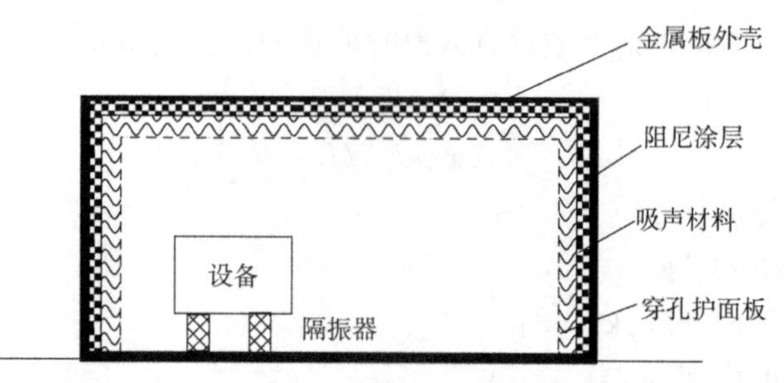

图 3-12　隔声罩隔声原理

根据实际生产需要,隔声罩也可以采用封闭和不封闭形式,可以开窗作为观察窗口或者散热。隔声罩的构造最外层通常用厚钢板(或铝板、层压板等)作为面板(隔声罩外表面),面板上涂有阻尼涂层,利用阻尼减振降噪,然后再用一层穿孔板作内壁板,两层板覆盖在预制框架两边,间距为 5～15cm,构成双层墙结构,空气层可以填充吸声材料,加强隔声量。各个结构都用来降低声能,最大限度地隔绝噪声。需要注意的是材料表面需要覆盖一层多孔纤维布或纱网,防止细屑或纤维由穿孔板中散出而对设备造成损伤。

衡量隔声罩的降噪效果,通常用插入损失 TL 来表示。其定义为隔声罩在设置前后同接收点的声压级之差,即:

$$TL = L_{p1} - L_{p2} \tag{3-15}$$

式中:L_{p1}——无隔声罩时接收点的声压级,dB;

L_{p2}——有隔声罩时接收点的声压级,dB。

隔声罩的插入损失为:

$$TL = 10\lg \frac{\sum_{i=1}^{n} S_i \alpha_i}{\sum_{i=1}^{n} S_i \tau_i} \tag{3-16}$$

式中:S_i——隔声罩内各构件的面积;

α_i——隔声罩内各构件的吸声系数;

τ_i——隔声罩内各构件的传声系数;

n——构成隔声罩的构件个数。

在设计隔声罩时,根据上述公式,选择合理的材料,使隔声量达到要求。

3.3.5　隔声屏隔声

隔声屏障用来阻挡声源与接收点之间的直达声,如图 3-13 所示。生活中常见地铁穿过市区的路段都有隔声屏,隔声屏的隔声量较大,而且尺寸也比声波的波长大,所以大部分声能都能被反射回去,屏障背后只有部分透射声能和衍射声能,使屏障后形成“声影区”,在声影区内噪声明显降低,这就是隔声屏原理。隔声屏一般用于车间或办公室内、道路两侧,能够有效降低高频声的传播,对保护接受人员有很大益处。

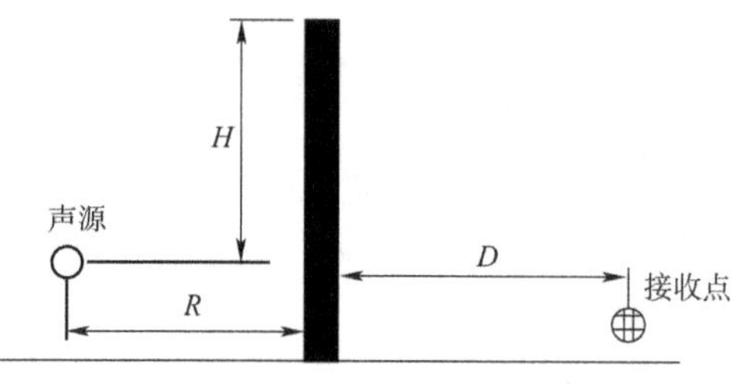

图 3-13　隔声屏原理

当噪声源的声波遇到隔声屏时,一部分声波越过隔声屏顶端绕射到受声点,这部分声波无法被消除;另一部分声波穿透隔声屏到达受声点,在穿透过程中,隔声屏能够吸收部分声能。还有一部分在隔声屏壁面上产生反射,没有传播到受声点。隔声屏的插入损失主要取决于声源发出的声波沿这三条传播路径的声能分配。

隔声屏设置需要根据实际情况,按照“质量定律”选择合适的材料,比如在铁路两侧可以建设混凝土隔声墙,性价比较高;在市区,常采用轻薄美观材料制成声屏障,满足降噪需求。为了形成有效声影区,一般要求屏障的隔声量要比透射声能衰减值大20dB。为了降低反射引起的插入损失,吸声屏需要附加吸声结构,吸声系数要尽量大。

3.4 吸声降噪技术

声波入射到介质表面后会分成三部分:一部分被介质反射,一部分被介质吸收,还有一部分透过介质。所谓吸声降噪就是尽量减少被介质反射回来的声波能量。在室内所接收到的噪声一部分是通过空气直接传来的直达声,另一部分是室内各壁面多次反射回来的反射声,这些声音就是混响声,混响声通过叠加会显著增大噪声级,所以必须采取有效措施减小噪声。吸声降噪主要是使用吸声材料和吸声结构,通过内摩擦将能量以热能形式耗散掉,从而达到降噪的目的。

3.4.1 吸声原理及吸收量

吸声原理是将声能转换成热能散失掉以达到降噪目的。一方面,声波在传递过程中,质点的振动速度不同,这种速度梯度使得相邻质点间产生了相互作用的内摩擦力和黏性力,从而阻碍了质点的运动,使得声能不断地转化成热能。另一方面,介质中各个质点的疏密程度和温度不同,这种温度梯度使得相邻质点间产生了热交换,也使得声能转化成热能。

1)吸声系数

能够吸收较高声能的材料或结构称为吸声材料或吸声结构。利用吸声材料和吸声结构吸收声能以降低室内噪声的办法称为吸声降噪,通常简称吸声。吸声处理一般可使室内噪声降低3~5dB(A),在混响声很严重的车间可以降噪6~10dB(A)。

当声波入射到吸声材料或结构表面上时,部分声能被反射,部分声能被吸收,还有一部分声能透过材料继续向前传播。设单位时间内入射的声能为E_0,反射的声能为E_γ,吸收的声能为E_α,透射的声能为E_r,则各部分能量关系如图3-14所示。

在研究吸声时,考虑整个声源所在的空间。对这个空间而言,无论是被材料本身所吸收的能量,还是透过材料的能量,都是从界面上消失的能量,因此吸声系数定义为:

$$\alpha = \frac{E_\alpha + E_r}{E_0} \tag{3-17}$$

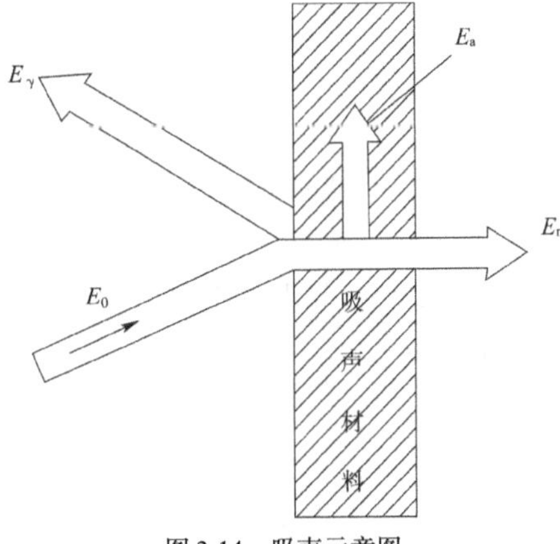

图3-14 吸声示意图

α值的取值范围一般在0~1之间,α值越大,材料的吸声性能越好。$\alpha=0$,表示声能全反射,材料不吸声;$\alpha=1$,表示声能全部被吸收,无声能反射。

根据声波入射角度的不同,吸声材料或结构的吸声系数也不同,通常用垂直入射吸声系数α_0和混响吸声系数α_T来描述。垂直入射的吸声系数和混响吸声系数都是度量材料或结构吸声特性的物理量。实验室中通常采用驻波管法测定垂直入射吸声系数,该方法比较简单经济,因此在产品的研制和对比实验中经常使用。混响吸声系数反映了声波从不同的角度以相同的概率入射时的综合吸声系数,与实际工程使用情况较接近,因此工程实践中多采用混响吸声系数来评价吸声特性,在声学设计和噪声控制中也多采用此评价参数。

不同的吸声材料或吸声结构在不同频率处,吸声性能是不同的,工程中通常采用125Hz、250Hz、500Hz、1000Hz、2000Hz、4000Hz 六个倍频程中心频率处的吸声系数来衡量某一材料或结构的吸声频率特性。只有在这六个倍频程中心频率处的吸声系数的算术平均值(平均吸声系数)大于 0.2 的材料或结构,才能称为吸声材料或吸声结构。

2)吸声量

工程上评价一种吸声材料的实际吸声效果时,通常采用吸声量进行评价。吸声量定义为吸声系数与所使用吸声材料面积的乘积,用 A 来表示,单位为 m^2。当评价某空间的吸声量时,需要对空间内各吸声处理面积与吸声系数的乘积进行求和,得到该空间的总吸声量:

$$A = \sum_n S_n \alpha_n \tag{3-18}$$

式中:S_n——第 n 块吸声处理表面的面积;

α_n——第 n 块表面上吸声材料的吸声系数。

在定义了吸声量后,吸声系数可理解为材料单位面积的吸声量。对于整个空间而言,将空间的吸声量 A 与总表面积 S 之比定义为空间的平均吸声系数,即:

$$\bar{\alpha} = \frac{A}{S} \tag{3-19}$$

平均吸声系数是表示整个表面吸声强弱的特征物理量。

3.4.2 吸声材料

采用吸声材料进行声学处理是最常用的吸声降噪措施。工程上具有吸声作用并有工程应用价值的材料常为多孔性吸声材料,而穿孔板等具有吸声作用的材料,通常被归为吸声结构。多孔吸声材料种类较多,按形状可分为制品类和砂浆类;按照材料可以分为玻璃棉、岩棉、矿棉等;按多孔性形成机理及结构状况又可分为纤维状、颗粒状和泡沫塑料等。

多孔材料主要吸收中高频噪声,大量的研究和试验表明:多孔性吸声材料,如矿棉、超细玻璃棉等,只要适当增加厚度和容重(单位体积的质量),并结合吸声结构设计,其低频吸声性能也可以得到明显改善。

有限厚度多孔材料吸声特点如图 3-15 所示,其低频端吸声系数小,随着频率增高,吸声系数迅速增大,并出现吸声共振频率,在高于共振峰的频段,吸声系数略有波动,但仍保持在较高的水平。

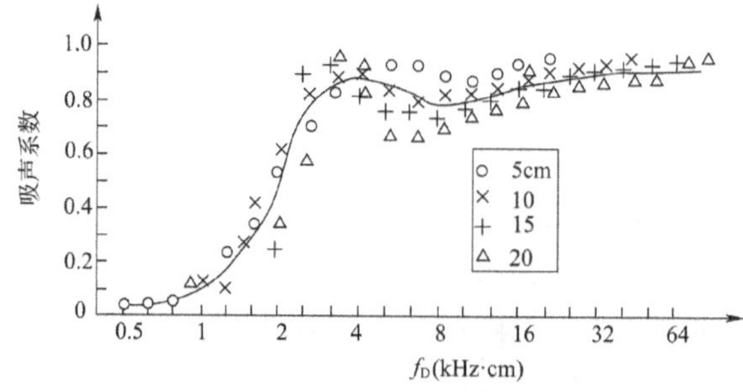

图 3-15 超细玻璃棉归一化吸声系数曲线

1)纤维型材料

纤维型材料由无数细小纤维状材料组成,分为无机纤维和有机纤维两类。无机纤维如玻璃棉、玻璃丝、矿渣棉等。有机纤维如兽毛、甘蔗纤维、稻草、棉絮、麻丝。其中,玻璃棉和矿渣棉分别是用熔融态的玻璃和矿渣吹成细小纤维而得的,如图 3-16 所示。

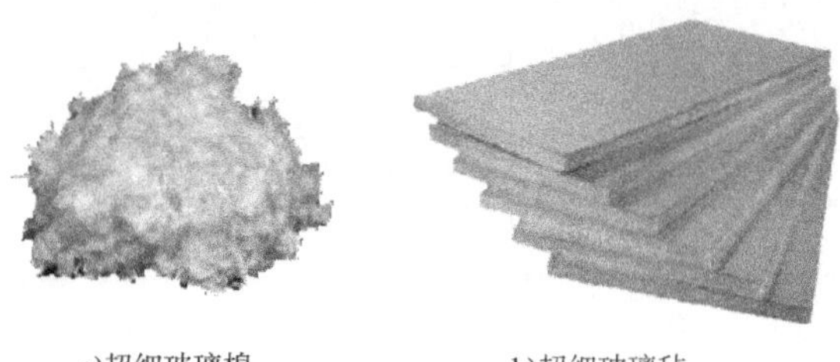

a)超细玻璃棉　　b)超细玻璃毡

图 3-16　超细玻璃棉及超细玻璃棉毡

2)泡沫型材料

泡沫型材料是由表面与内部皆有无数微孔的高分子材料制成。如聚氨酯泡沫塑料、微孔橡胶、海绵乳胶等。这类材料容积密度小、热导率小、质地软。但耐火性差、易老化。

3)颗粒状材料

颗粒状材料有膨胀珍珠岩、矿渣水泥、蛭石混凝土和多孔陶土等。其中如膨胀珍珠岩是将珍珠岩粉碎、再急剧升温焙烧所得的多孔细小粒状材料,一般具有保温、防潮、不燃、耐热、耐腐蚀、抗冻等优点。

多孔吸声材料微孔的孔径多在数微米到数十微米之间,孔的总体积多数占材料总体积的 90% 左右,如超细玻璃棉层的孔隙率可大于 99% 。为使用方便,一般将松散的各种多孔吸声材料加工为板、毡或砖等,如工业毛毡、木丝板、玻璃棉毡、膨胀珍珠岩吸声板、陶土吸声砖等。使用时,可以整块地直接吊装在天花板下或附贴在四周墙壁上,各种吸声砖可以直接砌在需要控制噪声的场合。此外,还可制成有护面层的多孔吸声结构。即用玻璃丝布、金属丝网、纤维板等透声材料作护面层,内填以松散的厚度为 5 ~ 10cm 的多孔吸声材料,为防止松散的多孔材料下沉,常用透声织物缝制成袋,再内填吸声材料。为保持固定几何形状并防止机械损伤,在材料间要加木筋条(木龙骨)加固;材料外表面加穿孔罩面板保护。常用的护面板材为木质纤维板或薄塑料板,特殊情况下用石棉水泥板或薄金属板等。板上开孔有圆形、狭缝形,以圆形居多。穿孔率在不影响板材强度的条件下尽可能加大,一般要求穿孔率不小于 20% 。

常用吸声材料吸声系数及相关参数见表 3-2。

常用吸声材料吸声系数及相关参数　　表 3-2

材料名称	容重(kg/m^3)	厚度(cm)	倍频程中心频率(Hz)					
			125	250	500	1000	2000	4000
			吸声系数					
超细玻璃棉	25	2.5	0.02	0.07	0.22	0.59	0.94	0.94
		5	0.05	0.24	0.72	0.97	0.90	0.98
		10	0.11	0.85	0.88	0.83	0.93	0.97
矿棉	240	6	0.25	0.55	0.78	0.75	0.87	0.91

续上表

材料名称	容重 (kg/m^3)	厚度 (cm)	倍频程中心频率(Hz)					
			125	250	500	1000	2000	4000
			吸声系数					
毛毡	370	5	0.11	0.30	0.50	0.50	0.50	0.52
微孔砖	450	4	0.09	0.29	0.64	0.72	0.72	0.86
	620	5.5	0.20	0.40	0.60	0.52	0.65	0.62
膨胀珍珠岩	360	10	0.36	0.39	0.44	0.50	0.55	0.55

3.4.3 吸声结构

吸声结构种类很多,按其吸声原理可分为多孔材料吸声结构、共振吸声结构以及微穿孔板吸声结构。多孔材料吸声结构对中、高频噪声有较高的吸声效果;共振吸声结构(如共振腔吸声结构和薄板共振吸声结构)对低频噪声有较好的吸声效果;微穿孔板吸声结构具有吸声频带宽的优点。几种结构的吸声特性比较如图3-17所示。

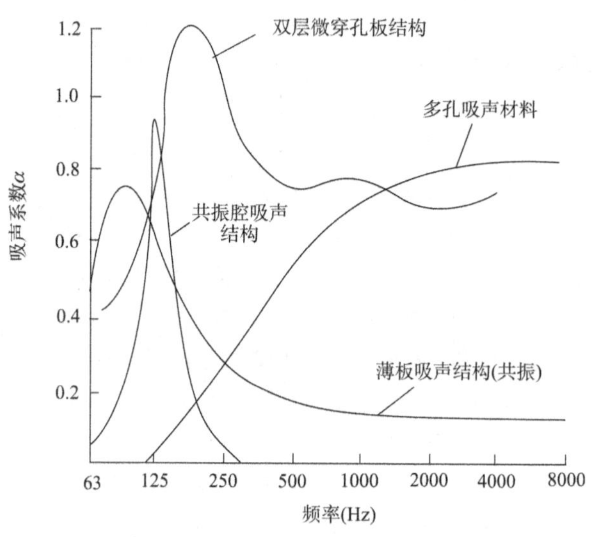

图3-17 几种结构的吸声特性比较

1)多孔材料吸声结构

多孔吸声材料大多是松散的、不能直接布置在室内和气流通道内。在实际使用中,通常用透气的玻璃布、纤维布、塑料薄膜等,把吸声材料放进木制或金属框架内,再加一层护面穿孔板。护面穿孔板可使用胶合板、纤维板、塑料板,也可使用石棉水泥板、钢板、铝板、镀锌铁丝网等。

(1)吸声板结构。

吸声板结构是由多孔吸声材料与穿孔板组成的板状吸声结构。穿孔板的穿孔率一般大于20%,否则,会由于未穿孔部分面积过大造成入射声波的反射,从而影响吸声性能。另外,穿孔板的孔心距越远,其吸收峰值就越向低频方向移动。常见的吸声板结构如图3-18所示。在实际应用中,要根据不同的气流速度,采取不同形式的吸声板护面结构。

近年来,工程中多采用定型规格化生产的穿孔石膏板、穿孔石棉水泥板、穿孔硅酸盐板和穿孔硬质护面吸声板。在室内中使用具有各种颜色图案、外形美观的吸声板，不仅能起到吸声作用，而且起装饰美化作用。

(2)空间吸声体。

将有护面的多孔吸声结构做成各种形状的单块，称为吸声体。将多个吸声体彼此按一定间距排列布置在结构中，吸声体除了正对声源的一面可以吸收入射声能外，还可以吸收通过吸声体之间的空隙衍射或反射到背面、侧面的声能，这种立体多面吸声结构称作空间吸声体。空间吸声体可以做成各种各样的形状：平铺板块形、棱柱形、圆筒形、板状及尖劈状等，如图 3-19 所示。

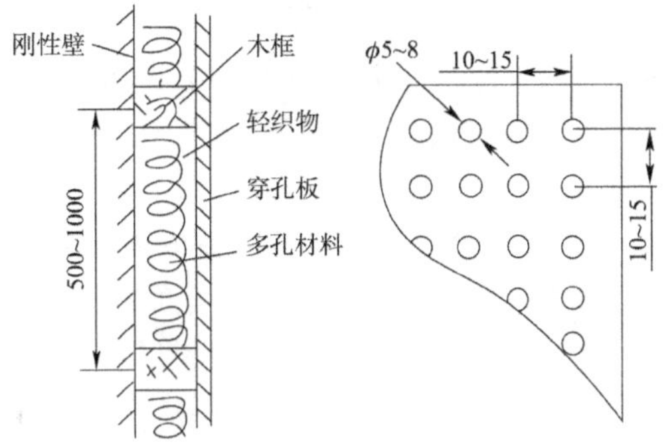

图 3-18　吸声板结构(单位:mm)

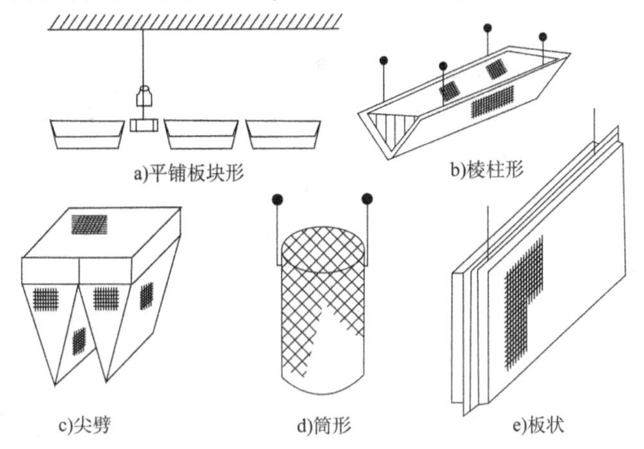

图 3-19　几种空间吸声体

空间吸声体所用吸声材料有超细玻璃棉、泡沫塑料、矿棉、地毯毛等。先用木材或钢板制成框架，再用塑料高纱、玻璃纤维布、穿孔板或钢板网制成罩面，其结构如图 3-20 所示。

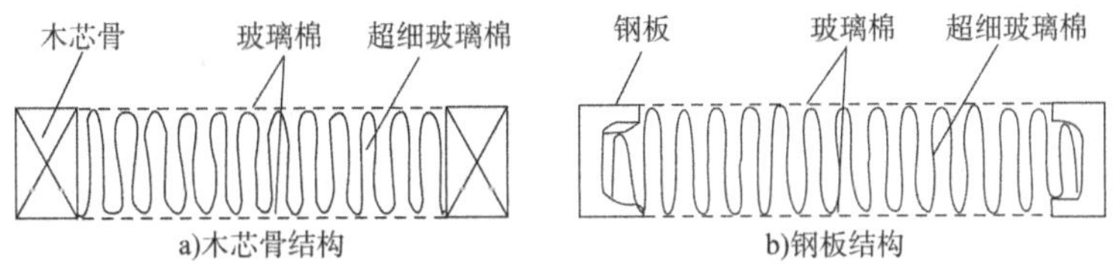

图 3-20　空间吸声体结构示意图

空间吸声体的有效吸声面积比投影面积大很多，按投影面积计算其吸声系数可大于 1。因此，只要吸声体投影面积为悬挂平面面积的 40% 左右，就能达到与满铺吸声材料相当的效果。

使用空间吸声体时应注意以下几个方面：

①空间吸声体的面积比值即指空间吸声体投影面积与天花板面积之比。该比值对吸声效果影响最大。通常，空间吸声体投影面积取房间屋顶面积的 40% 或室内总表面积的 20% 左右。

②吊装高度与排列方式对于大型厂房，离房顶高度一般宜为房间净高的 1/7 ~ 1/5；对于小型厂房，一般挂在离顶 0.5 ~ 0.8m 处。排列方式常用集中式、棋盘格式、长条式三种，其中以条形效果最好。

③空间吸声体块面积与悬挂间距应视房间面积、跨度、屋架、屋高等具体情况而定。房间尺寸大,单块面积可选 5 ~ 11m^2;房间尺寸小,可选 2 ~ 4m^2;悬挂间距对大、中型厂房可取 0.8 ~ 1.6m;小型厂房可取 0.4 ~ 0.8m。

(3)吸声尖劈。

吸声尖劈是安装于消声室或强吸声场所的特殊吸声结构。吸声尖劈的吸声原理是利用尖劈端面的特性阻抗由接近于空气的阻抗逐渐过渡到吸声材料阻抗的特性阻抗逐渐变化,从而实现较高的吸声效果。

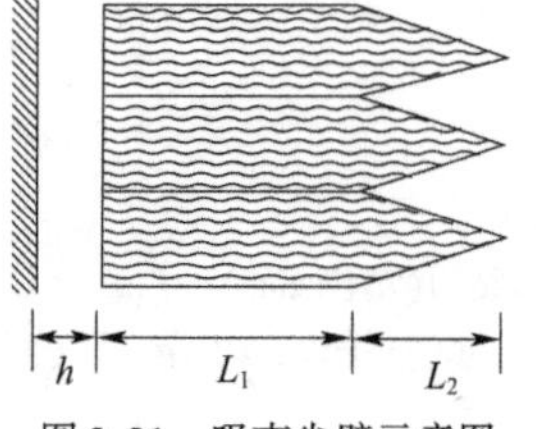

图 3-21　吸声尖劈示意图

吸声尖劈具有很高的吸声系数,可以达到 0.99。吸声尖劈如图 3-21 所示,吸声尖劈的吸声性能与吸声尖劈的总长度 $L = L_1 + L_2$、L_1/L_2、空腔的深度 h、所填充吸声材料的吸声特性等都有关,L 越长,其低频吸声性能越好。上述参数之间有一个最佳协调关系,需要根据具体的吸声要求进行优化,必要时还需要通过试验加以修正。

吸声尖劈的形状有等腰劈状、直角劈状、阶梯状等,尖劈劈部顶端可以是尖头状,也可以削去一些的平头状。试验表明,平头状与尖头状吸声尖劈的吸声系数差不多,削去尖头对吸声性能影响不大,但可以扩大消声室的有效容积。吸声尖劈内部装填的吸声材料基本上是多孔性纤维状材料,例如,超细玻璃棉毡、离心玻璃棉毡、岩棉板、中级玻璃纤维板、沥青玻璃纤维、棉维下脚料、矿棉、阻燃泡沫塑料等,也可以是几种材料的复合。复合型吸声尖劈的劈部装填密度较小的材料,基部装填密度较大的材料。吸声尖劈外部一般罩以塑料窗纱、玻璃丝布、麻布、纱布等。吸声尖劈骨架通常由 ϕ4 ~ 6mm 的钢筋焊接而成。

2)共振吸声结构

共振吸声结构由吸声材料及其与墙体间的空气层组成,相当于一个质量弹簧系统,起到吸收声波能量的作用。与多孔吸声材料相比,共振吸声结构的低频吸声效果较好,可以弥补多孔材料在低频段吸声性能差的不足。共振吸声结构主要有薄板共振吸声结构、薄膜共振吸声结构、穿孔板共振吸声结构等。

(1)薄板共振吸声结构。

将薄的塑料、金属或胶合板等材料的周边固定在框架上,并将框架牢牢地与刚性板壁相结合,这种由薄板与板后的封闭空气层构成的系统称作薄板共振吸声结构,如图 3-22 所示。薄板共振吸声结构的材料有胶合板、石膏板、金属板、硬质纤维板、石棉水泥板等。

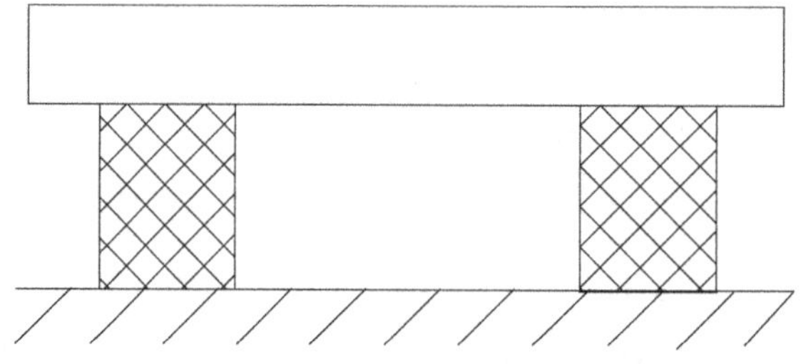
图 3-22　薄板共振吸声结构

薄板共振吸声结构近似于一个弹簧和质量块振动系统,薄板相当于质量块,板后的空层相当于弹簧。当声波入射到薄板上使其受激振动后,由于板后空气层的弹性、板本身具有的刚度与质量,薄板就会产生振动,发生弯曲变形。由于板的内阻尼及板与龙骨间的摩擦,将振动的能量转化为热能,从而消耗声能。当入射声波的频率与板系统的固有频率相同时,便发生共振，板的弯曲变形最大，振动最剧烈，声能也就消耗的最多。

薄板共振吸声结构的固有频率 f_r 一般由下式计算：

$$f_r = \frac{600}{\sqrt{mD}} \tag{3-20}$$

式中：m——薄板的面密度，kg/m^2；

D——空气层厚度，cm。

实际应用中，薄板厚度通常取 3 ~ 6mm，空气层厚度一般取 3 ~ 10cm，共振频率多在 80 ~ 300Hz 之间，故薄板共振吸声结构通常用于低频吸声，吸声频率范围窄，吸声系数不高，在 0.2 ~ 0.5 之间。若在薄板与龙骨的交接处放置增加结构阻尼的材料，如海棉条、毛毡等，或在空腔中适当悬挂矿棉、玻璃棉毡等吸声材料，可使薄板共振结构的吸声性能得到明显改善，采用组合不同单元大小或不同腔深的薄板结构，或直接采用木丝板、草纸板等可吸收中、高频声的板材，可以提高吸声频带，实现中、高频吸声。

(2)薄膜共振吸声结构。

薄膜共振吸声结构与薄板结构的吸声原理基本相同，它是用弹性材料，如聚氯乙烯薄膜、漆布、不透气的帆布及人造革等代替薄板，在其后仍设置空气层，同样形成了薄膜共振吸声结构，如图 3-23 所示。由于薄膜的面密度较小，所以其共振吸声频率向高频移动，通常薄膜结构的共振频率为 200 ~ 1000Hz，吸声系数介于 0.3 ~ 0.4 之间。在实际工程应用中，也常在薄膜后设置多孔吸声材料，以便改善低频吸声性能。

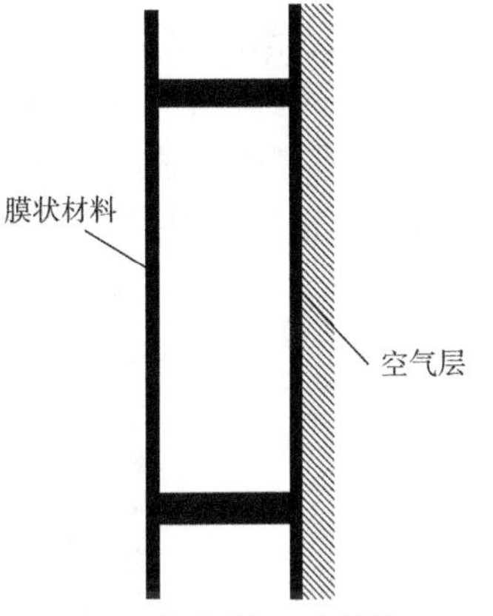

图 3-23　薄膜共振吸声结构

常用薄膜共振吸声结构的吸声系数见表 3-3。

常用薄膜共振吸声结构的吸声系数　　表 3-3

材料和构造尺寸(cm)	各频率下的吸声系数 α_T					
	125Hz	250Hz	500Hz	1000Hz	2000Hz	4000Hz
帆布：空气层 4.5	0.05	0.10	0.40	0.25	0.25	0.20
帆布：空气层 2 + 矿渣棉 2.5	0.20	0.50	0.65	0.50	0.32	0.20
聚乙烯薄膜：玻璃棉 5	0.25	0.70	0.90	0.90	0.60	0.50
人造革：玻璃棉 2.5	0.20	0.70	0.90	0.55	0.33	0.20

(3)穿孔板共振吸声结构。

在薄板上穿小孔，在其后与刚性壁之间留一定深度的空腔所组成的吸声结构称为穿孔板共振吸声结构。按照薄板上穿孔的数目不同分为单孔共振吸声结构与多孔穿孔板共振吸声结构，工程上常用多孔穿孔板共振吸声结构。

多孔穿孔板共振吸声结构通常简称穿孔板共振吸声结构，实际上是由单孔共振结构并联组合而成，故其吸声机理与单孔共振结构相同，但吸声效果较为明显，应用较广泛，如图 3-24 所示。

当小孔均匀分布且孔径一致时，这种结构的共振频率 f_r 为：

$$f_r = \frac{c}{2\pi}\sqrt{\frac{P}{Dl_k}} \tag{3-21}$$

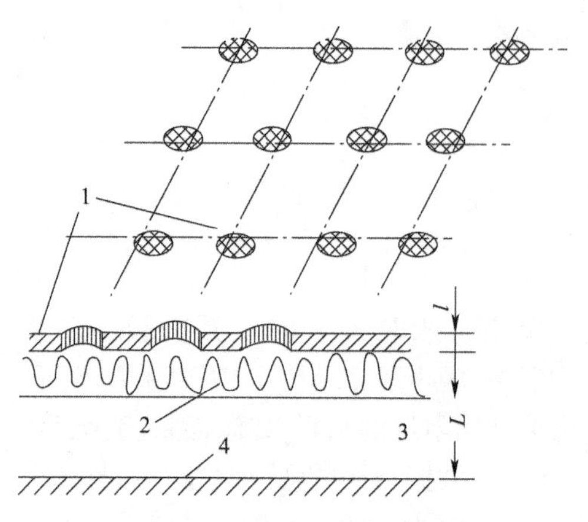

图 3-24 多孔穿孔板共振吸声结构
1-小孔;2-多孔吸收材料;3-空气腔;4-刚性壁面

式中:c——声速,m/s;

D——空腔厚度,m;

l_k——孔的有效长度,m;

P——穿孔率即穿孔面积与总面积之比,圆孔正方形排列时 $P=\pi d^2/(4B^2)$,圆孔三角形排列时 $P=\pi d^2/(2\sqrt{3}B^2)$,其中 d 为孔径,B 为孔中心距。

工程上一般取板厚为 1 ~ 10mm,孔径为 2 ~ 15mm,穿孔率为 0.5% ~ 15%,空气层厚度为 50 ~ 250mm。尺寸超过以上范围,多有不良影响。例如穿孔率在 20% 以上时,几乎没有共振吸声作用,而仅仅成为了护面板。穿孔板共振吸声结构的吸声频率选择性也很强,吸声频带很窄,主要用于吸收低、中频噪声的峰值,吸声系数为 0.4 ~ 0.7。常用的穿孔板共振吸声结构如图 3-25 所示。

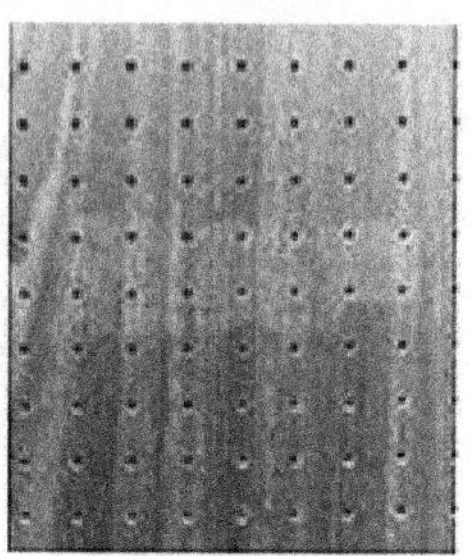
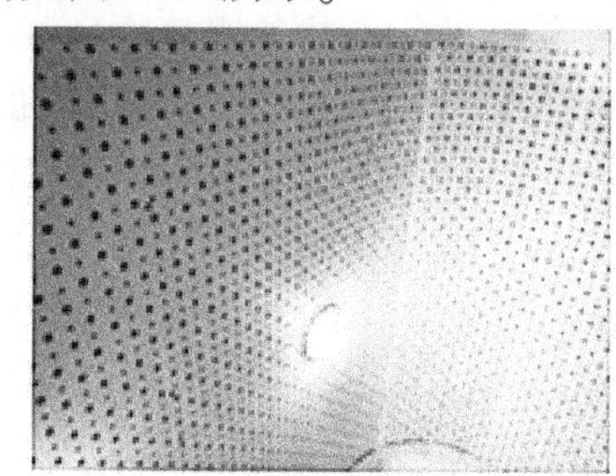

图 3-25 常用的穿孔板共振吸声结构

3)微穿孔板吸声结构

微穿孔板吸声结构克服了穿孔板吸声结构存在吸声频率窄的缺点,并具有结构简单、加工方便的特点,特别适合在高温、潮湿及清洁卫生要求较高的环境下使用。

微穿孔板吸声结构是由微穿孔板和板后的空腔组成的。金属微穿孔板厚一般为 0.2 ~ 1mm,孔径为 ϕ0.2 ~ 1mm,穿孔率取 1% ~ 3%,吸声效果较好。

微穿孔板吸声结构,由于板薄、孔径小,并且声阻比穿孔板大得多、质量小得多,因而在吸声系数和频带方面都比穿孔板要好。

微穿孔板吸声结构主要是利用声波经过微穿孔板结构时,小孔中空气柱的往复运动造成摩擦而消耗声能,吸收峰的共振频率则由空腔的深度来控制,腔越深,共振频率越低。

3.4.4 吸声材料在车辆上的应用

车辆上吸声材料独立使用的地方有:座椅、发动机舱、仪表板、行李舱、车门、立柱、顶篷、轮毂包、中控通道等。

车辆上吸声材料的应用可以分成三类:第一类是形状固定的吸声结构,如发动机舱盖板隔热垫、发动机舱前壁板吸声垫等;第二类是自由放置的材料或者形状没有严格规定的结构,比如放置在轮毂包内的吸声材料、顶篷装饰板上的吸声材料、车门内板里面的吸声材料、仪表板内部的吸声材料、中控通道内部的吸声材料、ABC 柱内的吸声材料等;第三类是座椅,座椅作为一个特殊的结构,其吸声作用非常重要。

车辆上常用的吸声材料主要有泡沫吸声材料和纤维吸声材料。泡沫吸声材料的吸声系数较高，在 2000 ~4000Hz 范围内，吸声系数可以达到 0.7，通常成本较高，主要用在中高级汽车上。纤维材料的吸声系数随着频率的增加而增加，在比较高的频率时，吸声系数才能达到 0.7，主要包括玻璃纤维、针刺纤维毡、热塑纤维毡、树脂纤维等，通常成本较低，主要应用于经济型汽车。

1）发动机舱盖板隔热垫

发动机舱盖板隔热垫和前壁板外侧隔热垫是车辆上采用吸声结构减小噪声的典型应用。这种吸声结构预制成一定的形状，用螺栓或者卡扣安装在金属钣金件上。图 3-26 所示为一个发动机舱盖板隔热垫，它由三层结构组成，即中间的吸声材料层和内、外的隔热面料层，既能隔离发动机的热传递，又能吸收发动机的噪声。

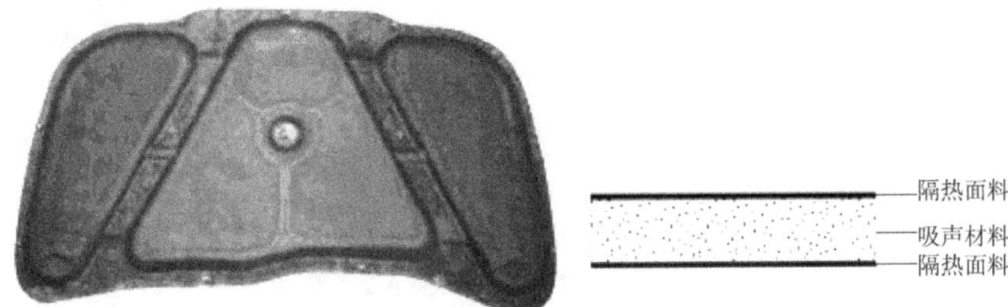

图 3-26 发动机舱盖板隔热垫

中间层常用的吸声材料有玻璃纤维、PU 泡沫和热塑纤维毛毡等。玻璃纤维的隔热性能和吸声性能都非常好，而且成本低，但是对人体有害，主要用于经济型汽车。PU 材料在吸声材料外面加两层面料就像覆盖了薄膜，起到一点隔声作用，提升了中低频的吸声性能，但其高频的吸声性能有所不足，主要用在中高级汽车上。

2）座椅

座椅与其他车身部件相比面积大、厚度深，里面为多孔吸声材料，因此座椅的吸声能力非常强，图 3-27 所示为某款车车身不同部件的吸声量比例，座椅的吸声量占到总吸声量的近一半。

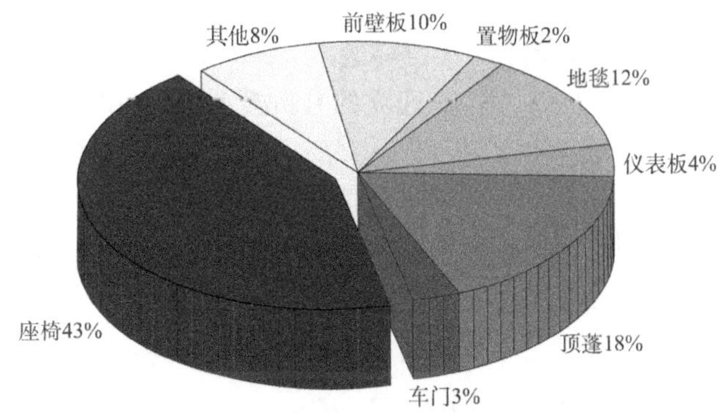

图 3-27 车身不同部件的吸声量的比例

结构的厚度决定了不同频率的吸声效果，只有当厚度大于波长的 1/10 时，对应频率的声波才能被吸收。车辆上座椅的厚度较大，因此其对低频声波的吸收能力远高于其他部件。

座椅表面的材料对吸声性能影响很大。布面料的透气性能好，声波能很容易穿过而进入泡沫材料，从而被吸收。皮革面料的透气性很差，声波穿透难，其吸声性能远远小于布面料。

当座椅内部结构和吸声材料相同而面料采用布面料、皮面料、穿孔皮的吸声比较如

图 3-28 所示。从图中可以看出,皮面料座椅在中高频段的吸声系数远远小于布面料座椅。在皮面料上穿孔,增加其透气性,虽然使吸声系数有所提升,但是仍然远低于布面料。

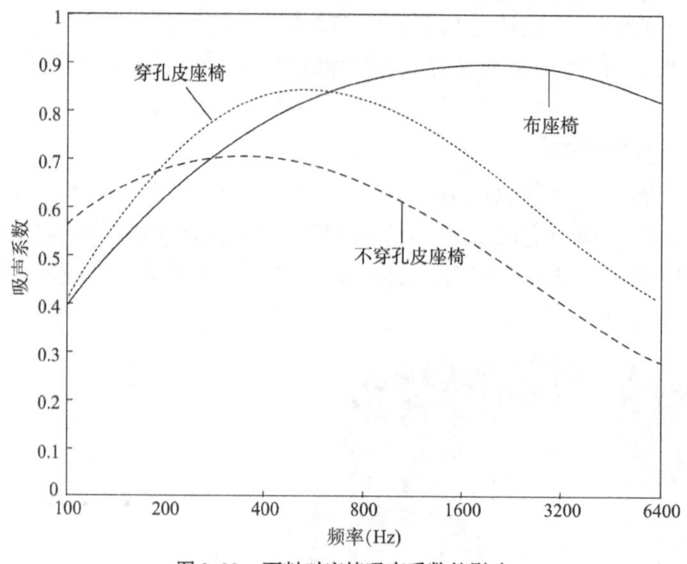

图 3-28 面料对座椅吸声系数的影响

3.5 基于悬置优化的车辆减振技术

合理的悬置可以有效地降低车辆的振动,是非常有效的隔振降噪技术,通过对悬置传递特性进行研究,分析振动传递特性和传递率,优化悬置参数可以有效地降低车辆振动问题。

3.5.1 悬置振动模型的建立

为了进行悬置系统的振动传递特性分析,需要建立悬置振动模型。根据具体工程应用实际,忽略各悬置间耦合作用,建立如图 3-29 所示的单质量模型。图中,m_A 为重物质量,K 为弹簧系数,C 为阻尼系数,Z_1、Z_2 为位移量。

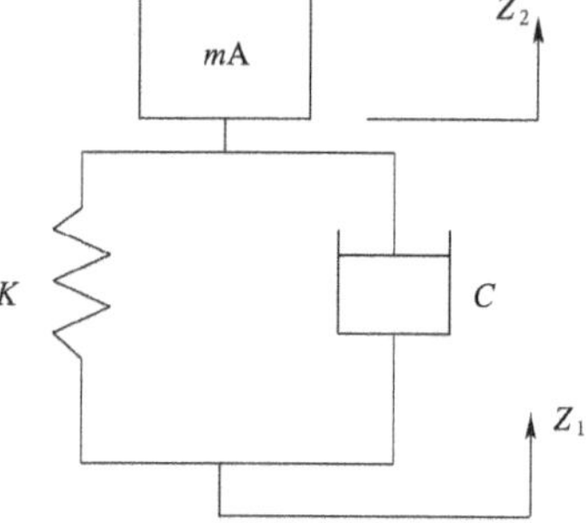

图 3-29 悬置振动分析模型

按照建立的分析模型,则有微分方程:

$$m_A Z_2 + K(Z_2 - Z_1) + C(Z_2 - Z_1) = 0 \tag{3-22}$$

对其进行傅里叶变化得到:

$$-m_A w^2 Z_2(w) + jwCZ_2(w) + KZ_2(w) = jwCZ_1(w) + KZ_1(w) \tag{3-23}$$

整理后得位移频响函数为:

$$\frac{Z_2(w)}{Z_1(w)} = \frac{jwC + K}{-mw^2 + jwC + K} \tag{3-24}$$

阻尼系数 $d = \frac{Cw}{K}$,带入式(3-24)取模得到:

$$\left|\frac{Z_2(w)}{Z_1(w)}\right| = \sqrt{\frac{1 + d^2}{\left[1 - \frac{m_A}{K}w^2\right]^2 + d^2}} \tag{3-25}$$

对式(3-25)变换得加速度幅频特性：

$$\left|\frac{Z_2(w)}{Z_1(w)}\right| = \sqrt{\frac{1+d^2}{\left[1-\frac{m_A}{K}(2\pi f)^2\right]^2+d^2}} \tag{3-26}$$

式中：K——橡胶悬置弹簧当量刚度；

d——阻尼系数。

悬置系统在工作时，通常与支撑存在一个角度，此时弹簧刚度沿垂直方向将发生变化，根据理论分析可知，变化后的当量刚度为：

$$K = \frac{K_m}{\cos^2\alpha} \tag{3-27}$$

式中：α——悬置与水平面的角度；

K_m——悬置刚度（Z 向）。

3.5.2 确定模型参数

1）试验所得幅值比

通过对发动机怠速工况下悬置振动加速度的测量及悬置传递函数的分析可得到悬置两侧在各转速下的幅值比，又称传递率（传递函数的幅值），见表 3-4。

各转速下悬置两侧加速度幅值比 表 3-4

转速(r/min)	600	650	700	750	800
频率(Hz)	30	32.5	35	37.5	40
左前悬置幅值比	3.394	5.644	2.965	2.56	3.684
右前悬置幅值比	5.31	6.449	8.597	8.427	2.492

2）通过试验数据获得模型参数

由于台架试验获得前悬置静刚度（即模型弹簧刚度）$K_m = 1121\text{N/mm}$，由于前悬置角度为 45°，根据式(3-27)可得，前悬置当量刚度为 $K_m = 2242\text{N/mm}$。

通过式(3-26)可知，模型中除了当量刚度外还包括质量 m_A 和阻尼系数 d 两个未知参量，由于悬置和发动机及车身采用刚性连接，因此悬置模型中质量参数通过试验较难确定。理论上可以选择悬置实际工作状况下幅频特性中任意两点，通过求解方程的方法获得参数 m_A 及 d 值的大小。由于测量过程的误差、模型简化等因素的影响，使得任选两组数据计算的结果与实际存在一定差距，所以计算中选择多组数据任意组合的方式计算，最终选择比较合理的结果作为质量及阻尼系数的值。

通过上述任意组合的方式，将幅值比带入式(3-26)，得到五组质量及阻尼系数的值，将所得每组质量及阻尼系数带入得到加速度比值的幅频特性曲线，通过所得曲线与表 3-4 对应点的位置比较，得出各组质量与阻尼系数与实际的偏差，同时得到最优质量及阻尼系数值。通过比较左前悬置 650r/min 和 750r/min 下所得幅频特性曲线较好，而右前悬置在 650r/min 与 700r/min 下幅频特性曲线较好。得到的最优质量、阻尼系数值见表 3-5，其对应的幅频特性曲线如图 3-30 和图 3-31 所示。

前悬置最优质量及阻尼系数　表 3-5

类　别	质量(kg)	阻尼系数
左前悬置	54.684	0.1792
右前悬置	47.928	0.1121

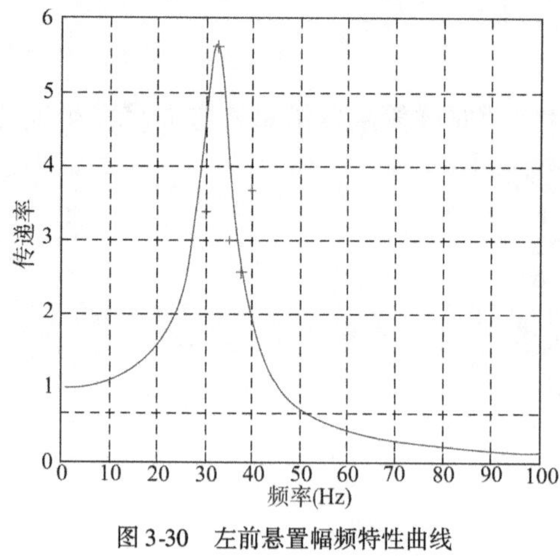

图 3-30　左前悬置幅频特性曲线

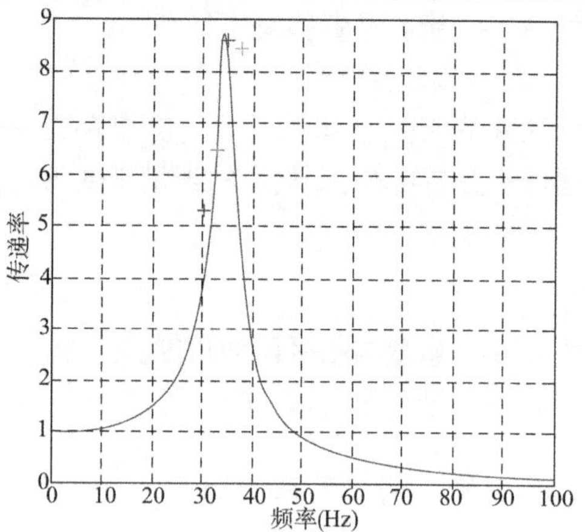

图 3-31　右前悬置幅频特性曲线

从图 3-30 和图 3-31 可知，所研究车辆前悬置在怠速工况下传递率均较大，对于发动机所产生的振动激励，悬置系统不但没有合理的衰减振动，反而将振动放大。必须对前悬置进行合理优化，使幅频特性曲线峰值向频率较低处移动，从而使得车辆振动传递率降低。

3.5.3　模型参数的影响

通过分析可知，悬置参数变化会对幅频特性产生影响，以下分析前悬置角度、质量 m_A、刚度 K_m 变化对幅频特性的影响。

1)悬置角度对幅频特性的影响

根据所建立模型及分析可知，悬置角度的变化会引起当量刚度的变化，取质量 m_A 及刚度不变，前悬置角度变化对幅频特性的影响如图 3-32 和图 3-33 所示。

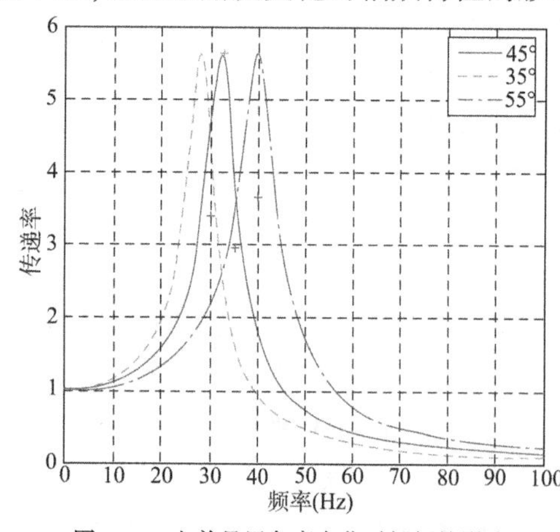

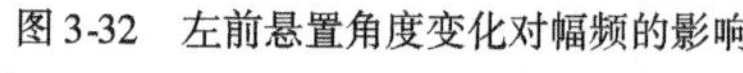
图 3-32　左前悬置角度变化对幅频的影响

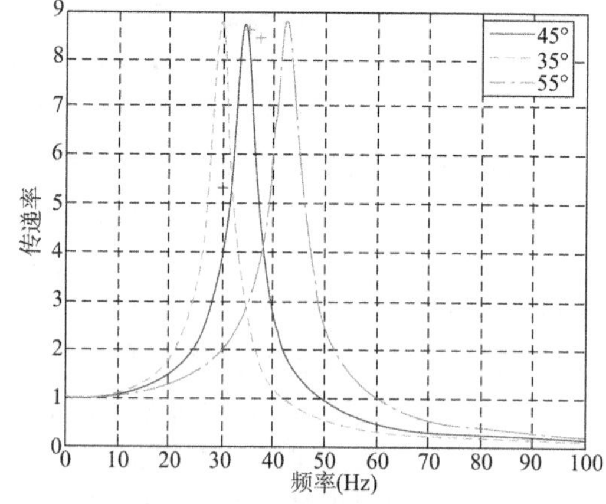

图 3-33　右前悬值角度变化对幅频的影响

由图 3-32 和图 3-33 可知，当悬置角度变小后幅频特性曲线峰值向频率较小处移动，角度变大时正好相反。因此，适当的减小悬置角度有利于悬置对于振动的衰减，即传递率降低。

2)质量对幅频特性的影响

当悬置角度不变,刚度不变,而质量 m_A 变化时,幅频特性的变化如图 3-34 和图 3-35 所示。

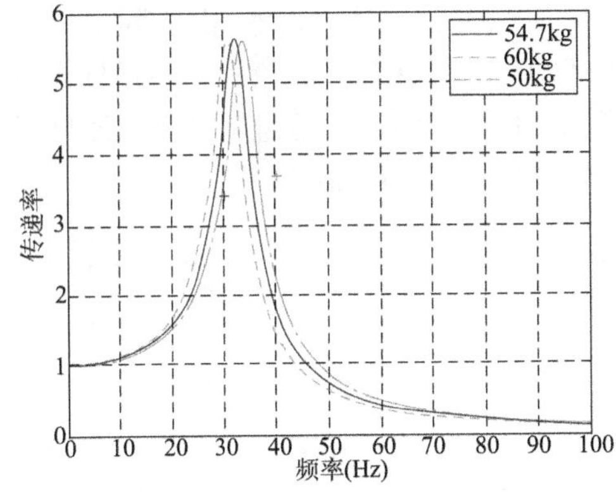

图 3-34　左前悬置质量变化对幅频的影响

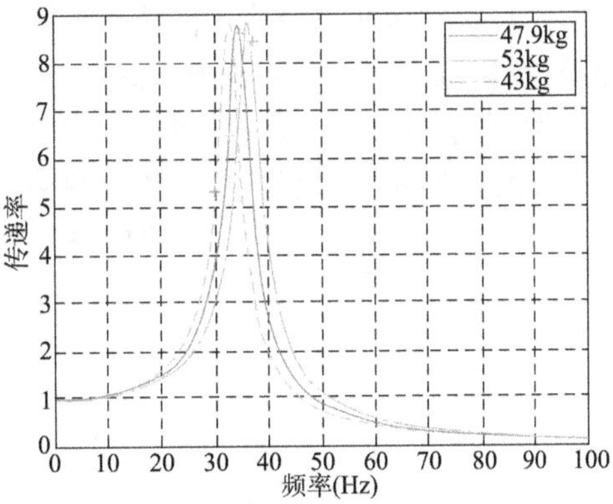

图 3-35　右前悬置质量变化对幅频的影响

由图 3-34 和图 3-35 可知,当悬置质量变大后幅频特性曲线峰值向频率较小处移动,质量变小时正好相反。因此,适当的增大悬置质量有利于悬置对于振动的衰减,即传递率降低。

3)刚度对幅频特性的影响

当悬置系统质量不变、角度不变、刚度变化时当量刚度发生变化,悬置幅频特性的变化如图 3-36 和图 3-37 所示。

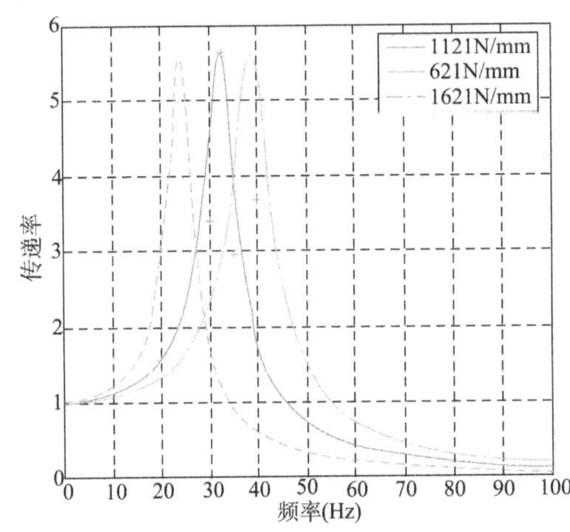

图 3-36　左前悬置刚度变化对幅频的影响

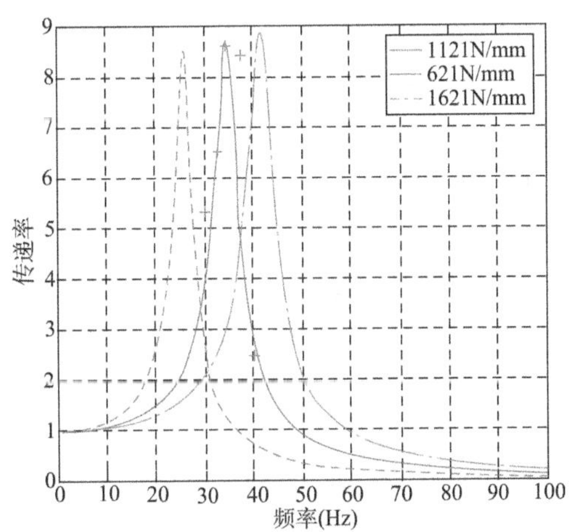

图 3-37　右前悬值刚度变化对幅频的影响

由图 3-36 和图 3-37 可知,当悬置刚度变小后幅频特性曲线峰值向频率较小处移动,刚度变大时正好相反。因此,适当的减小悬置刚度有利于悬置对于振动的衰减,即传递率降低。

3.5.4　悬置系统优化

根据模型参数对幅频特性的影响可知,适当的减小悬置角度、增加质量或减小刚度,幅频特性曲线幅值均向频率较小处移动。通过合理调整悬置角度、质量及刚度,能减小车辆振动传递率。

通过分析可知,由于实际悬置系统工作时,悬置和发动机及车身是固定连接,悬置系统模型中的 m_A 不仅包括悬置块自身质量,还包括工作时所承受的发动机等质量。因此对于质量 m_A 的修改,存在一定的不确定性,可以从悬置安装角度及悬置刚度两参数进行优化。

由于悬置安装角度及刚度的降低能有效地减低前悬置的振动传递率,而实际中由于受到橡胶材料、悬置安装空间等条件约束,角度及刚度的优化要在合理的范围内。根据橡胶材料的特性、车辆的相关参数、橡胶材料刚度范围等,通过分析比较,对前悬置角度及刚度进行如表3-6所示的改进,优化前、后的幅频特性曲线如图3-38和图3-39所示。

前悬置角度及刚度优化方法 表3-6

类 别	刚度(N/mm)	角度(°)
优化前	1121	45
优化后	621	30

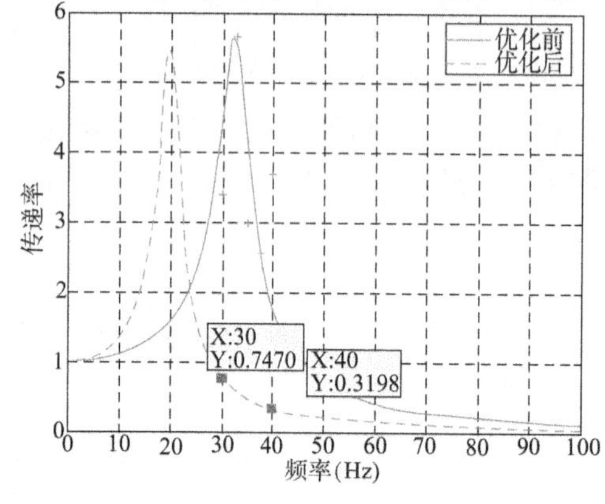

图3-38 左前悬优化前后幅频特性曲线

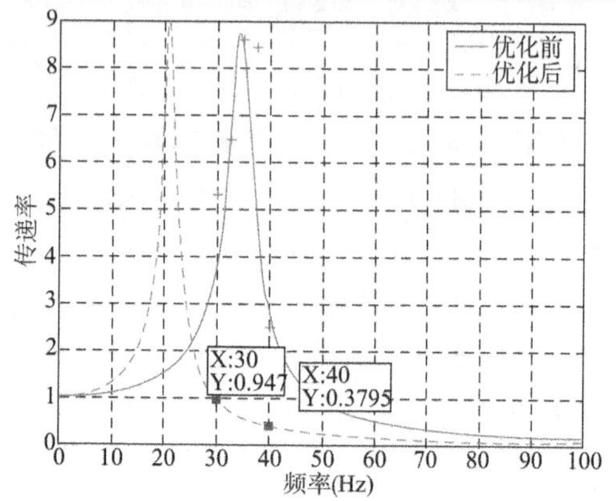

图3-39 右前悬优化前后幅频特性曲线

由图3-38和图3-39可知,对于车辆前悬置进行了优化,优化后的悬置在怠速及常用车速下传递率都小于1,即前悬置可以有效衰减发动机产生的振动。

第4章　机械振动与噪声测试技术

为了对生产过程或设备进行监测、诊断,对工作环境进行控制,就需要对振动与噪声进行测量评估。为了提高机械系统的抗振性能,有必要进行机械系统的振动分析和振动设计,找出其薄弱环节,改善其抗振性能。另外,对于许多承受复杂载荷或本身性质复杂的机械系统很难通过理论技术获得其正确特性参数,振动与噪声试验仍是唯一的求解方法。因此,振动与噪声测试在工程技术中起着十分重要的作用。

振动与噪声测试就是以机械系统为研究对象,选择合适的试验方法、构建有效的测试系统,利用有效的信号处理分析方法进行机械系统特性测试、系统输入辨识或系统输出预测等研究。机械测试系统主要包括激振系统和测量分析系统,激振系统用来激发被测机械系统振动,激振系统所用设备称为激振设备。测量分析系统将振动量进行转换、放大、显示或记录,并对测量结果加以处理和分析,根据研究目的求得各种参数或图表。

4.1　振动与噪声测试传感器选用原则

传感器就是将被测信号按一定规律转换为另外一种(或同种)与之有确定对应关系的、便于应用的物理量(或信号)输出的装置。

传感器是获取信号的部件,合理选择传感器是进行振动与噪声测试的关键。传感器选择需要重点考虑以下几个问题。

(1)灵敏度。传感器的灵敏度要合适。灵敏度高,被测对象即使只有微小的变化,传感器也能有较大的输入,但干扰信号也同时被放大。因此,在选择传感器时既要保证有较高的灵敏度,又要考虑抗干扰能力,即要求传感器有较高的信噪比。传感器的灵敏度与测量范围密切相关,在测量时输入量不仅包括被测信号也包括干扰信号,灵敏度如果选择过高的,易进入非线性测量区,导致测量结果失真。

(2)线性测量范围。传感器线性测量范围越宽则表明其测量范围越大,而传感器工作在线性范围内是保证精确测量的基本条件。但是,任何传感器均不能保证绝对的线性,在误差允许的范围内,也可工作在近似线性区。所以在选择传感器时,要考虑被测信号的变化范围以保证它的非线性误差在允许范围之内。

(3)精确度。精确度反映传感器的输出与被测信号的对应程度,一般希望精确度越高越好。然而,传感器的精确度越高,价格就越昂贵。考虑测量系统的性价比,应该视情况从测量目的出发进行选择。

(4)响应特性。传感器的响应特性应该在所测量频率范围内,尽可能地满足不失真测量条件。实际的传感器在工作时总会有一定的延迟,一般希望延迟越短越好。此外,传感器的响应特性直接影响测试结果，所以应充分根据传感器的响应特性和被测信号的类型来合理选择传感器。

(5)稳定性。传感器应具有长时间使用以后仍保持其原有输出特性不变化的性能。影响传感器稳定性的主要因素包括使用环境和使用时间，为保证稳定性，在选择传感器时应首先考察其应用环境，选择合适的传感器。

(6)测量方式。按照从传感器获得信号的方法不同，测量方式通常分为接触式测量、非接触式测量、在线测量和非在线测量等。实际应用中要根据不同的测量方式选择不同的传感器。

除了以上需要充分考虑的因素外，在选择传感器时，还应当兼顾结构简单、体积小、质量轻、易于维修和更换等情况。

4.2 振动测试传感器

4.2.1 振动测试常用传感器

振动测量传感器是将机械振动能转换为电能输出的装置(仪器)，基本工作原理如图4-1所示。

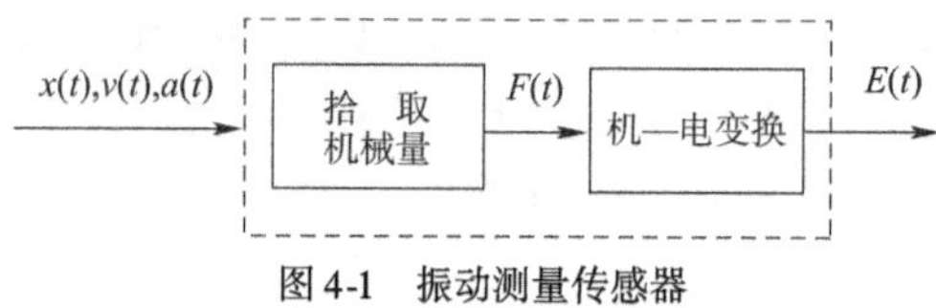

图4-1 振动测量传感器

一般来说，振动测量主要包括振动位移、振动速度和振动加速度测量。因此，振动测量传感器也可以大致分为位移传感器、速度传感器和加速度传感器。

1)位移传感器

位移传感器可以分为电感型、电涡流型和激光位移型等。

图4-2所示为电感型位移传感器工作原理。将通有一定导流的电线缠绕在U形导磁材料上，就构成了最简单的电感型位移传感器。

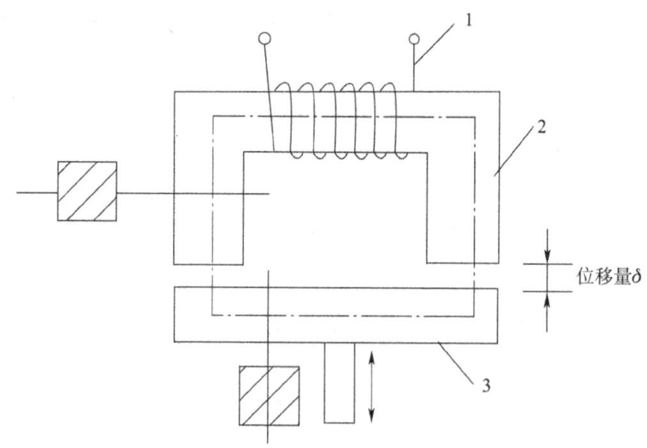

图4-2 电感型位移传感器工作原理

1-线圈；2-铁芯(定铁芯)；3-衔铁(动铁芯)

在电流作用下，周围将出现磁场，并集中在两个端口附近，两个端口和表面形成一个气隙，图4-3所示为传感器的特性曲线。气隙的大小随衔铁表面的振动产生的位移δ变化时，线圈的电感值L便随之发生变化，线圈的输出电流也随之改变，测量电流的瞬时值就可以计算出气隙的大小，也就可以推算出物体表面的振动变化。从图4-3可以看出，电感型传感器的线性特征较差,适用于微小位移测量的场合。为了减小非线性误差,在实际测量中广泛采用差动变隙式电感型传感器。

电涡流传感器是目前使用较为广泛的非接触式位移传感器,其特点是长期工作可靠性好、灵敏度高、抗干扰能力强、响应速度快、线性度好等。图 4-4 所示为电涡流型位移传感器工作原理。主要由一个通有高频交变电流的线圈组成,当线圈靠近金属试件表面时,由于电磁感应作用,试件表面将出现电涡流。与此同时该电涡流场也产生一个方向与线圈方向相反的交变磁场,由于其反作用,使线圈高频交变电流的幅度和相位发生改变,也即线圈和电涡流之间产生了互感作用,互感的大小和两者之间的间隙大小有关。在一定间隙和频率范围内,传感器的输出电压与间隙大小呈线性关系。

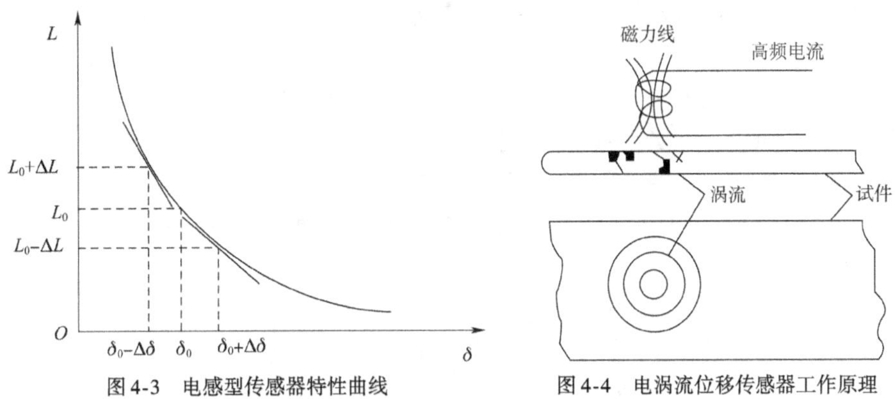

图 4-3　电感型传感器特性曲线　　图 4-4　电涡流位移传感器工作原理

电涡流传感器的支架要求安装在质量大的基础上,保证位移测量的精确度。由于现场经常找不到理想的基准面,故多用于相对位移量测量。

近年来激光位移传感器广泛应用于工程实践中。激光位移传感器的测量原理如图 4-5 所示,激光器发出的激光经准直透镜形成准直激光束照射在测量物体表面上,物体表面散射激光点通过窄带滤光片后,经成像镜头成像在光电接收器 CCD(电荷耦合器件)上,像面上的光点位置与被测物体表面的高低变化一一对应。

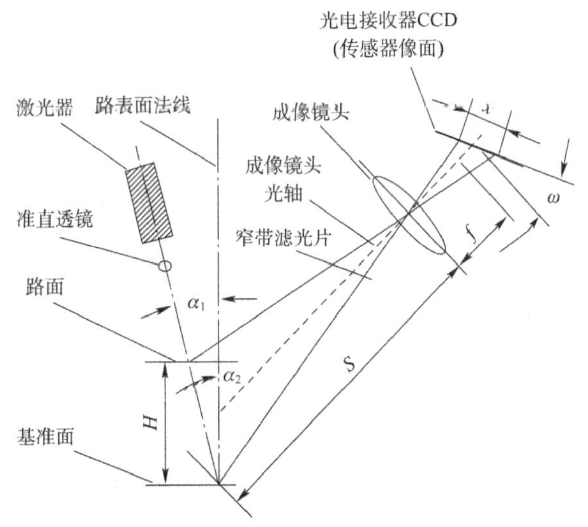

图 4-5　激光位移传感器测量原理

f-成像镜头的焦距;ω-像面倾角;x-成像点在像面上的位置;S-激光位移传感器的工作距离;α_1-准直激光束与被测量表面法线的夹角;H-到测量物体表面的距离;α_2-成像镜头光轴与被测量表面法线的夹角

图4-5中窄带滤光片使散射激光点在像面上成清晰像，从而提高信号的信噪比。由于激光束光轴和成像光轴不垂直，对应物体表面的高低变化，像面呈非线性分布，为了在检测范围内都能获得最佳信号，光电接收器CCD和成像光轴的法线成ω角度。

经推导，可得激光位移传感器的计算公式为：

$$H=\frac{\cos\alpha_1 x\sin\omega\ (S-f)^2}{\cos(\alpha_1+\alpha_2)\left[f^2+x\sin\omega(S-f)\right]} \tag{4-1}$$

激光位移传感器具有一般位移传感器无法比拟的优点，通常具有50kHz的采样频率，100nm的分辨率，对透明、半透明、轻薄及旋转等物体均可实现高精度的无损检测。

2）速度传感器

对于中频、小位移的振动测量，广泛采用速度传感器。速度传感器应用较广的是磁电式速度传感器，结构如图4-6所示，由线圈、芯杆、阻尼环组成一个质量元件，通过弹簧片将质量元件固定在壳体上，构成一个单自由度质量—弹簧振动系统。当外壳固定在被测设备上，随被测物振动时，质量—弹簧系统受强迫振动，在线圈中感应电动势产生信号。阻尼环一般用纯铜或铝制成，既作为线圈的支架，又利用它在磁场中运动时感应产生电涡流，起阻尼器作用。阻尼环设计应使其提供0.7的阻尼比，以便扩展速度传感器的使用频率范围。

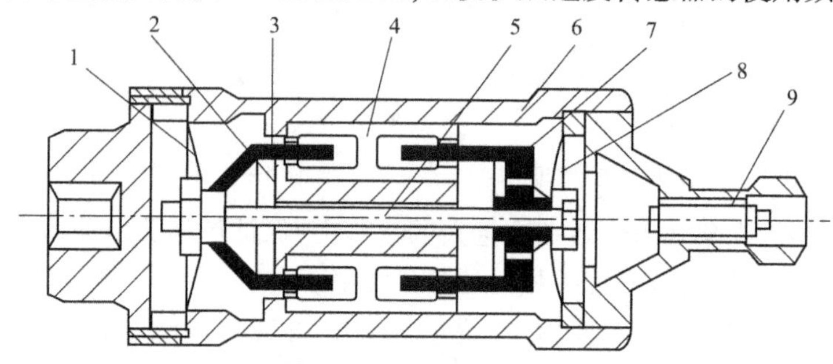

图4-6　磁电式速度传感器

1、8-弹簧片；2-永久磁铁；3-阻尼环；4-铝架；5-芯杆；6-壳体；7-线圈；9-输出头

磁电式速度传感器频率范围在10～500Hz、振幅范围小于1.5mm、加速度值小于10g。因为速度传感器存在频率范围窄、附加质量大等缺点，现在速度传感器已被加速度传感器替代。加速度信号通过积分得到速度值，适用于3Hz以上的速度测量。

4.2.2　加速度传感器

加速度传感器在振动测量中具有重要的作用，是振动测量中使用最广泛的传感器。与速度传感器相比，加速度传感器不但形状小巧，而且具有更宽的频率范围和动态范围。此外，由于速度、位移和加速度三者之间明确的函数关系，加速度传感器测量得到的信号，通过积分，可以求得速度和位移。

1）压电式加速度传感器

压电式加速度传感器是根据压电晶体的压电效应制成的，根据内部结构不同，常用的传感器可分为压缩型和剪切型两种。该类传感器由敏感元件、质量块、基座、紧固螺栓等构成。其工作原理是将外界振动转化为压电元件的电荷，压电元件产生的电荷与质量块的加速度成正比。因为在很宽的频率范围内，质量块与加速度传感器基座受到相同幅度、相同相位的加速度，所以加速度传感器的输出正比于基座的加速度以及安装加速度传感器的表面加速度。

压电式加速度传感器是惯性测振传感器，图 4-7 所示是其简化力学模型，作为一个惯性系统，两个无约束的质量由一个理想弹簧连接，因为剪切型加速度传感器具有很低的阻尼系数，这个模型中的阻尼可以忽略不计。

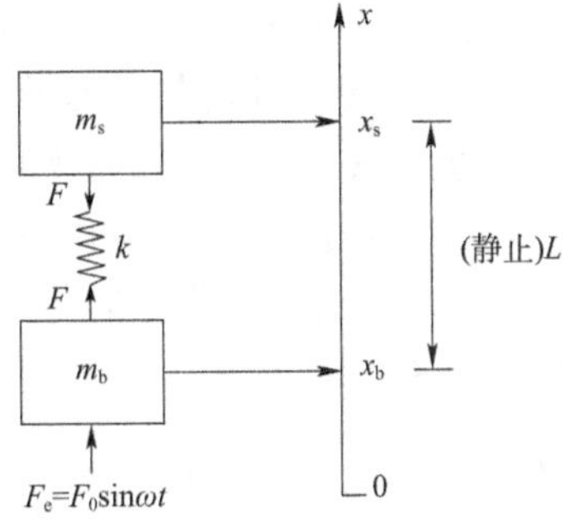

图 4-7　加速度传感器的简化力学模型
m_b-加速度传感器基座质量；m_s-惯性质量；L-当加速度传感器在惯性系统中处于静止时质量块与基座之间的距离；k-压电元件的等效刚度；F_e-谐和激励力；F_0-激励力的幅值；ω-激励频率

由牛顿第二定律可得到模型的运动方程

$$\ddot{x}_s - \ddot{x}_b = -\frac{F}{m_s} - \frac{F+F_e}{m_b} = -\frac{k}{\mu}(x_s - x_b - L) - \frac{F_e}{m_b} \tag{4-2}$$

或

$$\mu\ddot{r} = -kr - \frac{\mu}{m_b}F_0\sin\omega t \tag{4-3}$$

其中，$\frac{1}{\mu} = \frac{1}{m_s} + \frac{1}{m_b}$或$\mu = \frac{m_s * m_b}{m_s + m_{b_b}}$，$\mu$ 为折算质量，r 为质量块对基座的相对位移。

$$r = x_s - x_b - L \tag{4-4}$$

当加速度传感器处于自由悬挂位置并不受外力激励时（$F_e=0$），振动的运动方程可简化为：

$$\mu\ddot{r} = -kr \tag{4-5}$$

可假定 m_s 相对于 m_b 的位移具有简谐振动的特征，即：

$$r = R\sin\omega t \tag{4-6}$$

代入式(4-5)，可得：

$$-\mu R\omega^2\sin\omega t = -kR\sin\omega t \tag{4-7}$$

由此可得

$$\omega^2 = \frac{k}{\mu}$$

由于 k、μ 仅与传感器的敏感材料和质量块的质量及加速度传感器内部元件的刚度有关，因此 ω 就反映了加速度传感器的固有频率特性，由于不考虑阻尼，可改写为：$\omega_n^2 = k/\mu$

进一步可改写为：

$$\omega_n^2 = \frac{k}{\mu} = k\left(\frac{1}{m_s} + \frac{1}{m_b}\right) \tag{4-8}$$

由式(4-8)可以看出，如果加速度传感器完全刚性地安装在一个质量远大于加速度传感器的结构上（$m_b \gg m_s$），加速度传感器的共振频率将很低，取极限状态，则：

$$\omega_n^2 = \frac{k}{m_s} \tag{4-9}$$

安装共振频率是加速度传感器质量块—弹簧系统的一个特性，这个频率用来定义一个加速度传感器的可用工作频率范围。如果结构不完全是刚性，或者由于加速度传感器的安装技术问题引起基座和结构之间有附加的柔度，则安装共振频率将会改变，最低共振频率将低于安装共振频率。

被测结构的共振频率如下式：

$$f_m = f_s\sqrt{\frac{m_s}{m_s + m_b}} \tag{4-10}$$

式中：f_m——有加速度传感器质量影响的被测结构共振频率；

f_s——无加速度传感器质量影响的被测结构共振频率。

这个关系式表明如果加速度传感器质量与被测结构的质量相比很小，那么结构共振频率的变化也会很小，在实际应用中一般要保证加速度传感器质量小于被测结构质量的1/10。图4-8表明了在规定测量精度内，不同的加速度传感器质量和不同板的厚度之间频率范围变化的理论关系。

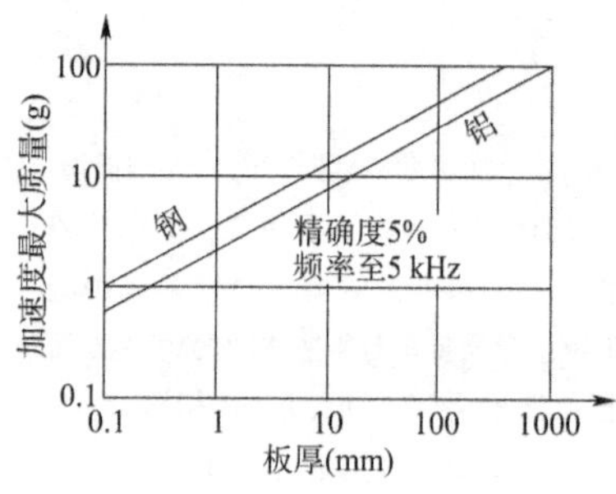

图4-8 加速度传感器质量与铝板、钢板厚度之间的频率关系

从图4-8可知，对于10mm厚的铝板，在5%精确度要求下，加速度计的最大质量可达到约10g，频率范围为5kHz；而同等厚度的钢板，在同等精度和频率范围条件下，则允许加速度计的最大质量约为20g。实践应用中，在进行车身结构模态试验时，由于预应力车身蒙皮是薄膜结构，加速度传感器的附加质量将会对试验结果产生较大影响，此时，应选择质量较轻的压电加速度传感器。

当加速度传感器受迫振动时，即 $F = F_0\sin\omega t$，模型方程变为：

$$\ddot{r} + \omega_n^2 r + \frac{F_0}{m_b}\sin\omega t = 0 \tag{4-11}$$

假定质量块的位移做简谐变化，即 $r = R\sin\omega t$，则有：

$$-\omega^2 R\sin\omega t + \omega_n^2 R\sin\omega t + \frac{F_0}{m_b}\sin\omega t = 0 \tag{4-12}$$

进一步化简：

$$R = -\frac{F_0}{m_b(\omega_n^2 - \omega^2)} \tag{4-13}$$

当外部激励频率远远低于加速度传感器的固有频率时（$\omega_n^2 \gg \omega^2$），位移 R 的大小将取决于加速度传感器的固有频率，即：

$$R_0 = -\frac{F_0}{m_b\omega_n} \tag{4-14}$$

外界低频激励与高频激励的比为：

$$\frac{R}{R_0} = \frac{\dfrac{F_0}{m_b(\omega_n^2 - \omega^2)}}{\dfrac{F_0}{m_b\omega_n^2}} \tag{4-15}$$

整理后，得：

$$A = \frac{1}{1 - \left(\dfrac{\omega}{\omega_n}\right)^2} \tag{4-16}$$

式(4-16)表明，当外部激励频率与加速度传感器的固有频率可比拟时，基座和质量块之间的位移增大，可用式(4-16)计算任何频率下实际振动与测量值之间的偏差并可限定有用频率范围。图4-9所示给出了误差为10%和3dB时加速度传感器的测量误差、安装共振频率与有效频率范围。

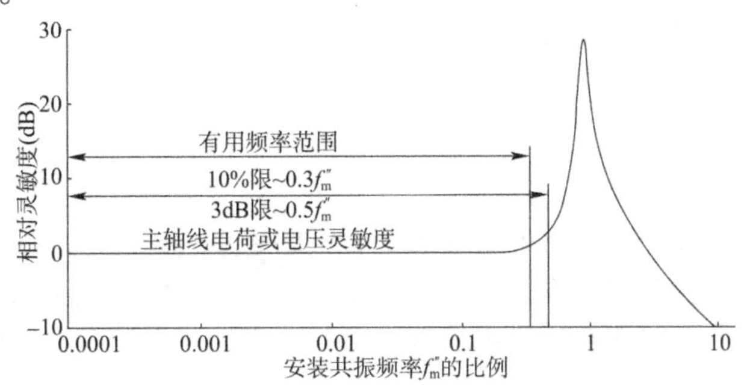

图 4-9　加速度传感器测量误差、安装共振频率与有效频率范围

根据以上特性，当进行高频振动测量时，受到加速度传感器谐振频率的影响，传感器的灵敏度会得到一定的提升，但却是非线性的。因此，在谐振频率附近进行的高频振动测量，其输出并不能正确地反映测量点处的振动响应。当对一个振动信号做频率分析时，可以很容易确定响应频谱中哪一个高频峰值是由加速度传感器谐振所引起，进而可忽略此峰值，如图 4-10 所示。若所测量的振动信号中确实含有在谐振点附近的频率成分时，其振动响应的测量幅值也可能是完全错误的，可通过选择具有较宽频率范围的加速度传感器加以解决。对于加速度传感器的谐振成分引起的干扰噪声，通常可利用前置放大器里的低通滤波器去除。

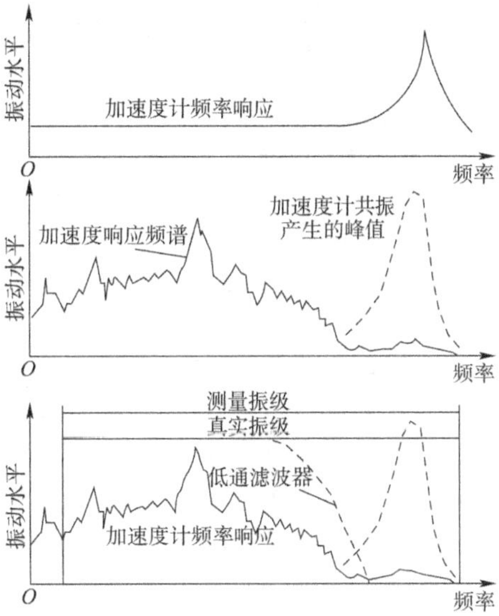

图 4-10　加速度传感器谐振频率对测量的影响

若测量的对象只含有低频成分时，则可利用安装在加速度传感器与被测结构表面之间的机械滤波器来去除高频振动，减小加速度传感器的谐振效应。机械滤波器是将一些回复性材料(典型为橡胶)黏合在两块安装圆片之间构成的一种装置，它能将高频上限降低至 0.5 ~5kHz 范围以内。

2) 压阻式加速度传感器

压阻式加速度传感器，通常采用硅悬臂梁结构。在悬臂梁的自由端装有质量块，靠近梁的根部，通常采用硅刻蚀技术，制成四个性能一致的电阻，从而构成惠斯登电桥，其结构形式如图 4-11 所示。

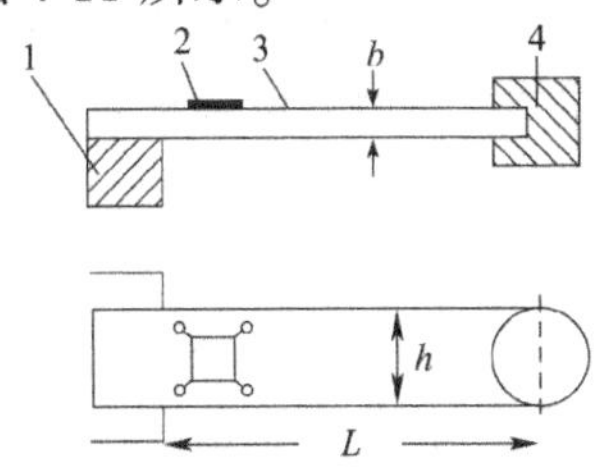

图 4-11　悬臂梁式加速度传感器结构

1-硅梁基座；2-压阻元件；3-硅梁；4-质量块

当传感器与结构一起振动时，悬臂梁自由端的质量块将其感受到的加速度转变为惯性力，并使悬臂梁受到弯矩作用，在悬臂梁的根部产生最大应力，此时，硅梁上四个电阻的阻值将发生变化，从而打破惠斯通电桥的平衡，输出与外界加速度成正比的电压值。

由于惯性力的作用，当压阻元件上产生的应力为 s 时，则电桥输出电压为：

$$U_{sc} = U_0 K_s s \quad (对恒压源) \tag{4-17}$$

$$U_{sc} = I_0 R K_s s \quad (对恒流源) \tag{4-18}$$

式中：U_0——电源电压；

K_s——压阻元件灵敏度系数；

s——应力；

R——电桥桥臂电阻；

I_0——恒流源电流。

压阻式加速度传感器体积小，可直接输出电压信号，不需要复杂的电路，大批量生产时价格低廉，可直接测量连续加速度和稳态加速度，但温度漂移较大，对安装环境和其他应力也较敏感。此外，对低加速度值测量准确度较差。表4-1列举了一种典型的压阻式加速度传感器的性能指标。

压阻式加速度传感器的性能指标 表4-1

性能参数	高 g 值加速度传感器	低 g 值加速度传感器
测量量程(g)	±2500	±25
灵敏度(mV/g)	0.1	50
激励电压(VDC,V)	10	24
谐振频率(Hz)	30000	2700
阻尼比(%)	0.03	0.4~0.7
频率范围(Hz)	0~6000	0~50
温度范围(F°)	-65~250	20~200
敏感元件阻值(Ω)	500	1500
横向灵敏度(%)	<3	<3

压阻式加速度传感器广泛应用于汽车安全气囊、防抱死制动系统、牵引控制系统等方面。由于硅半导体材料的压阻系数和PN结特性都是温度的函数，传感器参数的温度漂移较大，大大降低了压阻式加速度传感器的使用性能和应用领域。虽然通过一定的技术途径可以对传感器进行温度补偿和动态特性补偿，但是在高精度测量领域，其应用受到了较大限制。

3）电容式加速度传感器

在对车辆结构的低频振动开展研究时，最常用的是电容式加速度传感器。电容式加速度传感器是变极距型传感器，具有真正的静态和一定的动态测量能力，具有优越的低频测量性能，是汽车、火车、飞机和船舶乘坐品质研究的首选传感器。

电容式加速度传感器的基本工作原理如图4-12所示，传感器的敏感质量块和衬底之间分别固定了两组电极，这两组电极会形成一个平行板电容器。当外界加速度施加到传感器时，根据牛顿定律，其内部的质量块与加速度传感器会产生一个相对位移，此位移会引起待测电容两极板的正对面积或间距发生变化，从而导致电容值发生变化，通过外围电路检测电容变化量就可以检测出加速度。

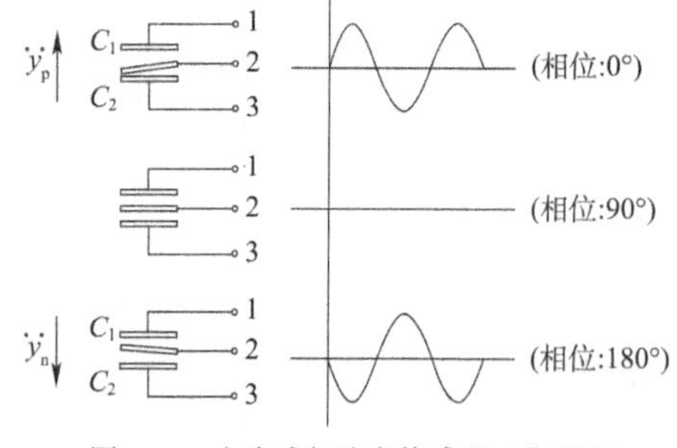

图4-12 电容式加速度传感器工作原理

目前，常用的电容式加速度传感器多采用MEMS技术并将调理电路和传感器集成在一块芯片上，从而极大地减小了分布电容的影响，典型结构如图4-13所示。图中两个定极板1与壳体绝缘，质量块2由弹簧片支撑于壳体内，且两个端面经过磨平抛光后作为动极板，分别与两个定极板构成差动电容 C_1 和 C_2。测量时，将传感器外壳 5 固定在被测振动体上，当传感器随被测对象在垂直方向上作直线加速运动时，质量块相对壳体运动，在垂直方向上产生正比于被测加速度的位移，使电容量 C_1 和 C_2 一个增加、另一个减小，但电容的总变化量正比于质量块所产生的惯性力，在一定频率范围内，惯性力与被测振动加速度成正比。利用"电桥"测量电路，就可获得适当的电压输出。

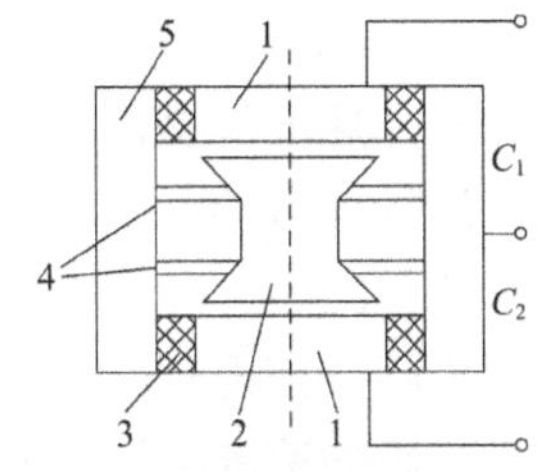

图 4-13 电容式加速度传感器结构图

1-定极板；2-质量块（动极板）；3-绝缘体；4-弹簧片；5-壳体

由于两个"电容器"的工作方式相同，使用差动方法能够抵抗环境干扰，即电容式加速度传感器本身就具有共模抑制能力。为了得到较高的测量灵敏度，在设计中采用增加电极面积和减小电极间距来获得较高的等效电容。为了减小外围电路的复杂性和增加输出信号的线性度，常常采用差动电容式的测量结构。

电容式加速度传感器灵敏度高，测量精度高；具有零频响应、固有频率高，具有一定的高频测量特性，适合低频测量和静态测量；温度稳定性好、漂移小，电容值一般与电极材料无关，本身发热小，稳定性较好，可以承受很大的温度变化，也能对带磁工件进行测量；结构简单、易于制造、适应性强。

但是，电容式加速度传感器易受电缆及电子电路分布式电容的干扰，测量量程有限，接口电路复杂，为了减少分布电容的影响，其调理电路必须与传感器集成在一块芯片上，制造成本较高；电容式加速度传感器不能测量高振级振动信号，其通用性不如压电式加速度传感器。

4.2.3 加速度传感器的选择

针对不同的研究内容和研究目标，正确选择加速度传感器是进行振动测量和相关研究的关键。表 4-2 列出了压阻式、压电式和电容式三种常用加速度传感器的特性比较。

常用加速度传感器的特性比较 表 4-2

类型	压阻式	压电式	电容式
敏感参数	电阻	电荷	电容
信号处理电路	简单的惠斯登电桥	电荷放大器	高灵敏度的开关电容或电压电路
线性度	好	较好	较差
频响范围	高	高	中
精度	中	低	高
测量范围	大	大	小
优点	制作工艺和信号处理简单，信号较强	制作工艺简单，信噪比高，灵敏度高，结构简单	制作工艺复杂，精度高，易于集成，不易受温度影响，功耗低
缺点	温度系数相对较大，工作温度范围窄	信号处理电路较复杂，回零慢，不适宜连续操作	信号处理电路复杂

由表 4-2 可知，三种常用传感器各有特点，在实际使用中要根据不同的要求进行合理的选择。通常，加速度传感器的选择应从以下几个方面综合考虑。

1)运动状态的测量

在选择加速度传感器时,一个重要的考量是加速度传感器是用于测量结构的运动状态还是测量结构的振动。如果是测量振动,则关心的是结构在试验过程中的振动响应,如果感兴趣的是结构的速度和位移,则更多的要考虑加速度传感器的积分特性,因为速度和位移需要加速度的积分获得。

对于精确的速度测量,必须要求加速度传感器的测量信号不能含有任何的零点漂移误差,因为很小的零点漂移,都会由于积分,造成很大的速度和位移误差。合适的加速度传感器应该具有如下特性。

(1)直流响应。压阻式和可变电容式加速度传感器是运动测量的合理选择;

(2)分辨率。由于积分结果很大程度上取决于加速度信号的质量,所以具有高分辨率的加速度信号是非常重要的,不能只简单的考虑传感器的灵敏度,还要考虑测量链的信噪比。

(3)热零点漂移。具有直流响应的加速度传感器,其零线漂移很大程度上取决于工作温度范围,应选择具有较高工作温度范围的传感器。

2)高频振动加速度传感器的选择

在车辆传动系统,如变速器、主减速器、传动轴等的振动测量中,其振动频率一般都比较高。通常具有较高共振频率的传感器,其输出灵敏度却较低,这是由加速度传感器的构造所决定的。在此应用方面,加速度传感器的选择主要考虑:

(1)共振频率。一般要求较高的共振频率,以避免高频振动分量引起传感器的共振。

(2)安装方法。通常采用螺栓式安装方法,以提高传感器的安装共振频率。

(3)校准。由于传感器的频率范围较宽,应对传感器进行10kHz频率带宽的校准。

(4)传感器类型。高阻抗压电式加速度传感器和IEPE(内置电荷放大器)的低阻抗压电式加速度传感器是较为合适的传感器。

3)低频振动的加速度传感器的选择

在车辆结构的模态分析、建筑以及桥梁的振动测量中,常需要低频振动加速度传感器。同时,在模态测试中,通道与通道之间的相位偏差对分析来说很重要,理想状态下,在工作频率范围内,通道间的相位偏移要小于0.01°。因此,选择具有较好直流特性的传感器较为适合,此领域要考虑的主要因素是:

(1)低频响应。为了测量非常低的频率(近似直流),首选压阻或可变电容式加速度传感器;此外,具有直流耦合(DC耦合)的传感器在低频段内几乎没有相位漂移,所以也非常适合对缓慢的运动进行测量。

(2)基座应变灵敏度。由于基座应变灵敏度很难从振动响应信号中区分出来,尤其是对低频率大位移信号。因此,合适的传感器应具有非常小的基座应变灵敏度。

(3)热瞬变灵敏度。热瞬变会在低频产生误差,并且很难从响应信号中消除。因此,在安装传感器时,需要使用热保护套。

(4)在可能的精度范围内,采用低通滤波。

4)冲击测试的加速度传感器选择

对于车辆的跌落、碰撞以及冲击振动环境模拟等产生高加速度的冲击试验研究中,将碰撞物体看作刚体模型,并完全忽略本身的材质问题,这一做法是错误的。在高加速度冲击试验中,结构响应并不是线性的。所以选择正确的加速度传感器对冲击研究至关重要。此类

应用下,加速度传感器要考虑的因素有:

(1)零点漂移。对于 PE/IEPE 型加速度传感器,在高 g 值冲击试验中,零线会突然变化,称为零点漂移。由于没有一个通用的标准来评价这个参数,所以在此类传感器的技术指标中是没有这一指标的。选用压阻式传感器虽然可以有效地防止零点漂移,但是对传感器的量程要仔细考虑,因为,压阻式传感器很容易受过载影响而损坏。对 PE 型加速度传感器采用机械滤波装置,一定程度上可以消除这样的零点漂移。

(2)使用寿命。在低加速度的冲击试验中,可能不会产生多大的影响,但是在较高的加速度冲击试验中,就需要选择一种能够抵抗最大冲击的加速度传感器,试验前要对最大冲击加速度值有一个正确的估计。

(3)过载范围。对于一个测量量程为 $100g$ 的加速度传感器,实践中有可能要承受 $1000g$ 的冲击力,因此,一般需要传感器具有较高的过载能力。

(4)直流响应。当测量长时间的冲击或者刚体的运动时,DC 响应要能够捕捉到低频信息。

5)高温环境下的测量

对于车辆发动机和排气系统等高温环境下零部件的冲击与振动测量,要求传感器要能够承受安装部位及周边的高温环境,如果环境温度达到 200℃以上,实践中一般多采用 PE 型加速度传感器,如果温度低于 200℃,那么可以使用 IEPE 型加速度传感器。这类传感器选择需要考虑的因素有:

(1)使用寿命。在车辆发动机的振动测量中经常会使得温度达到 400℃以上,这种加速度传感器应该能在该条件下持续工作,并且灵敏度和共振特性不能下降。

(2)温度响应。传感器必须具有较好的温度响应特性,能在高温环境下正常工作。

(3)考虑电缆使用寿命。

6)低温环境下的测量

当车辆在低温环境下,如高寒地区或测量冷却系统等振动时,要求传感器能够在零下几十度的环境下工作,这类传感器需要考虑的因素有:

(1)温度响应。大部分传感器的温度在接近零度时灵敏度会急剧下降,而基于压电原理设计的石英式加速度传感器在低温环境下是线性的。

(2)热瞬变灵敏度。由于温度的改变将会产生不想要的结果,因此一定要仔细检查热瞬变灵敏度。

(3)使用寿命。温度会影响传感器的使用寿命。

(4)电缆使用寿命。大部分电缆在低温环境下会变得非常的脆弱,因此要选择良好的电缆材料。

4.3 噪声测试传感器

声测量的目的是对人们感兴趣的声音,提供明确的参数描述和评价,这对噪声相关机理和降噪方法的研究具有重要的意义。虽然,声测量可对机构运行状态下的各种声音进行精密、科学的分析,但是,由于每个个体之间生理和心理方面的差异,噪声对具体人的烦恼程度,目前仍不能科学地测定。尽管如此,声测量技术还是为人们提供了一种在不同状况下,比较、分析噪声的客观手段。

此外,声测量还能明确地告诉人们什么情况下声音会引起听力损害,从而使人们能够采取正确的措施加以避免。

最后,无论是机械结构设计,还是机械结构故障诊断,声音的测量和分析都是降低噪声和进行故障诊断的一个功效强大的辅助工具。

4.3.1 声场及其特性

噪声测试环境对测量结果影响很大,不同的测试环境对测量分析仪器和测量方法有不同的要求。因此,测量前首先需要对测试环境有一个清晰的了解。通常将声波的传播空间称为声场,声波的传播方向称为声线或波线,某一时刻声波到达各点所连成的曲面称为波阵面。按照波阵面的形状,声波可分为平面波、球面波和柱面波。按照声传播的特性,声场可分为自由声场、扩散声场和半自由声场(压力场)。

大多数噪声测量标准中,都规定用A声级作为评判噪声的依据。事实上,A声级的大小不仅取决于声源所产生的声能大小,而且还取决于观测点与声源之间的距离,以及声源所处的声学环境,也即声场特性。故所测得的A声级是反映所测声源在特定声学环境中对该测点的影响,而不只是表示声源本身所发出声能量的大小。如果要了解声源本身的声学特性,就需要进行声功率测量。因为声源的声功率是该声源在单位时间内所发出的声能量,它与距离的远近无关,与所处的声学环境无关。但是声功率和声功率级却无法通过测量直接得到,它是在特定的声场条件下,由所测得的声压级换算得出的。因此,声场条件不同,声功率的测量和计算方法也不相同。

若测量环境中存在反射体,则测得的声压将是由声源发出的直达声与反射声叠加的结果;而反射声的强弱则随环境的不同而变化。因此,同一声源处于不同环境中,所测得的声级也将存在较大差异,必要时应对测量结果进行修正。

1)自由声场

声波在介质中传播时,在各个方向上都没有反射,介质中任何一点接受的声音,都只是来自声源的直达声。这种可以忽略边界影响,由各向同性均匀介质形成的声场称为自由声场,是一种理想化的声场。在声学研究中,为了克服反射声和防止外来环境噪声的干扰,专门创造一种自由声场的环境,即消声室。在自然界中,空旷、静谧的旷野可近似看作自由声场。

2)扩散(随机)声场

与自由声场完全相反,扩散声场中的声波接近全反射的状态。空间内各点声能密度均匀,从各个方向到达某一点的声能流概率相同,并且从各个方向到达的声波相位是随机的。具有这种声传播特性的封闭测量空间,称作混响室。在混响室里,室内声波经过多次反射后形成的声能将均匀分布于整个房间。

3)半自由声场

在实际工程中,遇到最多的情况是测量空间或房间足够大,以致可忽略墙壁、天花板或其他壁障的反射,而只有地面的声反射存在,此时的声场,既不是完全的自由场,也不是完全的混响声场,而是介于二者之间,这就是半自由声场。半自由声场包含压力场。

4)远场和近场

根据传声器距声源距离的远近,测量环境可分为近场和远场,在声场中,如果某区域处质点的振动速度和声压值存在平面波的简单关系,则称为远场;反之,称为近场。

此外,通过测量来判断噪声环境的远、近场则更加准确。其流程是沿着声源的辐射线逐点测量其声压,若两侧点间距离增加一倍,噪声衰减了 6dB,则该区域为远场,否则即为近场。

工程实际中,简单的经验判断方法是:若测点到声源的距离小于被测声源最大几何尺寸的 2 倍,或小于声源最大波长(两者中取大值)的测量区域是近场。在声源的近场,声波既非平面波也非球面波,声压级和测量距离没有明确的函数关系,很难准确得到声源的声压。在车辆噪声测量与分析中,除特殊要求外,声源的声压测量均应在远场进行,因为在靠近声源的近场测量时,只要传声器有很小的位置变化,就会使声压级显著的上升。图 4-14 给出了近场与远场、自由场、混响场(随机场)与传声器—声源距离之间的关系,图中 r 为传声器与声源之间的距离。

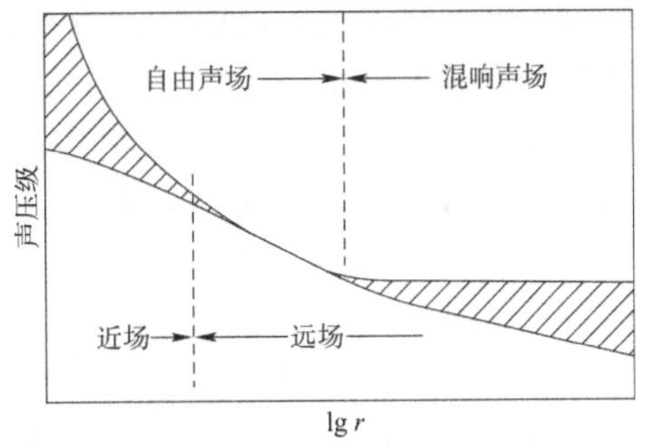

图 4-14 自由场、混响场与传感器—声源距离的关系

从图 4-14 可以看出,在靠近墙壁等障碍处,虽然远离声源,但是由于反射声的存在,这个区域同样不适合进行声测量。

4.3.2 传声器

车辆试验中,根据试验目的的不同,声测量方法和设备也不同。一般来说,对于车辆产品的声特性研究,如材料的吸声特性、乘坐室声场特性或声源定位等通常采用多通道数据采集系统来完成,而对于声评价,如车辆的通过噪声、车内声品质评价等,则多采用声级计来进行。但是不论采用哪种方法,传声器都是其核心。传声器也称话筒或麦克风(Microphone),是测量声音的一种传感器,其作用是将声能转换为电能。目前普遍采用的声测量传感器是电容式传声器。电容式传声器的稳定性、可靠性、耐振性以及频率响应特性均好于其他类型的声测量传感器。

1)电容式传声器

电容式传声器主要由极头、前置放大器、极化电源和电缆等部分组成。其原理结构如图 4-15 所示。当声音作用到传声器时,金属膜片感受声压变化,将产生振动,从而膜片与背极板之间的间隙将随声压的变化而变化,进而“电容器”的电容也将随之变化。在极化电压 e_0 作用下,负载电阻 R 上产生与声压大小成比例的交变电压。电容传声器具有性能稳定、动态范围宽、频响平直、体积小等特点。

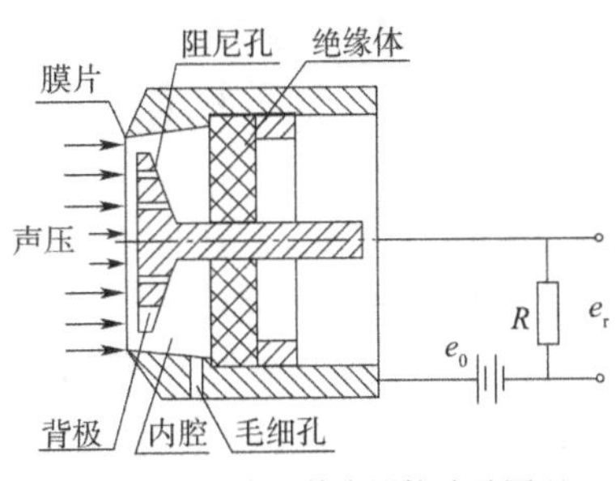

图 4-15 电容式传声器构造及原理

通常,电容式传声器需要外部电源提供 200V 极化电压或 28V 的供电电压,并且信号线和地线都需要与电源线隔离,所以这种供电方式要求传声器和连接电缆具有特殊的接头,一般多采用 7 芯电缆。此外,电缆的长度也受到限制,所以使用较为不便。但是,电容式传声器具有较好的稳定性和较高的测量精度,非常适合进行精密测量。

2)驻极体式传声器

驻极体式传声器的工作原理和电容式传声器相同,所不同的是它采用聚四氟乙烯材料作为振动膜片或做背极板。由于聚四氟乙烯材料经特殊处理后,表面被永久地驻有极化电

荷,从而取代了电容式传声器的振膜或极板,故名为驻极体电容传声器。其特点是体积小、性能优越、使用方便。

与传统电容式传声器不同,驻极体材料已经过了预极化处理,传声器本身已带静电,因此工作中,不需要为传声器提供额外的高极化电压。由于驻极体式传声器与ICP压电式加速度传感器具有相同的信号调理电路,信号输出可使用低成本的同轴电缆,并可以利用多通道数据采集系统直接供电,因此,在车辆声学试验中得到了广泛的应用。

3)传声器的选择

传声器的特性不但与声场类型有关,还与其测量频率范围、测量量程有极大关系,因此在进行噪声测量时,应首先考虑以下几个重要因素:

(1)传声器的频率范围

传声器的频率范围定义为其上限频率与其下限频率间的带宽。

①上限频率。传声器的上限频率与其尺寸有关,或者更精确地说与可测声源的波长和传声器的尺寸有关。由于波长与频率成反比,因此传声器的直径越小其可测量的频率就越高。另一方面,传声器的灵敏度也与其尺寸有关,这将影响它的动态特性。

②下限频率。传声器的下限频率是由其静压平衡系统决定的。事实上,传声器测量的是其内部压力和外部环境压力之间的差值。如果传声器是完全密封的,那么大气压力随海拔的变化将使隔膜产生静态压力偏转,从而导致传声器的频率响应和灵敏度发生变化。为了避免这种情况,制造传声器时,在其内部设有静压平衡通道,用于使内部压力与外部环境压力相平衡。另一方面,压力平衡速率必须足够慢,以避免影响传声器的动态特性,静压平衡通道应该足够小。通常情况下,传声器直径越小,上限频率越高,反之,下限频率越低。

(2)传声器的动态范围。

传声器的动态范围定义为可以测量的最低声压与最高声压之差。传声器的动态范围在很大程度上与其灵敏度有关。一般来说,具有高灵敏度的传声器可以测量较低的声压,但不能很好测量高的声压。低灵敏度的传声器则与之相反。传声器的灵敏度主要取决于传声器的尺寸和其隔膜的张力。通常,带有弹性隔膜的大尺寸传声器具有高的灵敏度,而具有刚性隔膜的小尺寸传声器具有低的灵敏度。

动态范围的上限:传声器可测量的最高声压取决于膜片与传声器背板接触之前所允许的移动量。随着作用于传声器上的声压水平逐步增加,膜片的偏移量将相应地增大,直到膜片撞击传声器内部的背板,此时的声压水平即为传声器可以测量的最大声压。由于膜片偏转的距离与传声器的电容呈非线性变化,因此较大的膜片偏转,将导致传声器的测量失真。当传声器失真达到3%时,相对应的声压值称为传声器的动态范围上限。如果测量失真达到测量值的10%,测量结果将比真实值高6dB。

动态范围下限:空气中分子的热运动会使传声器产生非常小的输出信号,即使在绝对安静的条件下也是如此。这种“热噪声”通常在5μV左右,并且将叠加到由传声器检测到的任何声激励信号中。因此,传声器将不能测量低于热噪声的噪声信号。该5μV输出信号相当于一定的“可视”声压级,可根据传声器的灵敏度进行计算。通常传声器直径越大,测量量程下限越低,反之下限量程越高。

4.3.3 前置放大器

传声器产生的电信号一般极为微弱,不能直接通过电缆线传输,因此传声器需要内置放大器或者连接一个距离很近的外部放大器(称为前置放大器)进行信号的阻抗变换和前置放大。一般,传声器前置放大器是一种输入电阻高、输入电容小、输出阻抗低的特种放大器,传声器与前置放大器的等效电路如图 4-16 所示。图中,U_{oc}表示作用于传声器的外部输入声压引起的电容式传声器的输出电压,C_m 表示传声器的等效电容,C_i 表示前置放大器的输入电容,R_i 表示前置放大器的输入电阻,g 表示前置放大器的输出增益,R_0 表示输出电阻,C_c 表示输出电缆的等效电容,U_0 表示输出电压。

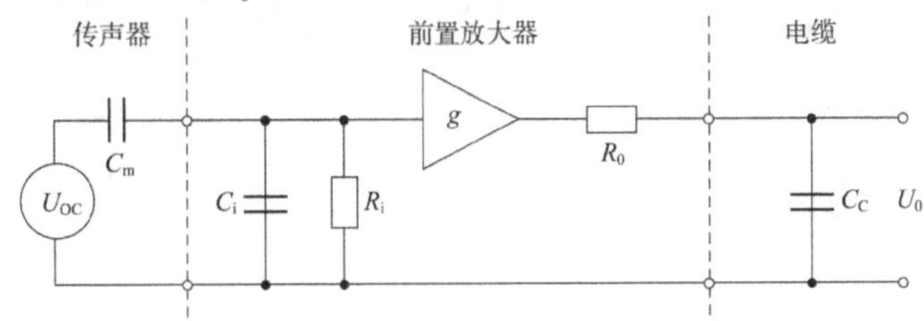

图 4-16　传声器与前置放大器等效电路

通过对此等效电路的电路分析,可得到噪声测量系统的信号传输公式为:

$$\frac{V_o}{V_{0c}}=\frac{c_m}{c_m+c_i}\cdot\frac{j\omega(c_m+c_i)R_i}{1+j\omega(c_m+c_i)R_i}\cdot g\cdot\frac{1}{1+j\omega c_c R_o}\tag{4-19}$$

由于前置放大器的输入阻抗一般都大于 2GΩ,而电缆的电容、电阻则主要对信号的高频成分有影响,所以式(4-19)可简化为:

$$\frac{V_o}{V_{0c}}=\frac{c_m}{c_m+c_i}\cdot g\tag{4-20}$$

工程实际中,前置放大器也具有一定的噪声,这将与传声器的热噪声叠加。因此,要想精确地测量噪声信号,除了准确选择合适的传声器,还需要对前置放大器进行仔细的选择。通常,前置放大器分为两种类型:一种是传统型;另一种被称为 CCP 型前置放大器。

所有前置放大器均应达到 200kHz 以上的频率上限。而频率下限则由传声器的内部电容和前置放大器的输入阻抗相结合所形成的一个可确定低频截止频率的 RC 网络决定。例如,G. R. A. S. 公司生产的典型传声器 40AF,具有 17pF 的电容,其频率下限大约为 2.7Hz。

前置放大器的动态范围可以定义为前置放大器的可处理最高电压与最低电压之差。前置放大器的动态范围的上限与供电电压有关,而下限则与前置放大器本身的噪声有关。

前置放大器可处理的最高电压,也即动态范围上限,与提供给前置放大器的电压有关。前置放大器的动态范围的下限则由前置放大器的本底噪声决定。典型的前置放大器产生大约 3μV 的宽带噪声信号,如果传声器的输出信号低于此值,则会被本底噪声所淹没。

前置放大器的噪声频谱由低频率支配,当传声器安装在前置放大器上时,传声器的固有噪声将被叠加到前置放大器的噪声中,因此,测量系统的本底噪声将由传声器和前置放大器的噪声共同确定。传声器和前置放大器组成的测试前端的动态范围下限,在低频段取决于前置放大器的噪声,在高频段取决于传声器的噪声。此外,传声器和前置放大器组成的测量前端可测的声压等级,取决于测量用的传声器的灵敏度。通常,低灵敏度的传声器与高灵敏度的传声器相比,可测的声压等级更高。

4.3.4　声级计

1)声级计结构

声级计是一种能对声音做出类似人耳反应的仪器,它由一个传声器,一个处理电路(具

有滤波、计权、放大和模数转换等功能)和读出单元构成。传声器把声信号转换成等效的电信号,电信号再通过一个计权网络进行频率计权,以模仿人耳的感受,测量结果最终通过显示单元加以显示。传统声级计主要由传声器、放大器、衰减器、计权网络和指示器等组成。数字声级计由于其具有精度更高、运算速度更快、结果显示更加清晰直观等优点,有渐渐取代传统声级计的趋势,数字式声级计如图 4-17 所示。

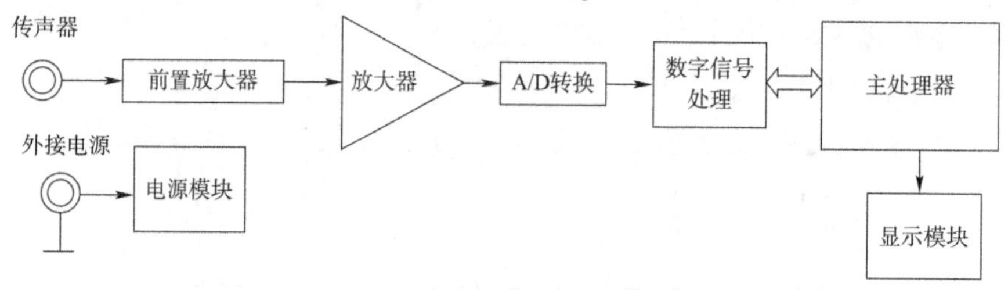

图 4-17　数字式声级计结构简图

2)声级计分类

2020 年发布的 IEC 61672 标准按声级计性能将声级计分为 1 级和 2 级两类,这两类声级计的差别主要是允差极限和工作温度范围不同。表 4-3 给出了两类声级计指向性响应的限值。

1 级和 2 级两类声级计指向性响应的限值　　表 4-3

频率 f(Hz)	指示声级的最大绝对差值(dB)					
	$\theta=30°$		$\theta=90°$		$\theta=150°$	
	级别					
	1	2	1	2	1	2
$0.25 \leqslant f < 1$	1.3	2.3	1.8	3.3	2.3	5.3
$1 \leqslant f < 2$	1.5	2.5	2.5	4.5	4.5	7.5
$2 \leqslant f < 4$	2.0	4.5	4.5	7.5	6.5	12.5
$4 \leqslant f < 8$	3.5	7.0	8.0	13.0	11.0	17.0
$8 \leqslant f < 12.5$	5.5	—	11.5	—	15.5	—

3)声级计测量影响因素

(1)仪器和操作者所造成的影响。

在测量噪声时,应留意不让操作者干扰测量。处于声场中的测量仪器和操作者,不仅能阻挡某一方向传播的噪声,而且还会造成反射,从而引起较大的测量误差。实验证明,在距人体约 1m 处,400Hz 噪声在人体上产生的反射,可能会造成高达 6dB 的测量误差。因此,为了尽量减小仪器外壳的反射,多将声级计前端特别设计成圆锥形,而且一些型号的仪器还附带一根延伸杆,用以加大传声器和声级计外壳的距离,以获得更精准的测量。此外,也可使用延伸电缆,对声级计进行遥控。为尽量减小噪声在操作人员身体上的反射,通常至少需要把声级计保持于一臂之外。一般来说,声级计应安装在三脚架上,且在可能的条件下,将延伸杆也装上。

(2)环境的影响。

①风。风刮过传声器也会造成许多额外的噪声,就如大风吹过时,人耳会听到风的呼啸声一样。为了尽量减少这种噪声,当在户外测量时,传声器应经常罩着用多孔泡沫塑料做的

球形风罩。风罩的另一个功能是保护传声器不受尘埃、泥污及雨水的污染，且有助于防止传声器的机械损伤。

②湿度。在大多数情况下，90%以下的相对湿度对声级计和传声器的影响极微。不过，不要让仪器接触雨雪。下雨时应用风罩保护传声器。虽然在潮湿、下雨环境下，风罩有可能变得很潮湿，但对测量的影响不大。不过，如果在极端潮湿环境中的长期使用，推荐采用特殊的户外传声器、雨罩和去湿器。

③温度。所有高品质的声级计都满足在－10～50℃条件下保持正常工作的要求。不过，实际使用中，还应小心避免突然的温度变化，因为这会引起传声器内部水汽凝结。

④环境气压。±10%的大气压力变化，对传声器灵敏度影响微不足道（小于±0.2dB）。不过，在高海拔处，灵敏度可能受到较大的影响，尤其在高频段。这时，必须根据大气压力，采用活塞信号发生器对声级计进行校准和做出修正。

⑤振动。虽然传声器和声级计对振动较不敏感，但测量时还应尽量隔离强烈的环境振动与冲击。若必须在强振动环境中使用声级计，可使用泡沫橡胶垫或类似材料把声级计垫起来以减少振动对测量仪器的影响。

⑥环境噪声。到目前为止，我们主要关心的是单一声源发射出的噪声测量。然而，环境噪声涉及测量点的总噪声（不管此噪声由什么声源而来）。事实上，测点噪声通常是由一个或更多个声源产生，而且也包括由墙壁、天花板和其他物体的反射。工人在工作岗位上的噪声即是一个环境噪声的典型例子。当对工人在工作环境下的实际声暴露进行测量时，感兴趣的是工人在工作位置处所承受的总噪声能量，因此对工人是在机器的近场还是远场，其他机器是否工作等因素则无需考虑。由于环境噪声来自不同的方向，声压又是一个标量，使用的声级计通常也是无方向性的，因此不管声源处于何处，声级计的响应都是一致的。此外，交通噪声、办公室和剧院内的噪声等也都属于环境噪声测量范畴。

4）声级计测量基本规则

（1）使用环境的选择。选择有代表性的测试地点，声级计要离开地面，离开墙壁，以减少地面和墙壁的反射声的附加影响。

（2）天气条件。要求在无雨无雪的时间，声级计应保持传声器膜片清洁，风力在三级以上必须加风罩（以避免风噪声干扰），五级以上大风应停止测量。

（3）校准。使用前应使用声校准器对声级计进行校准，其校准方式一般有声校准和电校准两种。声校准器是一种能在一个或几个频率点上产生一个或几个恒定声压的电源，它用于校准测试声学测量仪器的绝对声压灵敏度。按照校准的工作原理，声校准器可分为活塞发声器和声级校准器两种。

（4）设置。开始测量前，根据实际情况与要求对声级计进行设置，如“快”“慢”挡、计权方法、测量时间等。“快”“慢”挡指的是指数平均过程中，时间常数分别选在0.125s和1s的两种情况。“快”挡的数值实时显示变化较快，“慢”挡的数值实时显示变化较慢。

（5）传声器的指向。传声器是具有指向性的，因此在使用声级计进行噪声测量时，要根据所处声场的特点，选择合适指向的传声器。

5）测量的标准化

每当进行声测量时，应该研究适当的国家标准及国际标准，这些标准对测量技术及所用仪器的指标都有所讨论。在这些标准中，为获得准确而可重复的测量而规定了明确的步骤。ISO组织颁布的“声学—关于空气声测量及其对人类的影响”，这个标准定义了一些基本述语和测量方法，还列出了一些其他适用的标准。IEC 651 是国际电工委员会制定的一项标准，该标准规定了各种不同等级声级计的指标。在美国及其他一些国家，使用美国国家标准 ANSI S1—1983。在我国，汽车噪声试验标准主要有：《声学：汽车车内噪声测量方法》(GB/T 18697—2002)、《机动车辆噪声测量方法》(GB 1496—1979)、《汽车定置噪声限值》(GB 16170—1996)、《市区行驶条件下轿车噪声的测量》(GB/T 17250—1998)和企业标准《汽车匀速行驶车内噪声测量方法》(QC/T 57—1993)。

4.4 声级测试技术

在声学测量中，一般是测量声压(或声压级)，声压测量原理简单，方法简便，测量仪器比较成熟。测量得到声压或声压级后，可以计算得到声强、声强级和声功率、声功率级。但是声压测量受环境的影响(背景噪声、反射等)较大，往往需要进行修正，有时需要在特定的声学环境(如消声室、混响室)中进行测量。

噪声的现场测量往往用便携式声级计来进行，在实验室，除了用声级计外，还可以用传声器与动态信号分析仪组成的噪声测量系统，测试噪声声级并可进行频谱分析，得到噪声源的各频率分量，按此找出主要声源，借以提出改进措施或选用合适的噪声控制方法。用传声器接受声源辐射的声压信号，并转换成电压信号，经放大、滤波等调理后，可以用示波器直接看声压信号的变化，也可以用信号分析仪记录声压信号并进行实时分析，这样的系统主要是声级计。

现场测量时，按照噪声源的形状和大小确定测量位置和测点数目，一般要求前、后、左、右、上，分别测量五点，或按照有关机械设备的噪声测试标准进行。若机器尺寸大于 1m，传声器布置在距离机器表面 1m 处；若机器尺寸小于 1m，则传声器布置在距离机器表面 0.5m 处。可用三脚架固定传声器，以避免测量时人体反射的影响。

4.4.1 稳态噪声测试

稳态噪声的声压级用声级计测量。对于起伏小于 3dB 的噪声可以测量 10s 内的声压级；如果起伏大于 3dB 但小于 10dB，则每 5s 读一次声压级并求出平均值。

$$\overline{L_{\mathrm{p}}} = 10\lg\left(\frac{1}{N}\sum_{i=1}^{N}10^{0.1L_{\mathrm{p}i}}\right) \tag{4-21}$$

式中：N——测量时间段数目；

$L_{\mathrm{p}i}$——第 i 时间段的声压级。

A 声级是 A 计权声压级，是噪声的主观评价指标之一，可用 A 计权网络直接测量，也可以由测得的倍频程或 1/3 倍频程声压级转换为 A 声级，转换公式为：

$$L_{\mathrm{A}} = 10\lg\left[\sum_{i=1}^{N}10^{0.1(L_{\mathrm{p}i}+\Delta_i)}\right] \tag{4-22}$$

式中：$L_{\mathrm{p}i}$——测量获得的 1/3 倍频程声压级；

Δ_i——1/3 倍频程修正值。

4.4.2 非稳态噪声测试

对于不规则噪声，可以测量声压级的时间—频率分布特性，具体包括：最大值、最小值、平均值；声压级的统计分布；等效连续声级和噪声的频谱分布等。测量声压级的时间分布特性时，可每隔 5s 读一次声压级，获得 100 个数值，可以计算出最大值、最小值、平均值以及累计百分声级，如 L10、L50、L90 等。等效连续 A 声级的计算公式为：

$$L_{\mathrm{Aeq}} = 10\lg \frac{1}{T}\int_0^T 10^{0.1L_{\mathrm{A}}}\mathrm{d}t \tag{4-23}$$

式中：T——测量的总时间，s；

L_{A}——瞬时 A 声级，dB(A)。

声压级的频率特性，可以用倍频程或 1/3 倍频程声压级谱来表示。

脉冲噪声是指大部分能量集中在持续时间短于 1s 而间隔时间长于 1s 的猝发噪声。脉冲噪声对人的影响通常是能量而不是峰值、持续时间和脉冲数量。因此，对连续的猝发噪声应该测量声压级和声功率，对于有限数目的猝发噪声则测量暴露声级。

4.5 声强测试技术

声强测量具有受环境影响小的优点，不像声压测量那样受环境影响（背景噪声、反射声）较大，因此，声强测量能够有效地解决许多现场声学测量问题是噪声研究的一种有力工具。

声强测量的主要应用有以下几个方面：用分布测点法现场测试声源的声功率；用扫描法现场测试声源的声功率；辨识声源；测试材料的声阻抗率和吸声系数；测试声能传递损失；测试振动表面的声辐射效率等。

声强测量中一般涉及声压和质点速度两个量，声强测量换能器一般称为声强探头。目前常用的声强探头有两类：一类是利用一个声压换能器和一个质点速度换能器所构成的 *p-u* 声强探头；另一类是利用两个声压换能器所构成的 *p-p* 声强探头。

4.5.1 *p-u* 探头声强测试技术

根据声强的定义，瞬时声强定义为 $I(t)=p(t)u(t)$。若能直接测得声场中某点的声压和质点速度，则由定义可得声场中某点的瞬时声强。声压的测量很简单，用电容传声器可实现，而质点速度的测量相对复杂。目前工程应用中的两种声强探头，其主要区别也在于测量质点速度的方法不同。

一种是利用超声来测量声波运动的质点速度。两个超声换能器面对面以一定距离放置，发射两列并行的相反方向的超声波，若有沿某一方向运动的声波，则这两列超声波在各自接收处的相位将有所不同，其差值和音频声波的质点速度呈正比。显然，这种质点速度的测量方法和环境中的气流和温度变化都有关系。这种声强探头有 3 个换能器，两个超声收发换能器用来测量质点速度，一个传声器用来测量声压。

另一种是用麦克流进行质点速度的测量。该传感器利用 MEMS 技术，工作原理是测量两根铂传感器丝之间的温度差。首先在长 1mm、宽 5μm、厚 200nm 的铂丝上通入电流，使其加热到 200～400℃，随着温度的升高，铂丝的电阻也增大。当质点速度不为零时，由于空气流动，使两个电阻丝的温度不同。这个温度差正比于质点速度，可以用来测试质点速度。这种声强探头有两个换能器，一个用来测质点速度，另一个用来测量声压。

对于利用 *p-u* 声强探头测得的瞬时声强可对时间积分，从而得到平均有功声强分量，也可利用各个频带的带通滤波器或谱分析技术得到各频段的声强。对于三维声场，需要三个

p-u 声强探头或一个传声器和三个质点速度换能器测得各个方向的声强。

目前工程应用中，利用两个超声换能器测试质点振速的声强探头，它们装在圆环上，一个声压传感器放在圆环中心，该装置的难点是避免圆环等器件对声波的散射作用。利用麦克流测试质点速度的声强探头，测试频段为 10～20kHz，而且同时能够给出三个方向的声强和质点速度。

p-u 声压探头不需要在不同的频率范围选用不同的测量间隔，又由于没有用差分近似，故可在很近的近场测量。信号处理部分一般有两种：直接法和快速傅里叶变换（FFT）法。直接法是直接将双传声器测得的信号，经过运算电路，计算出声强。直接法的优点是可以实时处理，可以直接输出质点速度信号，在测量声阻抗等情况下很有用，但全套仪器价格比较昂贵。FFT 直接法，将双传声器测得的信号输入双通道的 FFT 析仪，算出其互谱的虚部就可以得到声强。间接法的优点是可以利用通用的 FFT 分析仪进行处理，可以使一个仪器有多种用途，提高了仪器的使用率。另一个优点是比较容易修正两通道间的相位误差。间接法的 FFT 计算可以用专用软件在计算机上实现，是目前比较常用的方法。虽然在计算机上进行 FFT 运算的速度比不上专门仪器，尤其比不上直接法，但对于比较平稳的声场，这种方法经济、通用。

4.5.2 p-p 探头声强测试技术

质点速度与声压的关系为：

$$u_n(t) = -\frac{1}{\rho_0}\int_{-\infty}^{t}\frac{\partial p(\tau)}{\partial n}\mathrm{d}\tau \tag{4-24}$$

其中，声压的梯度可用两点声压的有限差分近似：

$$\frac{\partial p(\tau)}{\partial n}\approx\frac{p_2(\tau)-p_1(\tau)}{d} \tag{4-25}$$

式中：d——两点间的距离。

从而在这两个声压测点中点的质点速度近似为：

$$u_n(t) = -\frac{1}{\rho_0 d}\int_{-\infty}^{t}[p_2(\tau)-p_1(\tau)]\mathrm{d}\tau \tag{4-26}$$

若这两个声压测点中点的声压近似表示为 $I(t)=[p_1(t)+p_2(t)]/2$，可得到瞬时声强为：

$$I_n(t) = -\frac{1}{2\rho_0 d}[p_1(t)+p_2(t)]\int_{-\infty}^{t}[p_2(\tau)-p_1(\tau)]\mathrm{d}\tau \tag{4-27}$$

这就是 p-p 声强探头的原理，即利用相距一定距离的两个声压换能器来近似求得其中点的质点速度和声压，从而得到声强。该方法的测量精度显然和两个传声器的距离以及声场的空间变化程度有关。上式可用相应的硬件电路实现，对声场在时域上变化快慢并没做要求。当声场平稳时，该方向的平均有功声强为：

$$I_n = \frac{1}{\rho_0 dT\rightarrow\infty}\lim_{T}\int_{0}^{T}p_1(t)\int_{-\infty}^{t}p_2(\tau)\mathrm{d}\tau\mathrm{d}t \tag{4-28}$$

对于简谐波，经化简可得：

$$I_n = \frac{p_1p_2\sin(\varphi_1-\varphi_2)}{2\rho_0\omega d}\approx\frac{p_1p_2(\varphi_1-\varphi_2)}{2\rho_0\omega d} \tag{4-29}$$

而无功声强的幅度为：

$$I_r(x,t) = -\frac{1}{4\rho_0\omega}\frac{\mathrm{d}p^2(x)}{\mathrm{d}x} \approx \frac{p_1^2 - p_2^2}{4\rho_0\omega d} \tag{4-30}$$

声强测量仪器一般由三部分构成：探头部分、信号处理部分和校准器。探头部分指的是传感器部分，从声场中拾取声压或质点速度信号，然后传给信号处理部分。信号处理部分负责对信号放大滤波，然后根据前面介绍的声强测试原理计算并输出或显示。不论是传声器还是质点速度传感器都需要校准，所以声强测量仪器一般都配有专门的校准器，可用来校准声压、质点速度以及声强。目前常用的声强测量仪器采用的是 p-p 声强探头，它由两个相位在宽频带匹配的声压传感器、空间距离分隔器以及支架构成。空间距离分隔器的长度有三种规格：6mm、12mm 和 50mm，根据不同的测试频段选择。

4.6 声功率测试技术

声功率定义为声源在单位时间内向外辐射的声能，单位为 W。与声压级相对应，声功率也存在声功率级。声功率级是声功率与参考声功率的相对量度，定义为：

$$L_w = 10\lg\frac{W}{W_0} \tag{4-31}$$

式中：W——测量的声功率；

W_0——基准声功率，$W_0 = 10^{-12}$W。

声功率是一个绝对量，只与声源有关，与其他无关。因此，它是声源的一个物理属性。

当声场中存在多个相互独立的声源时，各声源同时发出来的声功率可以按代数相加，即：

$$W = W_1 + W_2 + \cdots + W_i + \cdots + W_n \tag{4-32}$$

此时，总声功率级为：

$$L_w = 10\lg\frac{W}{W_0} = 10\lg\frac{W_1 + W_2 + \cdots + W_i + \cdots + W_n}{W_0} \tag{4-33}$$

虽然声压级也可用于评价噪声的大小，但是声压测量有局限性，如测量结果与所处的声学环境中的距离和方位有关，难以给出确定的数值来评价设备噪声的大小。而声功率测量使用包络面测量方式，与距离无关，测量结果为确定的数值。在普通的声学环境甚至在有噪声干扰的条件下，使用声强法也可以测得声源的声功率。因此，用声功率来评价声源辐射的噪声具有声压无法替代的优势。

声功率不能够直接测到，必须要在造价昂贵的消声室或混响室通过对声压的测量，计算出声功率。声强是单位面积上的声功率，所以，一个包围声源的包络面上的声强与面积的乘积，就是声源的声功率。声强是质点速度与声压的乘积，因此，声强是一个矢量。只要将包络面上的声强矢量做积分，就可以求出声源的声功率，而测量区域之外的干扰噪声将得到抵消。因此，声功率的测量可基于声压法或声强法得到。基于声压的声功率测量要求在特定的声学环境中进行，但基于声强法的声功率测量可以在普通的声学环境，甚至在有干扰噪声的情况下进行。通过对声强的测量就可以得到声源的声功率，这是声强测量技术最典型的应用。

不管是基于声压法还是声强法，声功率测量都需要假想一个包络被测声源的测量面，并且在该测量面内除了被测声源之外，不能有其他声源或吸声体，测量面到被测声源的距离要适中。常用的包络被测声源的测量面有两种形式：半球面和六面体面，如图 4-18 所示。有

时可能还会采用任意包络面包络待测声源。

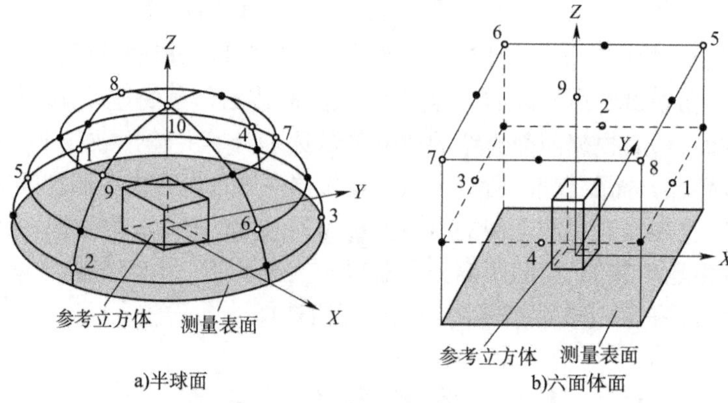

a)半球面　b)六面体面

图 4-18　常见的包络测量面

包络测量面会根据待测声源的大小做调整，图 4-18 中的包络测量面以声压法示意，图中空心圆点为关键的传声器测量位置，实心圆点为可增加的额外的传声器测量位置。

基于声强的声功率测量有两种测量方法，分别为离散点法和扫描法，对应的标准为 ISO 9614—1 和 ISO 9614—2。对于矩形包络面而言，如图 4-19 所示，通常需要测量 5 个面，底面作为反射面不测量，每个面的测量方式具有两种可选：离散点法和扫描法。

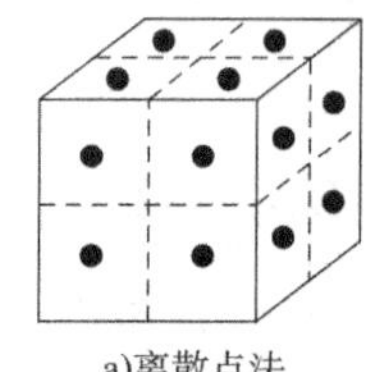

a)离散点法　b)扫描法

图 4-19　声强法声功率测量方式

离散点法如图 4-19a) 所示，这种方法是将测量面均匀划分为若干单元，然后逐个测量每个单元中心点的法向声强，计算该单元的声功率，最后将所有单元的声功率进行叠加，作为该测量面的声功率。

扫描法如图 4-19b) 所示，这种方法是将声强探头在适当长的时间内沿测量面进行匀速往复扫描，这样便可测得该测量面的平均声强，并计算其声功率。采用这种方法要求每个测量面都要正交地扫描两次。

分别测量 5 个面后，将 5 个面的声功率相加，即可得到总声功率。

从理论上讲，扫描法是连续空间平均较好的数学近似，测量精度较高，但是测量时，必须注意声强探头必须以均匀速度扫描，并且要均匀地覆盖被测量表面，因而测量时难度稍大。离散点法测量精度稍低，但是只要划分好测量单元，测量过程比较方便，重复性好，并且可以通过增加测点数目来提高测量精度。因此在实际测量中，应根据不同的测量要求选择不同的测量方法。

基于声压的声功率测量具有快速、可靠、高频率范围与动态范围等优点。但是传统的声压法测量需要消声室、混响室等特殊的声学环境，然而建造这些声学环境费用昂贵，即便有了这些声学设施，很多机器因结构、质量、尺寸及运转和安装条件的限制等，难以运进消声室内进行测量。另一方面，声压法受环境影响明显。

基于声强的声功率测量对测量场地及背景噪声要求较宽松，可现场测量，能剔除背景噪声的影响，可以方便地进行噪声源定位，可以方便地进行声辐射效率、传递损失等方面的测试研究工作等。但是声强法对操作者的技术有较高的要求，实验时间冗长、方式较为复杂。

如果不是在特定的声学环境中测量，声压法得到的声功率会偏大，而声强法得到的结果更精确。因此,声压法常用于特定的声学环境中的声功率测量,而声强法常用于现场或户外的声功率测量。

4.6.1 基于声压法的声功率测试技术

1)自由场法

把机器设备放在室外空旷无噪声干扰的地方或消声室内,即自由场中。测量表面采用半球面或六面体面,且测量位置应位于远场中,测量点的数目不能太少,各个测点位置的声压级的最大差值不得超过6dB,否则应增加更多的测点进行测量。自由场测量时使用自由场传声器。

求声源的声功率时,应将假想半球面(或六面体面)分成与测量点数目相同的面积。如果传声器测点占有的测试半球的面积相等,可以用下式求出表面平均声压级:

$$\overline{L_p} = 10\lg \frac{1}{N}\left(\sum_{i=1}^{N} 10^{0.1L_{pi}}\right) \tag{4-34}$$

式中:$\overline{L_p}$——被测声源工作期间的测量表面平均声压级,dB;

L_{pi}——第 i 个传声器位置上测得的声压级,dB;

N——传声器位置数目。

如果传声器测点所属的测量表面的占有面积不相等,此时,应用下式求表面平均声压级:

$$\overline{L_p} = 10\lg \frac{1}{S}\left(\sum_{i=1}^{N} S_i\ 10^{0.1L_{pi}}\right) \tag{4-35}$$

式中:S——测量半球的总面积,m^2;

S_i——第 i 个传声器测量位置所在测量表面的面积,m^2。

测量以机器设备为中心的半球面上若干均匀分布测点的声压级,用以下公式即可求得机器设备的声功率级 L_w:

$$L_w = \overline{L_p} + 10\lg S \tag{4-36}$$

若机器设备放置在全消声室或理想的自由场中,声源以球面波辐射,则在声源的远场半径 r 处的球面上,测量其声压级或频带声压级就可以计算出声功率级,即:

$$L_w = \overline{L_p} + 10\lg(4\pi r^2) = \overline{L_p} + 20\lg r + 11 \tag{4-37}$$

如果机器放在室外坚硬的空旷地面上,周围无反射,这时透声面积为 $2\pi r^2$,则声功率级 L_w 为:

$$L_w = \overline{L_p} + 10\lg(2\pi r^2) = \overline{L_p} + 20\lg r + 8 \tag{4-38}$$

2)混响室法

将机器设备声源放置在混响室内,测量室内平均声压级后可以求出噪声源声功率级。注意,混响室测量声压级使用的传声器类型为随机场传声器。在混响室内,除了非常靠近声源位置外,离开壁面半波长的其他区域的声压级差不多相同。这时室内平均声压级和声源声功率级的关系为:

$$L_w = \overline{L_p} + 10\lg \alpha S - 6.1 \tag{4-39}$$

式中:α——房间的吸声系数;

S——混响室边界表面的总面积;

αS——混响室总吸声量。

混响室测量时，传声器位置距墙角和墙边至少应为关心的最低频率的波长的3/4，离墙面至少为关心的最低频率的波长的1/4，且传声器不要太靠近声源，因为声源附近干涉严重，因此，至少应距待测结构1m远。平均声压级至少要在一个波长的空间内进行测量，测量位置为3～8个，常用6个。测量位置的个数还与噪声源频谱特性有关，如噪声源有离散频率，就需要更多的传声器测点。

对于混响室而言，有一个重要的参数就是它的混响时间，如果混响室的总吸声量是通过测量混响时间来计算的，这时噪声源的声功率可用下式计算：

$$L_w = \overline{L_p} + 10\lg\frac{V}{T} + 10\lg\left(1 + \frac{S\lambda}{8V}\right) - 14 \tag{4-40}$$

式中：V——混响室体积；

T——混响时间；

λ——相应测试频带中心频率的声波波长。

3）标准声源法

前面两种测试方法都要求特定的声学环境，但机器设备的实际使用环境可能位于车间或厂房内。因此，机器设备可能不便于搬运到消声室或混响室。那么，此时可使用标准声源法或现场测量法。

在有限吸声的工厂或车间内测量噪声，自由场法要求的条件很难得到满足。这时，采用一个已知声功率级L_{w_r}的标准声源与被测噪声源相比较来测定机器的声功率。使用标准声源和待测声源在相同的条件下、同样的测量位置产生的声压级（也可以是平均声压级）分别为L_{p_r}和L_p，则噪声源的声功率级L_w可用下式表示：

$$L_w = L_{w_r} - L_{p_r} + L_p \tag{4-41}$$

按此方法测量时，先让噪声源按测试工况工作，在一些测点位置上测得声压级，计算得到平均声压级。然后关掉噪声源，将标准声源置于噪声源的位置，再在这些测点位置测量标准声源的平均声压级。

用此法测量时，可以选用下述方法之一来进行：

（1）替代法。把机器移开，用标准声源代替它做测量。

（2）并排法。若机器不便移动，可以把标准声源放在对称的位置。

（3）比较法。把标准声源放在厂房另一点，周围反射面位置和机器旁相似。

关于标准声源的要求可参考《声学用于声功率级测定的标准声源的性能与校准要求》（GB/T 4129—2003）。

4）现场测量法

虽然基于声压的声功率测量已经介绍了三种，但是测量时仍有诸多不便，比如，很难找到合适的消声室或混响室、很难找到标准声源、机器设备难以移动等问题。这就要求在现场对机器设备进行基于声压法的声功率测量。

现场测量不同于消声室，将会受到现场背景噪声和测试环境的影响。因此，需要对这两个影响因素进行修正。在按自由场法得到声功率的基础上，减去两个修正因子，则为现场测量得到的声功率级：

$$L_w = \overline{L_p} + 10\lg S - K_1 - K_2 \tag{4-42}$$

式中，K_1是背景噪声的修正项，当测量得到的表面平均声压级$\overline{L_p}$与背景噪声的声压级

差 $\Delta L > 15\text{dB}$ 时,可以不做修正,即 $K_1 = 0$。当二者差值位于 6 ~ 15dB 之间时,必须修正,且按下式进行修正:

$$K_1 = 10\lg(1 - 10^{-0.1\Delta L}) \tag{4-43}$$

当两者的差值小于 6dB 时,整个测量都是无效的。K_2 是测量环境的修正项,通常可依据房间的吸声量来计算修正项,即:

$$K_2 = 10\lg\left(1 + \frac{4S}{A}\right) \tag{4-44}$$

式中:S——测量表面的面积;

A——房间的吸声量。

而房间的吸声量由下式给出:

$$A = \alpha S_v \tag{4-45}$$

式中:α——房间的平均吸声系数;

S_v——测试房间边界表面的总面积。

当与声源的距离等于声源中心至较低测点最大距离 3 倍的范围之内无反射物体时,可不进行环境修正,即 $K_2 = 0$,只要 $K_2 \leqslant 2\text{dB}$,那么测量就符合要求,如果环境修正项大于 2dB,则可选用一个较小的测量表面重复测量或另选一个更好的测试环境。

4.6.2 基于声强法的声功率测试技术

将声强 $\vec{I}$ 对包络整个待测声源的测量表面面积 $\vec{S}$ 进行矢量积分,如图 4-20 所示,即得到声源的声功率 P:

$$P = \int_S \vec{I}\,\mathrm{d}\vec{S} = \int_S I\cos\alpha\,\mathrm{d}S \tag{4-46}$$

如果将测量表面划分为若干个子面 S_i,并且测量每个子面的法向声强 $I_{i,\text{normal}}$,如图 4-21 所示,那么,声功率可由下式得到:

$$P = \sum_i I_{i,\text{normal}} \Delta S_i \tag{4-47}$$

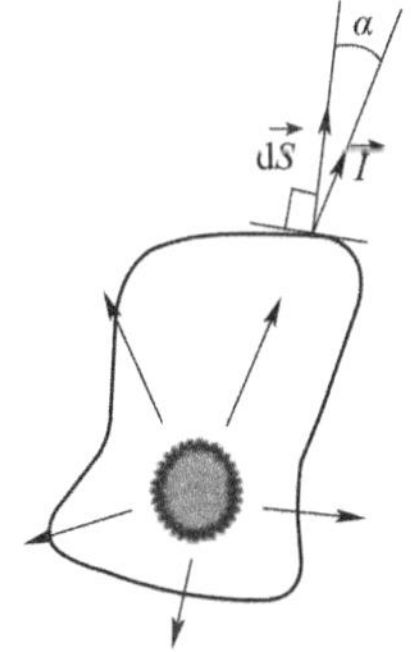

图 4-20 声强法计算声功率

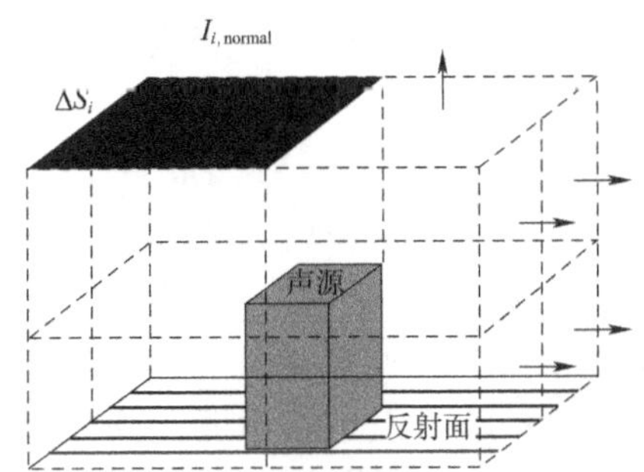

图 4-21 分片计算声功率示意图

当声源位于测量表面内部时,求得的声功率为该声源的声功率,如图 4-22 所示。

如果在测试现场附近还有其他外部声源存在时,由于其他声源位于测量表面之外,该声源的声能从测量表面的一侧进入为负,而从另一侧出去时为正,如图 4-23 所示。因此,对这些声能进行矢量积分时,会相互抵消,从而对测试结果没有影响。因而,基于声强法的声功率测量可以现场进行测试,不受其他外部噪声的影响。

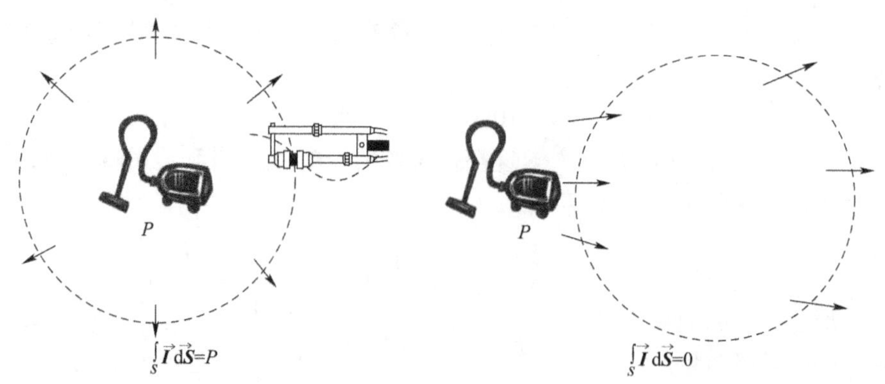

图4-22 基于声强法的声功率测量示意图　　图4-23 外部噪声对声强法测量声功率的影响

基于声强法的声功率测量通常用六面体包络待测声源,底面作为反射面不测量,测量其他五个矩形面元。因而每个矩形面元有两种测量方式可选:离散点法和扫描测量法。

1)散点法

根据标准,要求测量表面与被测声源表面的平均距离一般应当大于0.5m。如果测量表面位置正好在声辐射小、对被测声源声功率影响不大的机器部位或被测声源尺寸很小,二者的距离可以小于0.5m。

离散点测量法是将每个测量面元均匀划分为若干单元,然后逐点测量每个单元中心点的法向声强,计算该单元的声功率,最后将所有单元的声功率进行叠加,作为该测量面的声功率。

离散点测量法可能受测点数目的影响,如图4-24所示,对一个校准过的声源进行测量,其声功率级为75dB。当每个测量面元只有1、2和4个测点时,得到的结果分别为78.6dB、76.8dB和75.8dB,而扫描法得到的结果为75.6dB。因此,离散点法测量时必须划分数目合适的测点,不然将引起明显的测量误差。根据标准,要求测量点至少每平方米一个,整个测量表面最小取10个测量点,它们应尽可能在面元上均匀分布。如果外部噪声比较明显,需要50多个测量点。只要总的测量点数不少于50个,可以允许降到每2m²一个测量点。如果外部噪声不明显,并且测量表面积大于50m²,那么整个测量表面上可取50个测量点,但要尽可能均匀。

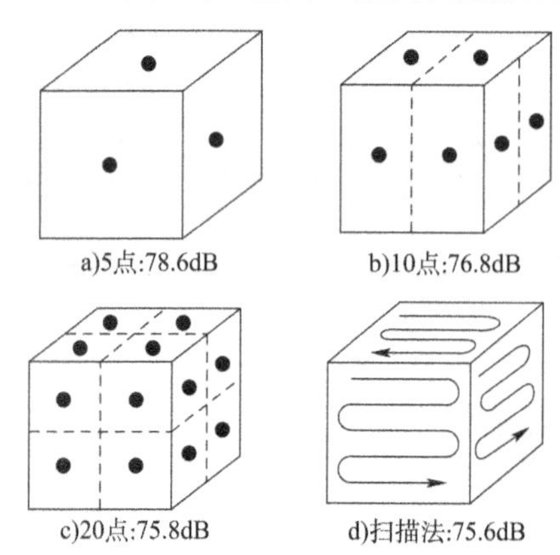

图4-24 不同测点数目测量结果对比

对于离散点测量方法而言,有4个声场指示值:F_1、F_2、F_3和F_4。

F_1表示声场随时间变化的指示值,通常每个测量面取2个点,共10个点来计算该指示值。该指示值越小表明声源辐射的声强越稳定,随时间变化小,即声源为稳态声源。根据标准ISO 9614-1,要求$F_1 \leqslant 0.6$。如果$F_1 > 0.6$,应采用以下措施:减少外部噪声的时变性;每个测点增加测量时间;在时变性更小的期间进行测量。

F_2表示测量表面的声压—声强指示值,为每个测量面元的平均声压级与该表面法向无符号平均声强级的差值。在自由声场中该值为0,在扩散场大于0。根据标准ISO 9614—1,要求它小于声强探头的动态范围指数,即$F_2 < L_d$。当$F_2 > L_d$,如果存在明显的外部噪声和或具有很强的混响时,应减少测量表面与声源之间的平均距离,最小距离为0.25m。如果没有明显的外部噪声或具有很强的混响时，应将平均测量距离增加到1m。

F_3 表示声功率负部指示值，为每个测量面元的平均声压级与该表面法向带符号平均声强级的差值。这个指示值考虑了声强的方向性，根据 ISO 9614—1，要求 $F_3—F_2<3$dB。如果不满足，应减少测量表面到声源表面的平均距离，或者屏蔽外部噪声源，或者减少进入包络面的反射声。

F_4 表示声场非均匀性指示值，表示测量声场在空间的变化大小。这个指示值确定了离散点测量法的最少测点数目。根据 ISO 9614—1，要求测点总数目 $N \geqslant CF_4^2$，如果这个条件满足，说明测量表面上均匀分布的测点总数目是足够的。对于工程级的 1/3 倍频程而言，C 按表 4-4 取值。如果该条件不满足，那么应均匀地增大测点密度。

因子 C 值 表 4-4

1/3 倍频程中心频率(Hz)	工程(2 级)	1/3 倍频程中心频率(Hz)	工程(2 级)
50 ~ 160	11	800 ~ 5000	29
200 ~ 630	19	6300	14

2）扫描法

扫描测量法是将声强探头在适当长的时间内，沿测量面进行匀速往复扫描，这样便可测得该测量面的平均声强，并计算其声功率。采用这种方法要求每个测量面元都要正交地扫描两次，如图 4-25 所示。

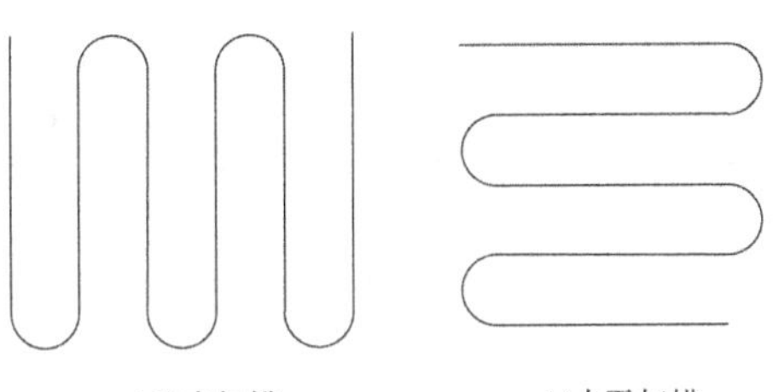

图 4-25　两种扫描方式

相邻两条扫描线路的平均距离应当相等，且不超过测量面距声源的平均距离。扫描时可采用机械扫描方式，也可以采用手动扫描方式。手动扫描速度应在 0.1 ~ 0.5m/s 范围之内，机械扫描速度则应在 0 ~ 1m/s 范围之内。在单个测量面元上任何一次扫描的持续时间不应小于 20s。手动扫描期间，操作人员不应面对测量面元扫描，而应站在旁边以使其身体不会阻挡声源的声辐射，以免产生反射声。

扫描法测量时，根据标准，有 3 个声场指示值。

F_{pI}是测量面的声压—声强指示值，如果测量面元相等，那么该指示值与离散点法的 F_3 相等。根据标准 ISO 9614—2，要求 $L_d > F_{pI}$。如果该条件不满足，那么应将测量面至声源的平均距离减半（但不能小于 0.1m）和将扫描线路密度加倍。

$F_{\pm}$是负局部声功率指示值，在均匀面元面积的特殊情况下，该指示值等于离散点法的 F_3-F_2。根据 ISO 9614—2，要求 $F_{\pm} \leqslant 3$dB。如果条件不满足，应用屏障将外部的强噪声源与测量面隔开，或在远离被测声源的测试空间加吸声材料，减少混响声场的不利影响。

最后一个指示值是每个面元两次正交扫描得到的声功率绝对差值，其应小于表 4-5 中的不确定度。但有时，工程上不分频带，在整个频带上都要求小于 3dB 即可。若该条件不满足，则应将同一面元的扫描密度加倍。

不确定度 表 4-5

1/3 倍频程中心频率(Hz)	工程(2 级)(dB)	1/3 倍频程中心频率(Hz)	工程(2 级)(dB)
50 ~ 160	3.0	800 ~ 5000	1.5
200 ~ 630	2.0	6300	2.5

4.7 车辆噪声测试技术

4.7.1 噪声测试国外标准

早在20世纪30年代,一些发达工业国家就有了汽车噪声法规,不过在当时这些法规各国皆不相同,国际上也没有统一的标准。直到20世纪70年代初,汽车噪声法规在世界范围内被广泛引入,并且法规和测量标准在世界各国经济体内取得了一致,甚至在限值上也基本相同。如联合国欧洲经济委员会法规ECE Reg. No. 51/02(1997)《关于在噪声方面汽车(至少有四个轮胎)型式认证的统一规定》和国际ISO 362:1998《声学—道路车辆加速行驶噪声测量办法—工程法》;ISO 5128:1980《声学汽车车内噪声测量方法》;美国汽车工程师学会的SAEJ1470《车辆加速行驶噪声测量》和SAEJ1030《轿车和轻型载货汽车的最大噪声级》;日本的JASOZ101《车外噪声试验方法》和德国的DINISO 362《道路车辆加速行驶噪声测量》等。

在上述测量方法中,以加速行驶噪声测量为主。加速噪声测量是目前大部分国家进行汽车型式试验时的必做项目,是考核汽车整车噪声的主要指标。其值也基本反映了各国在控制汽车噪声方面所达到的技术水平。

车内噪声是影响乘员的舒适性、听觉损害程度、语言清晰度以及对车外各种音响讯号识别能力的重要因素,ISO、欧美日等除制定了匀速行驶车内噪声试验方法外,还制定了汽车怠速、加速工况下车内各个位置的噪声测量方法。

欧美日汽车试验中都规定车辆必须进行定置状态噪声测量,汽车定置噪声测量标准ISO 5130主要是针对排气噪声和发动机噪声的测量方法。

4.7.2 噪声测试国内标准

对比国外发达国家,我国汽车噪声法规起步较晚,发展较缓慢。但是,随着近几年国内汽车工业的快速发展,相应的汽车噪声法规发展较快,在某些方面已接近国际水平。

1979年我国首次颁布了两项国家标准《机动车辆允许噪声》(GB 1495—1979)和《机动车辆噪声测量方法》(GB 1496—1979),主要适用于新型车型式认证,规定了各类车辆加速行驶噪声的限值和测量方法。其在实施中存在测量场地周围声学环境要求较简单、声级计精度要求较低和未考虑车辆比功率影响等方面的问题。

1996年,由于我国城市交通噪声污染日益严重,国家环境保护局和国家技术监督局联合发布了国家标准《汽车定置噪声限值》(GB 16170—1996),对车辆处于定置工况下的噪声辐射实行控制,该标准至今仍有效。对轿车和重型货车的定置噪声分别规定了85dB(A)和103dB(A)的限值。汽车定置状态噪声测量对测量场地要求较低,测试简便,时间短,便于汽车制造厂对新车噪声的检测和车辆管理部门随时随地对在用汽车的噪声进行检测、监督和控制,可使汽车保持在较好的技术状态,减少对汽车的毁坏和对环境的污染。

2002年,为了适应现代车型的噪声测量以及与国际惯例保持一致,国家环境保护总局和国家质量监督检验检疫总局联合发布了《汽车加速行驶车外噪声限值及测量方法》(GB 1495—2002)。GB 1495—2002主要参考了联合国欧洲经济委员会法规ECE Reg. No. 51和ISO 362噪声测量标准,取代了原有两项国家标准GB 1495—1979和GB 1496—1979,

自2002年10月1日起分两个阶段实施,具体限值见表4-6。

我国与欧洲车外加速噪声限值比较 表4-6

序号	车辆类型	法规和标准				
		ECE/R 51-00	GB 1495—2002	ECE/R51—01	GB 1495—2002	ECE/R51—02
		实施日期				
		1982.10.01	2002.10.01	1988.10.01	2005.01.01	1995.10.01
1	M1 M2(GVM≤3.5t) N1(GVM≤3.5t)	80	77	74	77	74
2	GVM <2t	81	78	76	78	76
	2t <GVM≤3.5t M2(3.5t <GVM≤3.5t) M3(GVM >5t)	81	79	77	79	77
3	*P* <150kW	83	82	80	80	78
	P≥150kW N2(3.5t <GVM≤12t) N3(GVM >12t)	85	85	83	83	80
4	*P* <75kW	83	83	81	81	77
	75kW≤*P* <150kW	86	86	83	83	78
	P≥150kW	88	88	84	84	80

我国法规噪声限值所用试验方法不同于ECE法规,但从表4-6的数据大致可以看出,与国外先进水平相比,我国车外加速噪声水平滞后15~20年,相当于国外20世纪90年代的水平。2005年通过对所有汽车产品重新进行申报和测试,督促企业和产品采取技术改进措施,国产车辆水平有了很大进步,基本达到GB 1495—2002法规第二阶段的标准。

GB 1495—2002在测量方法上弥补了GB 1496—1979的缺陷,对测量场地应达到的声学条件要求加以具体规定,如以测量场地中心(O点)为基点、半径为50m的范围内应无围栏、岩石、桥梁或建筑物等大的声反射物等,目前国内具有该试验条件的试验场较少,长安大学汽车试验场可以满足国标对测量场地的要求。标准还增加了手动及自动变速器挡位选择条件,明确了加速行驶操作条件等,对汽车加速行驶车外噪声测量方法做了详尽规范的要求。

4.7.3 车辆通过噪声测试技术

1)测量仪器、试验条件和场地要求

(1)测量仪器。

通过噪声测量仪器主要有测量误差不超过±2dB(A)的精密声级计或传声器、发动机转速表和多通道数据采集仪等。

(2)测量条件。

测量场地应平坦而空旷,在距测试中心50m半径范围内,不应有如建筑物、围墙等大的反射物;应有20m以上的平直、干燥沥青路面或混凝土路面,路面坡度不超过0.5%;测量时本底噪声应比所测车辆噪声至少低 10dB(A),并保证测量不被偶然的其他声源所干扰;为避免风噪声干扰,可采用防风罩,但应注意防风罩对声级计灵敏度的影响;声级计附近除测量者外,不应有其他人员,如不可缺少时,则必须在测量者背后;被测车辆空载,且测量时发动机应处于正常使用温度。由于车辆带有的其他辅助设备亦是噪声源,所以测量时是否开动,应按正常使用情况而定。

2)加速行驶通过噪声测量方法

(1)车辆前进挡位为 4 挡以上的车辆用第三挡,前进挡位为 4 挡或 4 挡以下的用第二挡,保持发动机转速为发动机标定转速的 3/4 稳定地到达始端线。如果此时车速超过了 50km/h,那么,车辆应以 50km/h 的车速稳定地到达始端线。对于自动换挡车辆,使用在试验区间加速最快的挡位。试验时,不能使用辅助变速装置。在无转速表时,可以控制车速进入测量区,以相当于 3/4 所定挡位标定转速的车速稳定地到达起始端线。

(2)从车辆前端到达始端线开始,立即将加速踏板踏到底或节流阀全开,直线加速行驶,当车辆后端到达终端线时,立即停止加速,松开加速踏板,车辆滑行停止。

(3)声级计用 A 计权网络,“快”挡进行测量,读取车辆驶过时的声级计表头瞬时最大读数;

(4)同样的测量往返进行一次,车辆同侧两次测量结果之差不应大于 2dB(A),并把测量结果记入标准规定的表格中,取每侧二次声级的平均值中最大值作为被测车辆的最大噪声级,若只用一个声级计测量,同样的测量应进行四次,即每侧测量两次。

3)匀速行驶车辆通过噪声测量方法

(1)车辆用常用挡位、节气门保持稳定,以 50km/h 的车速匀速通过测量区域。

(2)声级计用 A 计权网络,“快”挡进行测量,读取车辆驶过时声级计表头的瞬时最大读数。

(3)同样的测量往返进行一次,车辆同侧两次测量结果之差不应大于 2dB(A),并把测量结果标准规定的表格中。若只用一个声级计测量,同样的测量应进行四次,即每侧测量两次。

4.8 纯电动汽车驾驶室振源与动力总成悬置隔振测试

4.8.1 悬置系统隔振性能评判准则

工程中,主要通过悬置振动传递率以及悬置元件的隔振率来评价悬置系统的隔振性能。

1)振动传递率

当采用振动传递率来评价悬置系统的隔振特性时一般用 T 表示,如式(4-48)所示:

$$T=\frac{F_t}{F_0}=\sqrt{\frac{1+(2\xi\lambda)^2}{(1-\lambda^2)^2+(2\xi\lambda)^2}} \tag{4-48}$$

式中:T——悬置振动传递率;

F_t——悬置隔振传递的力的幅值;

F_0——施加于悬置上的外激励力幅值;

λ——频率比;

ζ——阻尼比。

T 值大小与悬置系统隔振特性有关，T 值越大表明其减振能力越好，由式(4-48)可知，传递率 T 值和悬置橡胶的刚度、阻尼等特性有关。

工程中也经常会用到另一种传递率的计算方式来评价隔振元件的隔振效果，通过计算分贝值的大小来衡量传递率，将主动侧的振动值与被动侧的振动值取绝对值后相比，然后在取 20 倍的 lg 换算，得到的分贝数值越大，则说明其减振结构的隔振效果越好，表示如下：

$$T_{\mathrm{dB}} = 20\lg \frac{|a_{\mathrm{a}}|}{|a_{\mathrm{p}}|} \tag{4-49}$$

式中：a_{a}——主动侧的加速度；

a_{p}——被动侧的加速度。

当 T_{dB} 数值大于或等于 20dB 时，则表明从主动端传递到被动端的振动量至少衰减了 90%，此时，被动端的振动值仅为主动端振动值的 0.1 倍，工程上一般当传递率大于 20dB 时，则认为这个隔振装置是满足与符合要求的。

2）悬置元件的隔振率

机械工程应用中，通过计算动力总成悬置系统的隔振率来评价隔振元件的性能，表示如下：

$$L = 1 - \left(\frac{A_1}{A}\right) \times 100\% = 1 - \left(\frac{a_1}{a}\right) \times 100\% \tag{4-50}$$

式中：A——位于隔振装置主动端的振动幅值；

A_1——位于隔振装置被动端的振动幅值；

a_1——位于隔振装置被动端的振动加速度幅值；

a——位于隔振装置主动端的振动加速度幅值。

L 值大小与隔振结构能够衰减的振幅或加速度量的大小有关，L 值越大则说明悬置元件的隔振效果越好，一般当 L 值大于 90% 时，则认为该隔振器工作性能满足要求。

4.8.2　测试设备与环境

纯电动汽车由于动力总成的改变，进排气的取消，电池包的加入等，相比与传统汽车，其 NVH 特性发生了很大的变化，虽然电机代替发动机使得整车的振动减小了，但是同样也存在一些严重的 NVH 问题，如起步加速啸叫明显，在起动、熄火、换挡、急加速、急减速、制动时莫名抖动现象严重等。本研究针对驾驶人提出的在起动加速某阶段驾驶室内转向盘出现抖动较大的问题进行振源识别测试。

1）测试设备

测试利用 LMS 公司的 Test. lab 及前端 Scadas 对试验中的振动信号进行采集，如图 4-26 所示。利用 LMS 前端进行加速工况测试时，需要设置待测转速范围。转速信号的提取有两种方法：第一种是通过在点火线圈上外接转速夹来提取脉冲信号；第二种是通过 OBD 获取 CAN 信号上的转速信息。本次测试通过提取 CAN 线上转速信号进行转速提取。振动传感器采用三轴加速度传

图 4-26　振动采集仪

感器,由于传感器的灵敏度受温度与湿度等环境因素影响,所以每次在测试前都需要先对其灵敏度进行校准。

2)测试环境

测试环境对整车的NVH测试非常重要,本次测试采用整车半消声室轮毂试验台架,如图4-27所示。整车半消声室内建有吸声结构材料,在整车半消声室里测试,消除了来自外界存在的振动和噪声等其他干扰试验因素的影响,能够很大程度上保证试验测试数据的真实可靠,在轮毂试验台上面测试时,通过更换轮毂面可以模拟不同的道路,试验操作方便快捷。

图4-27 整车半消声室轮毂试验台架

4.8.3 驾驶室振动测试

测试在整车半消声试验室轮毂实验台架上进行,按要求完成设备仪器的连接后开始布置传感器,测点布置如图4-28所示,根据相关要求,测试时加速度传感器布置在驾驶人座椅导轨位置与转向盘12点方向处。

a)座椅导轨

b)转向盘12点方向处

图4-28 驾驶室振动测试传加速度传感器布置

信号采集中设置振动带宽为800Hz,为了减小或抑制截断时能量的泄露,一般要通过加合适的窗函数来对时域信号进行加权处理,以改善时域截断处的不连续状况,根据测试要求本次试验选择汉宁窗。

整车半消声试验室加速时驾驶室振动测试结果如图4-29所示。

通过分析可知在整个工作转速范围内,驾驶室座椅导轨位置和转向盘12点方向处的振动能量主要集中在1000~2500r/min。测试在整车半消声试验室进行,排除了外界路面激励等因素,电机作为纯电动汽车上的重要振源,推测该振动可能是由动力总成传递而来。

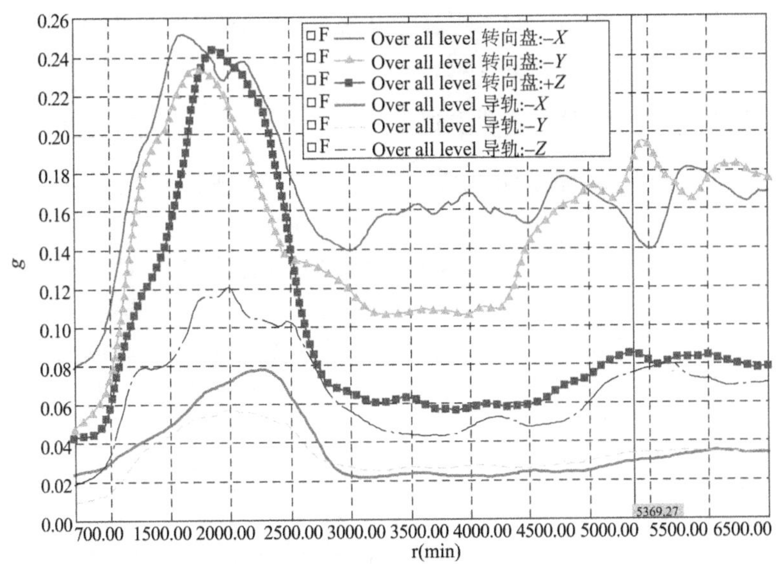

图 4-29　整车半消声试验室加速时驾驶室振动值

由于所研究纯电动汽车的驱动方式为前置前驱，电机和减速器做成一个整体，电机轴和驱动轴相互平行，为了更进一步确定驾驶室内的振动是来自于电机还是减速器，对测试数据进行阶次贡献量分析。因为电机与减速器均存在阶次振动问题，在分析时一般只要确定其一即可作出判断，以下对主减速器产生的阶次振动贡献量进行分析，得到主减速器阶次振动量如图 4-30 所示。

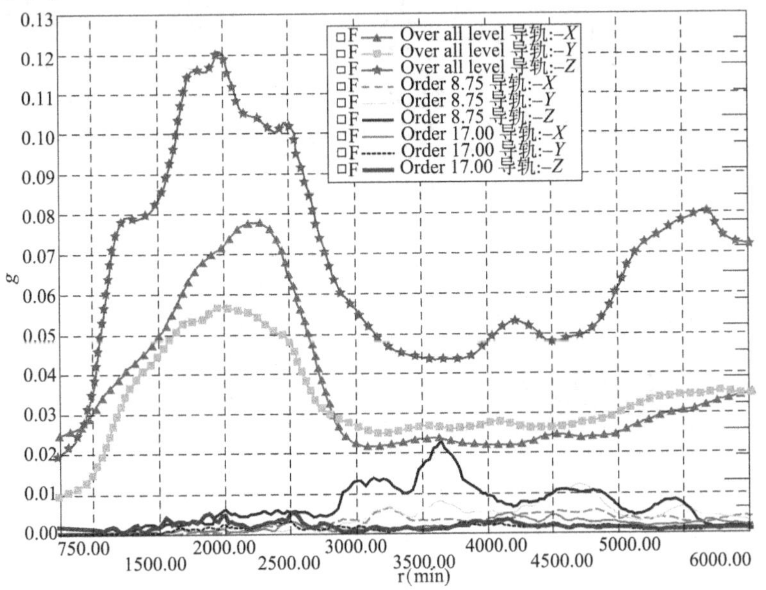

图 4-30　驾驶室内振动量分析

将主减速器产生的阶次振动加速度曲线与座椅导轨位置处的振动加速度曲线在 1000 ~ 2500r/min 转速范围内振动量对比后分析发现主减速器产生的阶次振动并不是驾驶室内总的振动量的主要贡献量，占总级的贡献量很小，因此可以确定驾驶室内的振动并不是是由主减速器产生的振动引起的。

由上面分析可以确定驾驶室内出现的振动量异常问题是由于动力总成中的电机工作时产生的振动通过结构辐射传递到驾驶室内造成的，而悬置系统作为隔离动力总成振动的重

要元件并未达到理想的效果,为了对问题进行更深一步的分析,下一步对悬置的隔振性能进行测试。

4.8.4 动力总成隔振率试验测试

电动车动力总成悬置系统布置方式采用左、右、后三点悬置布置,悬置在动力总成中安装位置如图 4-31 所示。

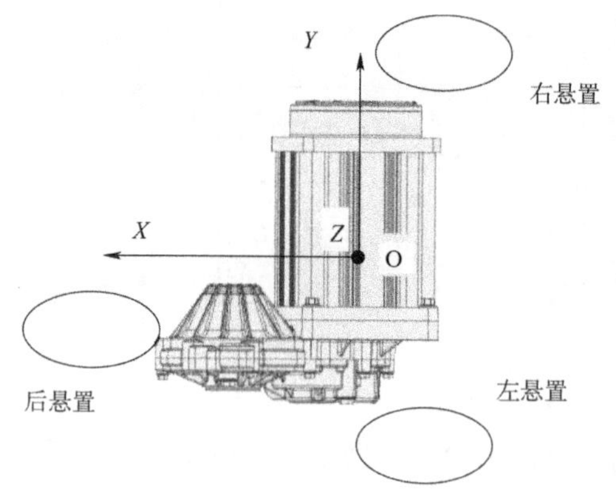

图 4-31 动力总成布置简图(俯视图)

测试时,根据要求在动力总成悬置左、右,后主动侧和被动侧分别各布置一个三轴加速度传感器,具体粘贴位置如图 4-32 所示。传感器的 X 方向定义为车辆前后方向,由车头指向车尾方向为正,Y 方向定义为车辆左右方向,由驾驶人位置指向副驾位置为 Y 的正向,Z 方向定义为车辆垂直方向,向上为正。

校准好加速度传感和信号采集系统后,按照以上构建的测试系统进行纯电动汽车加速工况悬置测试试验,设置测量转速范围为 500 ~ 6500r/min,测试的振动带宽选择 800Hz,采用汉宁窗进行数据采。全加速工况,测量该工况下各个测点在 X、Y、Z 三个方向的振动量。

a)左悬置主动侧

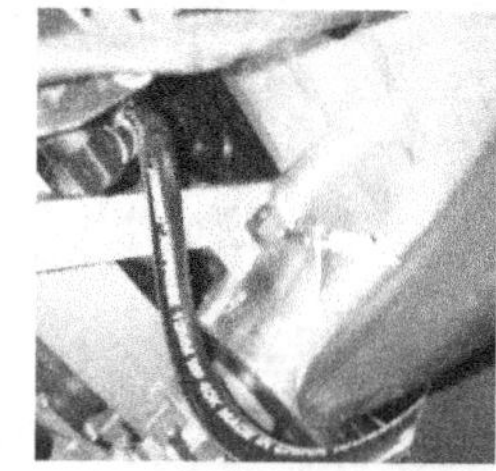

b)左悬置被动侧

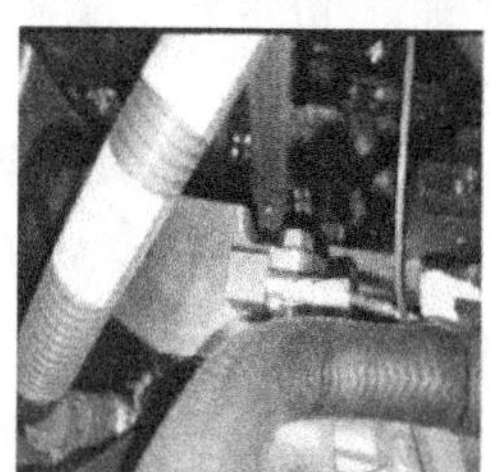

c)右悬置主动侧

d)右悬置被动侧

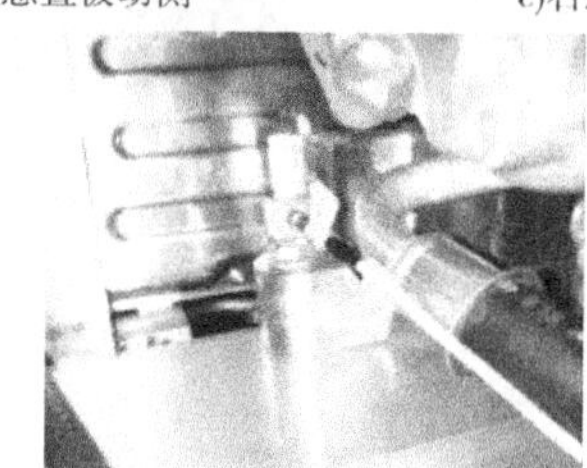

e)后悬置主被动侧

图 4-32 动力总成悬置传感器布置位置

4.8.5 测试结构分析

测试中后悬置主被动侧振动加速度如图 4-33 所示,左悬置主被动侧振动加速度如图 4-34 所示,右悬置主被动侧振动加速度如图 4-35 所示。

由图 4-33 ~ 图 4-35 中左、右、后悬置主被动端的加速度值可知,主动侧的加速度经过悬置系统后幅值均得到了极大衰减,在整个所研究的转速范围内振动能量主要分布在 1000 ~ 2500r/min 范围内。该范围内的振动能量值突然增加且该范围内的部分振动幅值达到 $0.5g$, 在转速超过 3000r/min 后,被动侧的振动量逐渐减小,加速度幅值减小至 $0.3g$ 以下,振动能量分布合理。

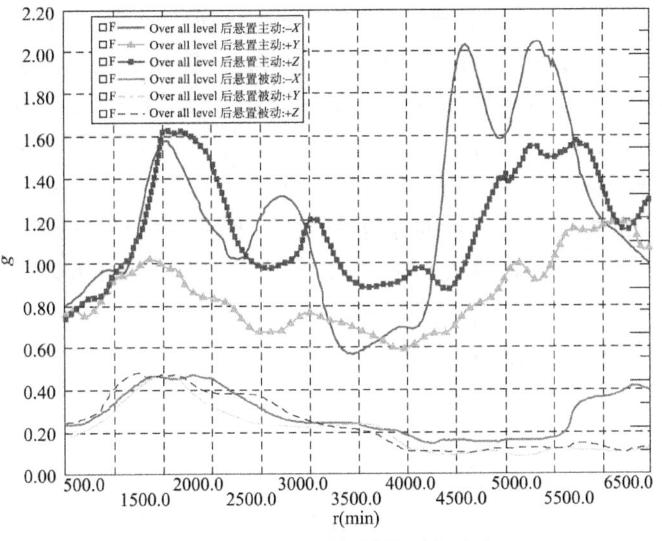

图 4-33　后悬置主被动侧振动加速度

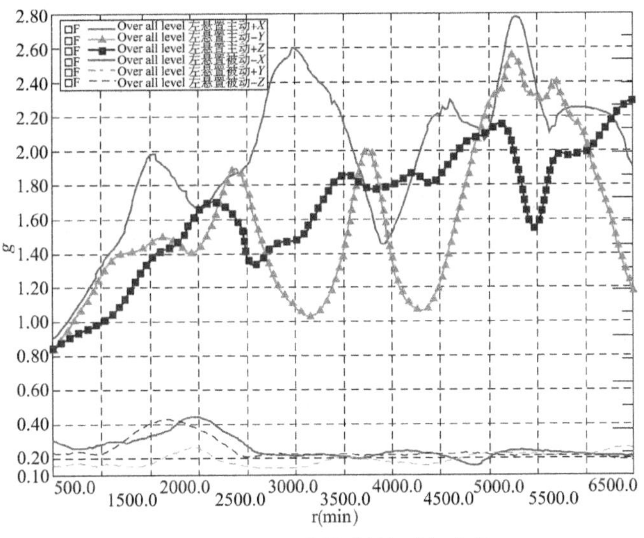

图 4-34　左悬置主被动侧振动加速度

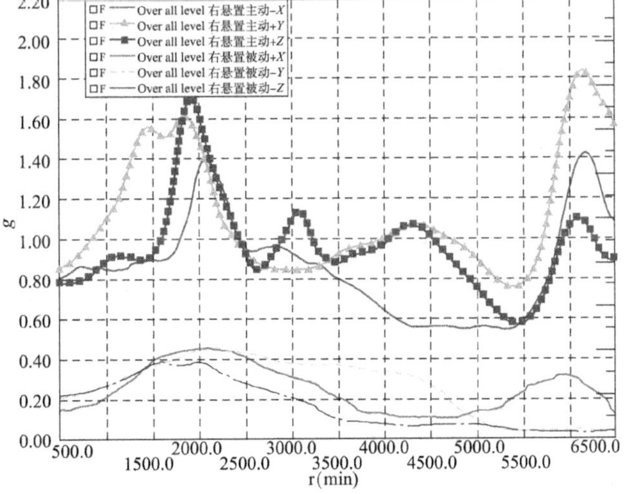

图 4-35　右悬置主被动侧振动加速度

通过分析可知与电机相连的悬置主动侧的加速度幅值经过悬置系统后虽然到了很大程度的衰减，但是在 1000 ~ 2500r/min 转速范围内存在一个突出的振动量异常问题，振动加速度幅值较大，该转速范围位置与驾驶室内测量时出现的振动量异常转速范围相对应，由此确定驾驶室内出现的较大振动量是由动力总成悬置系统被动端处的振动通过结构辐射传递而来的，悬置系统在该转速范围内的隔振效果较差造成。为了更准确地去分析悬置系统的隔振特性，现在对测试数据进行进一步的分析计算。工程上评价悬置隔振性能的主要指标是隔振量或者隔振率，当采用隔振量表示时，需要取对数计算后用分贝表示，一般要求悬置系统的隔振量要达到 15 ~ 20dB，以下采用计算其隔振率值进行评价。

通过对主被动侧振动加速度数据进行处理可得到左、右、后三个悬置在 X、Y、Z 三个方向的隔振率如图 4-36 ~ 图 4-38 所示。

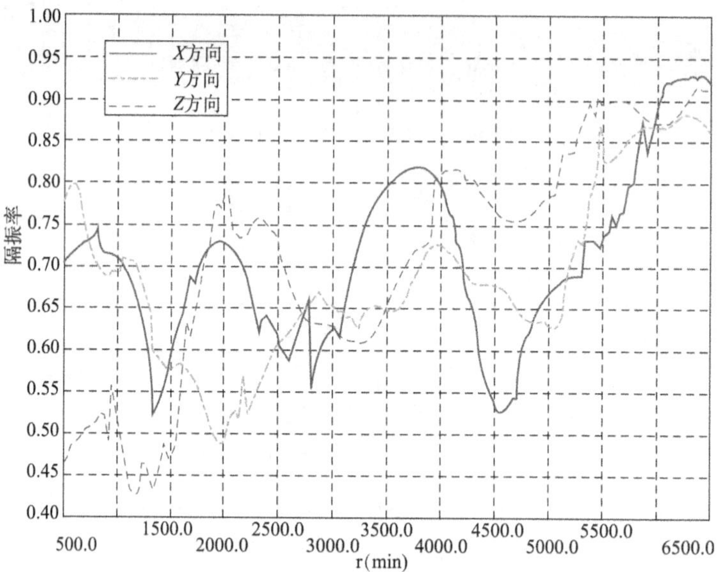

图 4-36　右悬置隔振率

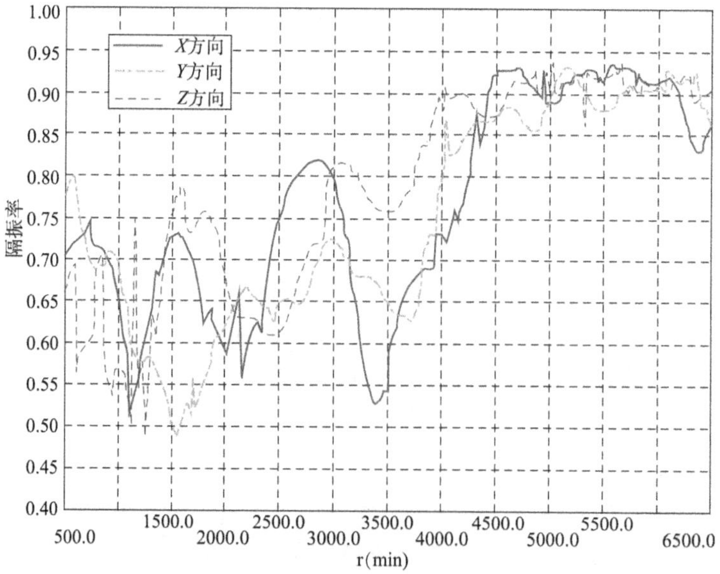

图 4-37　后悬置隔振率

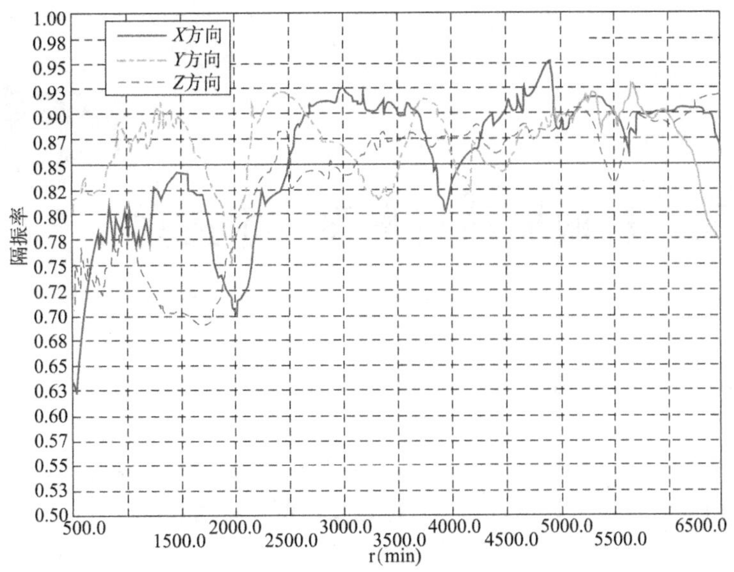

图 4-38　左悬置隔振率

通过分析可知三个悬置在所研究的转速范围内虽然起到了一定的隔振效果,但是悬置系统隔振率不高,部分转速范围下的隔振率远远低于一般的目标要求,且在一些转速下的隔振率低于 50%。继续可以通过优化隔振系统等方法进行隔振控制。

第5章　机械振动与噪声技术应用

在了解振动与噪声基础理论、振动与噪声信号处理技术；熟悉振动与噪声测试技术以及减振降噪技术后，利用这些技术研究特定工程中的振动与噪声问题，从而为系统的设计提供思路或对系统进行评价是NVH工程师或相关专业技术研究人员必须具备的能力。本章主要通过基于偏相干分析的大型客车振动源识别、车辆平顺性测试及评价、车辆通过噪声测试、车辆车内噪声测试四个实际应用案例说明振动与噪声技术的具体工程应用。

5.1　基于偏相干分析的大型客车振动源识别

针对某大型客车在实际运行和怠速运行中振动较大的问题，采用偏相干分析方法进行理论分析和试验研究。研究偏相干分析的基本原理和计算方法，编制计算程序。在不同怠速转速下，对该车辆的六个测点与后排座椅地板处的振动响应进行试验研究。采用多输入单输出模型进行偏相干分析，分析结果定量给出车辆主要振源对整车振动的贡献量，对整车振源进行排序。为更进一步研究车辆减振、降噪方法提够理论基础和实践指导。

降低车辆振动和噪声是近几年车辆领域研究的热点。目前，车辆减振研究主要集中在，从振动源头降低振动和衰减振动传递两方面。不论从振源还是从传递路径上降低振动，首先要完成的工作就是找出振源，从源头上解决问题。

车辆系统内部与外部激励源较多，且各激励源之间往往相互耦合，而相干分析在多耦合激励源识别研究中效果突出，所以国内外学者广泛应用偏相干方法进行耦合激励源识别研究，并取得了一定的成果。

从国内外研究现状分析可知，偏相干分析和应用主要以识别声源为主，而对振动源识别的研究和应用较少。为此，本研究以某大型客车为例，应用偏相干技术进行整车振动源识别的试验研究。

5.1.1　偏相干分析

1）偏相干分析模型

偏相干分析方法是建立在常相干分析理论基础上的，常相干分析只适用于单输入/单输出系统或者是彼此之间不相关的多输入/单输出系统，而对于彼此相关的多输入多输出问题，常相干分析方法不再适用。

在实际的振动系统中，振源往往是非独立的，具有一定的相关性。由于这种相关性的存在，使得采用常相干法进行振源识别误差非常大，甚至结果不可信。偏相干分析能够将信号中与其他信号相干的部分去掉,计算剩余信号对输出信号产生的影响。因此,对于多输入相干振源识别问题,偏相干分析是一种有效的识别手段。

应用偏相干方法识别振源的问题可以转化为一个多输入单输出系统的相干问题。研究各输入与输出的相干程度,相干值越大说明输入对输出的贡献越大,即该输入是输出的主要来源。

当各输入之间相互独立,即没有相干性时,其分析模型如图 5-1 所示。图中 $x_i(t)$, $i=1,2,\cdots,r$,为 r 个输入;$H_i(f)$, $i=1,2,\cdots,r$ 为各输入的频响函数;$y(t)$ 是理论预计线性输出 $v_i(t)$, $i=1,2,\cdots,r$ 与模型所有偏差 $n(t)$ 的和,即系统的输出。

图 5-1 的模型对相干振源的识别,只能进行定性研究,不能定量分析。为了对相干振源进行定量识别分析,对图 5-1 的模型进行修改建立如图 5-2 所示的相干输入下的振源识别模型。其中 X_i 为输入信号 x_i 的傅里叶变换,Y 为输出信号 $y(t)$ 的傅里叶变换,L_{iy} 为频响函数,N 为外界干扰信号。$X_{i(i-1)!}$, $i=1,2,\cdots,r$ 表示 $X_1,X_2,\cdots,X_{i-1}$ 条件下的 X_i,即从 X_i 中去掉与 $X_1,X_2,\cdots,X_{i-1}$ 相干部分的影响,以此计算剩余信号对输出信号的影响。

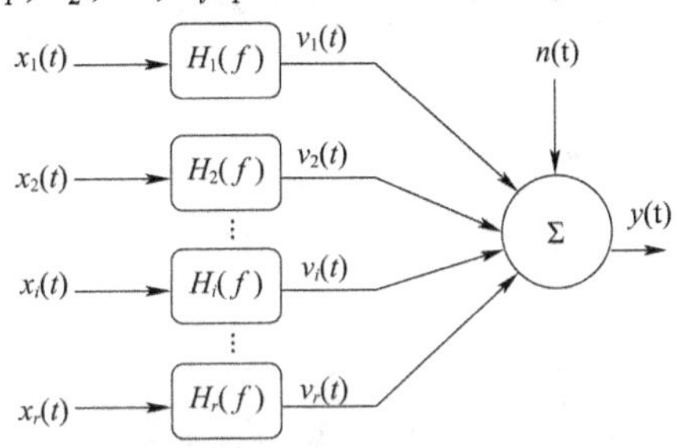

图 5-1　非相干输入下的多输入单输出系统模型

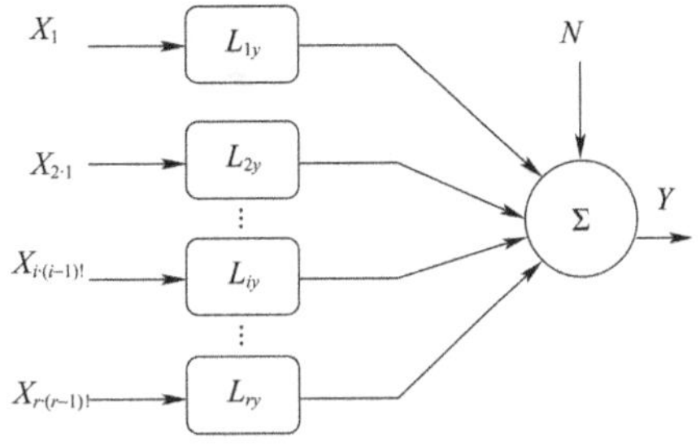

图 5-2　相干输入下的多输入单输出系统模型

2)偏相干计算流程

利用图 5-2 建立的模型,通过条件功率谱和偏相干函数来进行振源识别的计算分析。由于计算量较大,偏相干函数计算,通常采用迭代方法来实现。偏相干函数计算公式为:

$$\gamma_{iy\cdot(i-1)!}^{2}=\frac{|S_{iy\cdot(r-1)!}|^{2}}{S_{ii\cdot(r-1)!}S_{yy\cdot(r-1)!}} \tag{5-1}$$

$$\begin{cases}S_{YY\cdot(i-1)!}=S_{YY\cdot(i-2)!}-\left|\dfrac{S_{iY\cdot(i-2)!}}{S_{ii\cdot(i-2)!}}\right|^{2}S_{ii\cdot(i-2)!}\\ S_{ii\cdot(i-1)!}=S_{ii\cdot(i-2)!}-\left|\dfrac{S_{(i-1)i\cdot(i-2)!}}{S_{(i-1)(i-1)\cdot(i-2)!}}\right|^{2}S_{(i-1)(i-1)\cdot(i-2)!}\\ S_{iY\cdot(i-1)!}=S_{iY\cdot(i-2)!}-\left|\dfrac{S_{(i-1)Y\cdot(i-2)!}}{S_{(i-1)(i-1)\cdot(i-2)!}}\right|S_{i(i-1)\cdot(i-2)!}\\ S_{ij\cdot(i-1)!}=S_{ij\cdot(i-2)!}-\left|\dfrac{S_{(i-1)j\cdot(i-2)!}}{S_{(i-1)(i-1)\cdot(i-2)!}}\right|S_{i(i-1)\cdot(i-2)!}\end{cases} \tag{5-2}$$

按照式(5-1)和式(5-2)所示的公式通过迭代计算,就可以获得多输入系统中相干振源的偏相干函数。具体的计算流程如图 5-3 所示,在获得偏相干函数后就可以由此分析主要振源及各振源对输出的贡献量。

5.1.2　大型客车振动源识别试验

本研究的对象是一辆大型客车,该客车在实际运行和怠速运行过程中整车振动量较大,

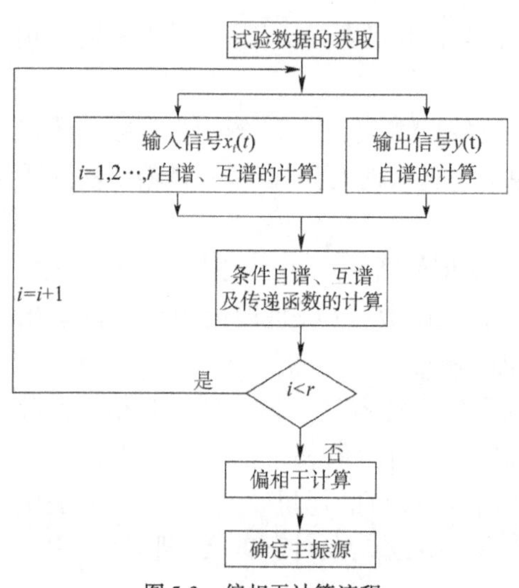

图 5-3　偏相干计算流程

研究的目的是对其进行减振处理。要进行减振处理，首先要识别出车辆的主要振源。因此，本研究通过偏相干分析对客车振源进行试验识别研究，以此来分析整车的隔振和振动传递特性，为整车降噪减振提供指导。

1）试验车辆

本研究中的客车总长为 11. 99m，采用柴油—电动混合动力、发动机后置，车身为非承载式，最大质量 18000kg，轴距为 6000mm，悬架为空气悬架，最大功率为 165kW，最大转矩为 850N · m。

2）试验方案

由于所研究客车在运行和怠速情况下，整车振动尤其是地板振动较大，所以初步判断其振动是由动力系统产生，需要研究各主要动力总成与地板之间的振动传递关系。因此试验主要测试发动机悬置、变速器支撑等主要动力系统与地板振动之间的定量关系。

具体方法是在变速器支撑点左右两侧、发动机前悬置上下两侧、发动机后悬置上下两侧各布置两个加速度传感器，在最后一排座椅地板处布置一个加速度传感器。具体的布置位置如图 5-4 所示，图中用小圆圈标注出了具体的测量位置。

a)发动机前悬置测点

b)发动机后悬置测点

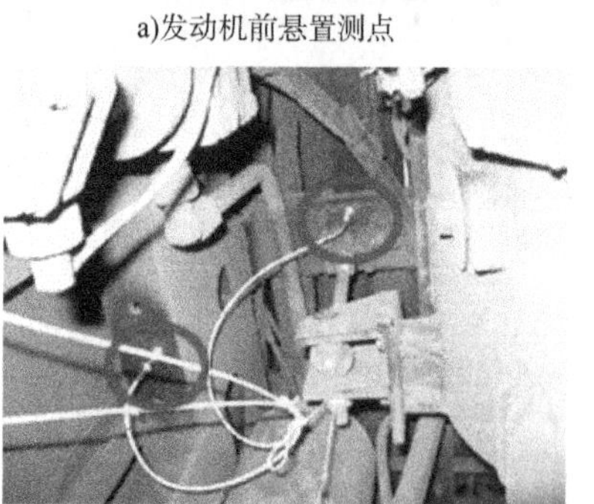

c)变速器支撑点测点

d)后排座椅地板测点

图 5-4　测点布置图

在车辆怠速工况下，调整发动机转速，从 600r/min 到 800r/min 每增加 50r/min 进行一次测量，共测量 5 次。每次测试过程中用转速测试仪器监测测试车辆的转速变化，等转速稳定到预定转速时，开始记录各测点处的振动加速度信号。

3)试验分析

虽然测试车辆的橡胶悬置是非线性系统，而偏相干分析只适用于线性系统，但车辆在稳定的怠速转速下的发动机悬置和车辆系统是一个弱线性系统，其激励是平稳正态的随机过程，根据相关理论，可以将该系统按线性系统分析。

由于试验车辆在怠速工况时，振动主要由车辆的动力总成产生，因此可以用后排座椅地板处的振动代替整车的地板振动。这样整车振动识别问题就转化成以多种动力总成振动为输入，地板振动为输出的偏相干分析问题。即将车身和车架看作振动系统，将发动机悬置点、变速器支撑点作为振动激励点，将振动强度最大的后排座椅地板处作为振动响应输出点，利用本研究所述的偏相干分析方法对其进行分析，以识别出主要振动源，以下只给出转速 750r/min 时的分析结果。在该转速下，各测点的加速度测量值如图 5-5 ~ 图 5-8 所示，图中只给出了测量时域历程中从 20s 到 24s 共 4s 的数据，并以该数据进行相干分析。

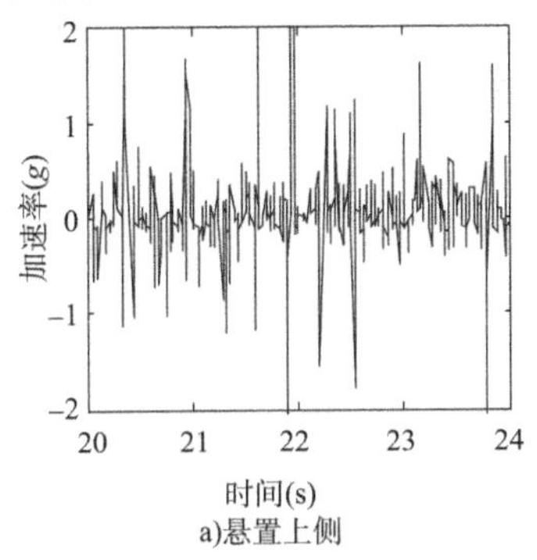

a)悬置上侧

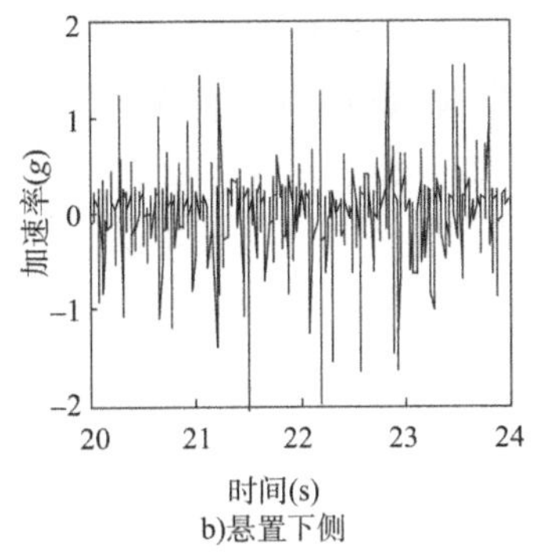

b)悬置下侧

图 5-5　发动机前悬置加速度测量曲线

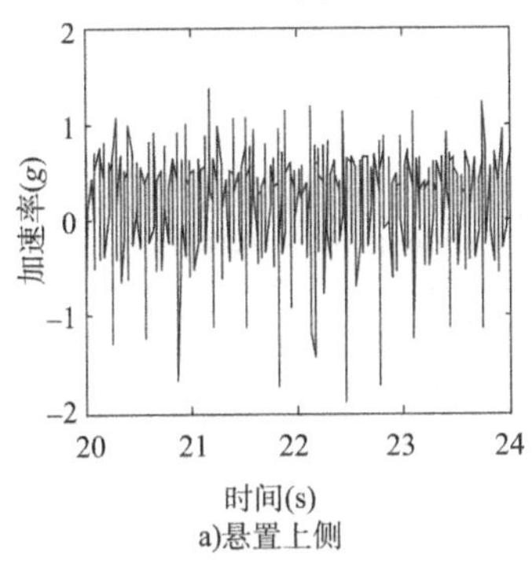

a)悬置上侧

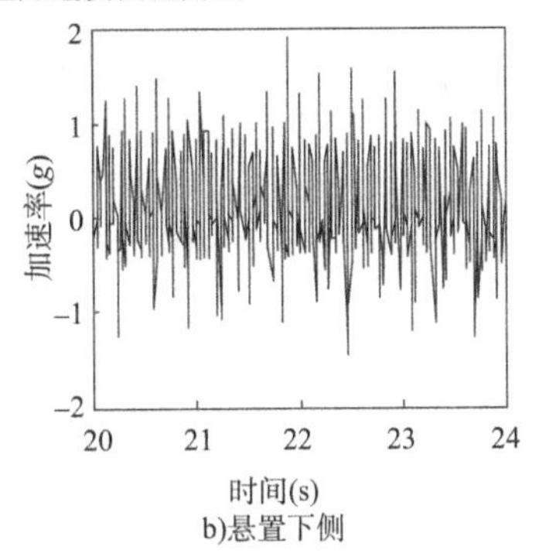

b)悬置下侧

图 5-6　发动机后悬置加速度测量曲线

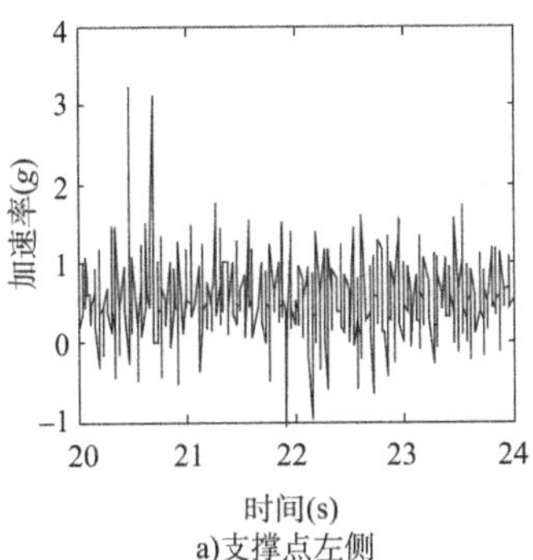

a)支撑点左侧

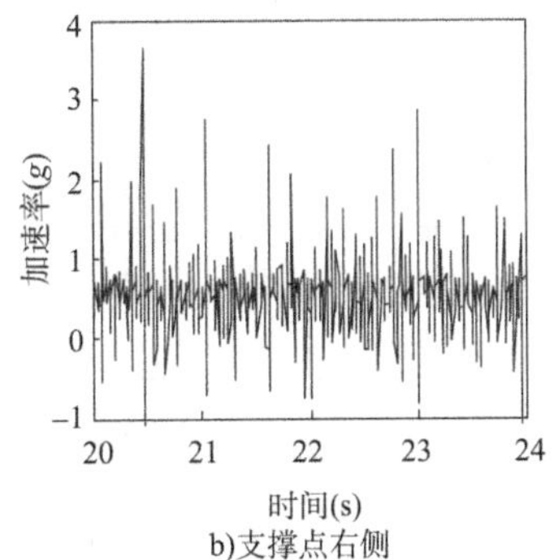

b)支撑点右侧

图 5-7　变速器支撑点加速度测量曲线

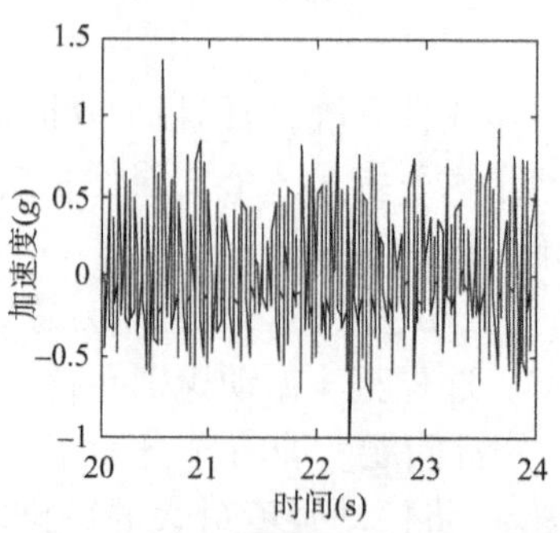

图 5-8　后排座椅地板处加速度测量曲线

按照本研究所述的偏相干分析方法和计算流程计算获得 750r/min 下，各测点与后排座椅地板处的偏相干函数曲线。发动机前悬置点与后排座椅地板间的偏相干函数如图 5-9 所示，发动机后悬置点与后排座椅地板间的偏相干函数如图 5-10 所示，变速器支撑点与后排座椅地板处的偏相干函数如图 5-11 所示。

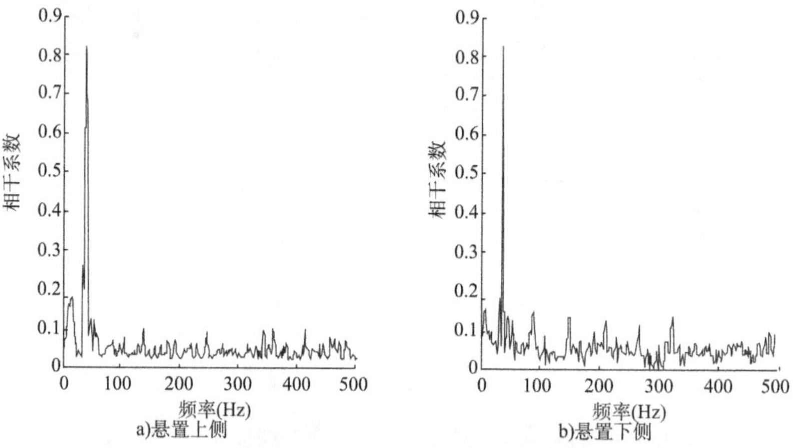

图 5-9　发动机前悬置—后排座椅地板处偏相干系数曲线

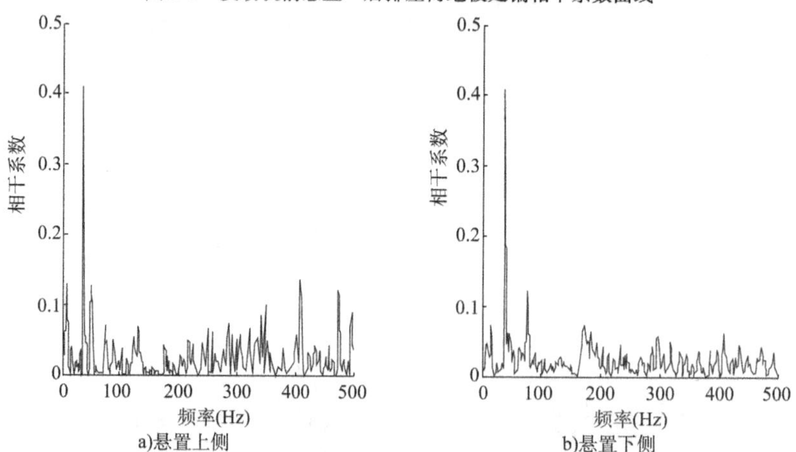

图 5-10　发动机后悬置—后排座椅地板处偏相干系数曲线

从图 5-9 ~ 图 5-11 中可以看出，测试车辆在 750r/min 的怠速工况下，发动机悬置点、变速器支撑点与后排座椅地板处的偏相干系数在 100Hz 以下的范围内较大。各测点的偏相干系数在 37.3Hz 附近最大，在该频率处，发动机悬置点的偏相干系数最大，约为 0.8，变速器支撑点的偏相干系数较小，约为 0.3。

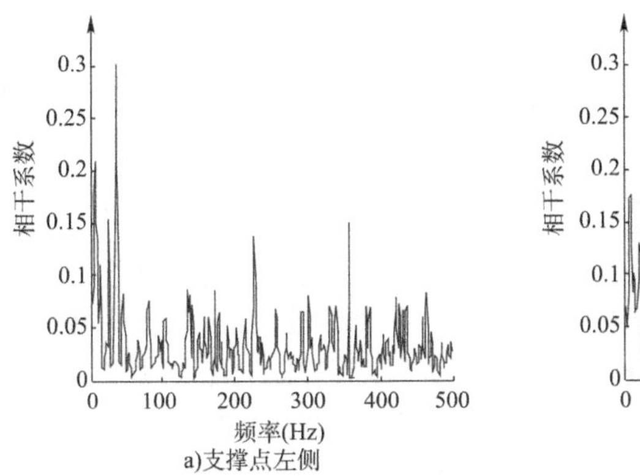

a)支撑点左侧

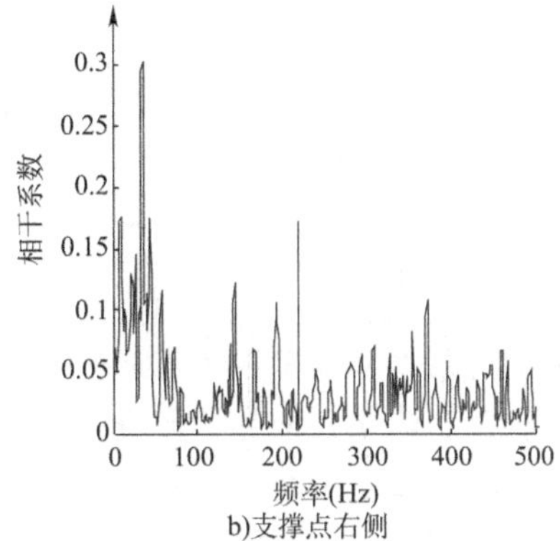

b)支撑点右侧

图 5-11 变速器支撑点—后排座椅地板处偏相干系数曲线

图 5-12 给出了客车在 750r/min 怠速时，各测点与后排座椅地板测点之间的最大偏相干系数的排序图，值越大说明其测点对地板振动的贡献越大，即为最主要的振源。

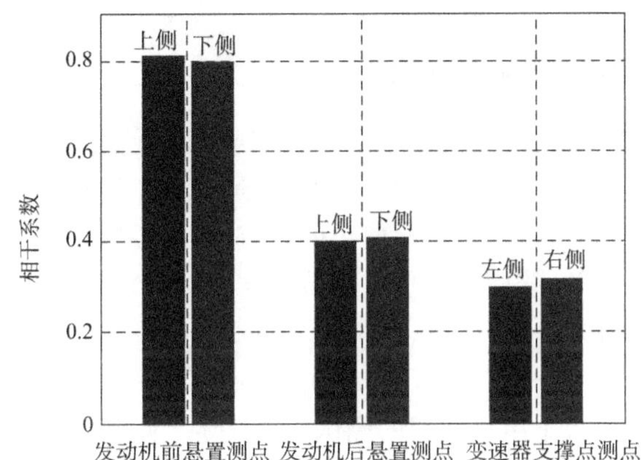

图 5-12 750r/min 各测点与后排座椅地板处偏相干系数统计图

图 5-12 中的六个柱状图从左向右分别表示发动机前悬置上侧、发动机前悬置下侧、发动机后悬置上侧、发动机后悬置下侧、变速器支撑点左侧、变速器支撑点右侧与客车后排座椅地板处的偏相干系数值。

由理论计算可知，试验车辆在 750r/min 怠速时，发动机的激励频率为 37.5Hz。从图 5-12 结果可知，在发动机激励频率附近，发动机悬置与后排座椅地板间的相关程度最大，可以初步确定车辆地板的振动主要是由发动机振动通过发动机前悬置传递到后排座椅地板处。

对于其他 4 种怠速转速下的试验结果见表 5-1，从表 5-1 可以看出，在 5 种怠速转速下，发动机前悬置与后排座椅地板处的偏相干系数都较大，因此可以确定发动机前悬置是怠速工况下该车振动的主要振源。

不同怠速转速下各测点—后排座椅地板处偏相干系数 表 5-1

测　点	变速器支撑点左侧	变速器支撑点右侧	发动机后悬置上侧	发动机后悬置下侧	发动机前悬置上侧	发动机前悬置下侧
600r/min 相干系数	0.128	0.142	0.312	0.293	0.634	0.613
650r/min 相干系数	0.118	0.152	0.319	0.312	0.637	0.623
700r/min 相干系数	0.213	0.244	0.368	0.344	0.693	0.629

续上表

测　　点	变速器支撑点左侧	变速器支撑点右侧	发动机后悬置上侧	发动机后悬置下侧	发动机前悬置上侧	发动机前悬置下侧
750r/min 相干系数	0.289	0.299	0.402	0.409	0.814	0.805
800r/min 相干系数	0.306	0.311	0.426	0.452	0.843	0.832

本研究针对某大型客车在实际运行和怠速运行中振动较大的问题,采用偏相干分析方法进行试验研究。建立大型客车多输入单输出振动源识别模型,编制偏相干计算程序。对该车辆的六个测点和后排座椅地板之间分别进行偏相干分析,分析结果定量给出了各测点对整车振动的贡献量。为更进一步研究车辆降振方法提够理论基础和实践指导。

5.2　车辆平顺性测试及评价

5.2.1　平顺性测量系统的构成

平顺性试验,从本质上说,是一个振动系统的响应测量问题,需要采集大量的随机振动信号。振动信号是由路面激励和车辆自身激励通过运动的车辆结构产生的加速度响应的叠加。只是由于路面激励信号有频谱低、幅值小的特点,因此平顺性仪器测试系统有一些特殊的要求。通常,平顺性测试系统应包括加速度传感器、车速传感器和多通道数据采集仪。

1)数据采集仪基本要求

(1)测量通道。

数据采集设备的通道数是由传感器的测试部位决定。对于 M 类的车辆,需要测量的部位是驾驶人及同侧最后排座椅坐垫上方、座椅靠背、脚部地板三个测点,每个测点都要测量三个方向的振动,共需要测量 18 个数据采集通道。对于 N 类车辆,需要测量驾驶人座椅坐垫上方、座椅靠背、脚部地板处 X、Y、Z 三个方向共 9 个测量变量以及车厢地板中心及与驾驶人同侧距车厢边板、车厢后板各 300mm 处的车厢地板上两个测点的垂直方向的两个变量,共计需要测量 11 个数据采集通道。在实际测量中,试验人员可以根据实际需求增加测点,那么数据采集设备通道也要改变。

(2)频响范围及采样频率。

国家标准 GB/T 4970—2009 规定,测量人—椅系统的频响范围为 0.1 ~ 100Hz,测量货厢的频响为 0.3 ~ 500Hz。根据采样定律,采样频率应该是采集信号最高频率成分的至少 2 倍才可以完全恢复采集信号,因此仪器采样率至少为 1000Hz 及以上,才能满足上述频响要求。

(3)动态范围。

由于路面激励信号比较微弱,因此必须通过提高信噪比,即大的动态范围才能提取路面激励信号。国家标准规定仪器的信噪比要大于 60dB。

(4)抗混叠滤波功能

抗混叠滤波可以消除随机噪声,国家标准规定截止频率大于 90Hz。

2)传感器选择

传感器的选择需要考虑量程、频响范围、抗冲击性能和敏感轴方向四个方面。平顺性试验使用的传感器,通常采用压电式三向加速度传感器,用以测量垂直振动、横向振动。其量程的选择要根据响应信号的大小来确定。并且传感器要具备一定的抗冲击能力。为了保证传感器与坐垫和靠背紧密贴合并保证乘员和驾驶人的舒适性,常将加速度传感器做成如图 5-13 所示的坐垫形式。

但是,由于新标准评价指标的提高,受压电式加速度传感器下限频率特性的限制(通常在 5% 误差内,下限频率为 1Hz),目前已越来越多地采用电容式加速度传感器进行乘坐舒适性的振动测量。

此外,由于平顺性试验受外界环境影响较大,即使采用压电式加速度传感器进行响应测量,通常也多采用 ICP 型加速度传感器,以降低单通道测量成本和减少中间测试环节,尽量实现传感器到数据采集仪之间的一线连接,从而提高测量精度。典型车辆平顺性测量系统的构成如图 5-14 所示。

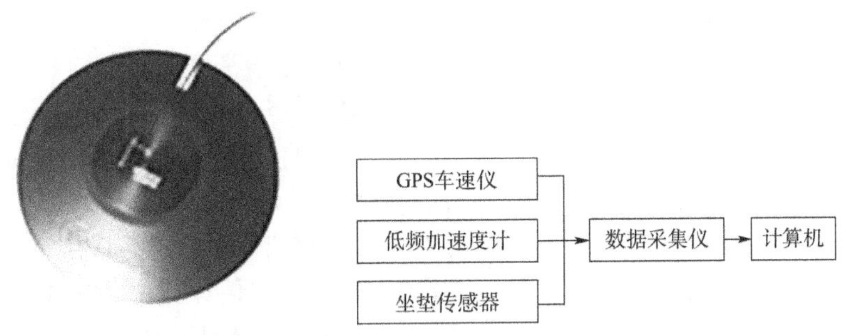

图 5-13　坐垫加速度传感器　　图 5-14　车辆平顺性测试系统构成框图

图 5-14 中,加速度传感器即可以是常用的坐垫式加速度传感器,也可以是三轴向电容式加速度传感器;车速传感器既可以是基于 GPS 的车速传感器,也可以是光电式车速传感器甚至在要求不高的情况下可以是轮速传感器;采集系统一般是采用具有 ICP 信号调理、脉冲信号调理和模拟信号直接输入的多通道,多功能采集仪。图 5-15 所示为组建的车辆平顺性测量系统示例。

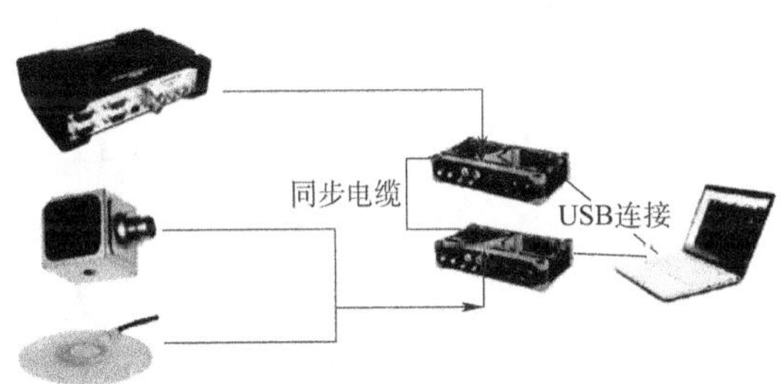

图 5-15　车辆平顺性测试系统组成

5.2.2　数据处理与评价参数的计算

车辆平顺性试验中的乘坐舒适性评价的关键部分是加权加速度值和振动剂量值(VDV)的计算,而这两个评价指标的计算也有频域和时域两种算法。由于加权函数在国家标准中是以频域分布给出的,所以频域计算方法应用较多。工程中广泛采用的平顺性频域计算流程如下。

1)对原始振动响应数据进行数据预处理

在振动测试中采集到的振动信号数据,由于放大器随温度变化产生的零点漂移、传感器频率范围外低频性能的不稳定以及传感器周围的环境干扰,往往会偏离基线,甚至基线的大小还会随时间变化。偏离基线随时间变化的整个过程被称为信号的趋势项。趋势项直接影响信号的正确性,应该将其去除。常用的消除趋势项的方法是多项式最小二乘法。对消除趋势项后的数据还要进行降噪处理,经过消除趋势项、降噪后的数据才更逼近真实数据。假设原始数据上附加有一个一次函数趋势项:

$$\hat{x}_k = a_0 + a_1 k \qquad (k = t_1, t_2 \cdots) \tag{5-3}$$

式中:a_0, a_1——最小二乘法拟合出的线性项系数。

消除线性趋势项的计算公式为:

$$y_k = x_k - \hat{x}_k = x_k - (a_0 + a_1 k) \qquad (k = t_1, t_2 \cdots) \tag{5-4}$$

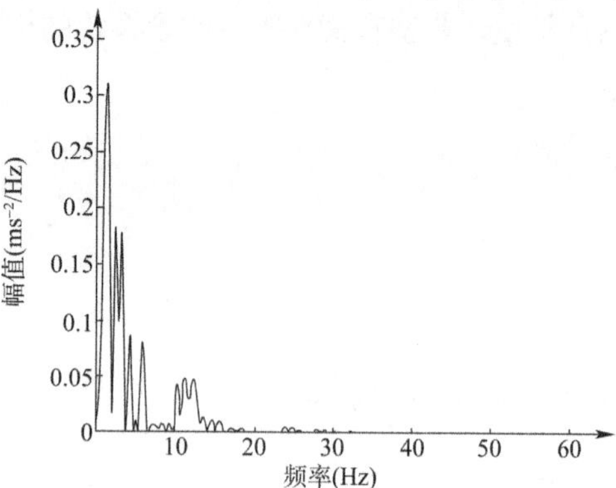

图 5-16　加速度信号自功率密度曲线示例

在实际应用中,常利用数据记录仪所具有的滤波器,对信号进行高通滤波而得到去除趋势项后的待分析信号。

2)自功率谱密度求解

对去除趋势项后的振动信号进行快速傅里叶变换得到响应信号的幅值谱,进而得到其功率谱密度函数。如果采用现代谱估计技术求取响应信号的功率谱密度,则多采用 Welch 算法替代常用的周期谱图估计方法。图 5-16 所示为采用 Welch 谱估计法得到的加速度信号的功率谱密度曲线。

3)频率计权

对求得的加速度信号的功率谱进行 1/3 倍频程分析,再根据国家标准给出的计权函数进行加权计算,就可以得到各频带内的加权加速度功率谱值。图 5-17 所示为一次车辆平顺性分析中功率谱的 1/3 倍频程图。

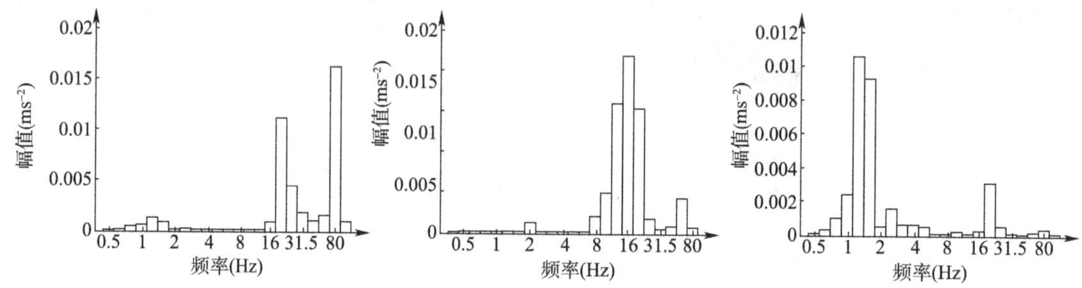

图 5-17　加速度信号 1/3 倍频程图

4)加权加速度均方根值

将各个频带的加权加速度功率谱值叠加求和,就获得了按照国家标准加权的各轴向加权加速度功率谱曲线。再对此进行傅里叶逆变换,就得到了各轴向的加权加速度均方根值。图 5-18 所示为加权加速度均方根值的频域计算框图。

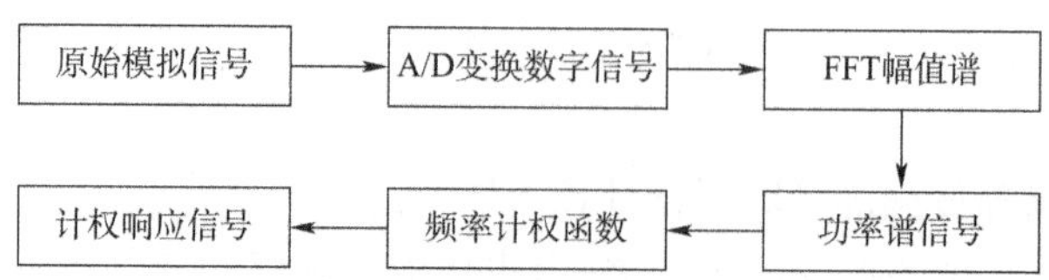

图 5-18　加权加速度均分根值频率域计算框图

当然,加权加速度均方根值也可以通过对模拟原始信号直接进行滤波分析而得到。即根据国家标准给定的频域加权函数,构造相对应的模拟滤波器,然后对原始信号直接进行模拟滤波,就可以得到经过加权的加速度响应信号。但是,对于数字信号而言,由于原始模拟响应信号已经被离散成了一个数组,所以也必须将加权函数构成的滤波器,首先转换成数字滤波器,然后对原始数字信号进行数字滤波,从而得到加权加速度响应值,再进行均方根计算,就可以得到各轴向的加权加速度均方根值。图5-19所示为加权加速度均方根值时域计算框图。

图5-19　加权加速度均分根值时域计算框图

对比加权加速度均方根值频域和时域计算框图可知:加权加速度均方根值的时域计算流程较为简单,但是涉及计权函数数字滤波器的构造(一般从模拟滤波器经过变换得到),分析精度受到影响,并且涉及卷积运算,工作量比较大。但是频域法要进行两次傅里叶变换,实践中也有一定的不足。由于现代数据采集仪的性能越来越高,运算速度越来越快,频域法还是比较常用的计算方法。有了加权加速度均方根值,按照国家标准要求,就很容易求解出峰值系数、振动剂量值以及总加权加速度均方根值。

5.2.3　客车道路平顺性试验

1)试验目的

针对某型客车依据《客车平顺性评价指标及限值》(QC/T 474—1999)进行路面随机激励下的平顺性测试,以完成:

(1)计算该客车在不同车速行驶时,驾驶人坐垫位置处和后桥正上方坐垫位置处X方向、Y方向、Z方向的总加权加速度均方根值及其等效均值。

(2)验证该客车平顺性评价指标是否满足国家标准要求,评价该客车在不同车速下平顺性指标是否在国家标准要求的限值之内。

2)试验条件

天气状况:多云,无风。

试验地点:西安市长安区环山公路沣峪口至周至段。

车辆技术条件:按照国家标准要求,车辆技术状况为最佳状态。

试验载荷:按照国家标准要求满载进行。

试验车速:分别选取30km/h、50km/h、70km/h为试验车速。

测点布置:选取驾驶人坐垫和驾驶人同侧后桥正上方为测点,采用ISO规定的车辆坐标系,传感器的敏感轴方向与上述定义的坐标方向一致。图5-20所示为试验车辆。

3)试验仪器

瑞士Kister公司8393三向电容式加速度传感器二个。

美国DT公司多通道数据采集器1台。

英国Race-Technology GPS测速设备1台。

4)评价指标限值及试验车辆参数

根据行业标准《客车平顺性评价指标及限值》

图5-20　平顺性测试车辆

(QC/T 474—1999)及参考2009年发布的征求意见稿,采用驾驶人同侧后桥正上方座椅坐垫三个轴向总加权加速度均方根值σ_{ω}及其等效均值L_{eq}作为评价指标。本次试验中测试车辆的参数见表5-2。按照国家标准采用的评价指标限值见表5-3。

测试车辆结构参数 表5-2

整车	型号	XW6123CA	出厂日期	2011-05	已驶里程(km)	7000
	整备质量(kg)	12900	车辆类型	旅游客车	悬架形式	空气悬架
发动机	类型	六缸、直列、水冷、四冲程、高压共轨	型号及布置方式	CA6DL1-32E3 纵置	额定功率和转速[kW/(r/min)]	239/2300
变速器	型号	手动MT	前进挡位数	6挡	类型(手动、自动)	手动

客车平顺性评价指标限制 表5-3

评价指标	大、中型客车				轻型客车		单位
	旅游客车		团体、长途	城市	高级	普通	
	空气悬架	非空气悬架					
总加权加速度均方根值	≤0.459	≤0.707	≤1.027	≤1.122	≤0.683	≤0.812	m/s²
等效均值	≤113.0	≤117.0	≤120.0	≤121.0	≤116.5	≤118.0	dB

5)测量系统框图及测量参数设置

按照图5-21组成测试系统。电容式三轴向加速度传感器的输出直接通过BNC信号线接入数据采集系统的模拟信号采集通道,GPS车速仪通过接收器调理后转换成数字信号,与采集仪输出的数字信号一起,通过USB数据线送入计算机存储。采样率设置为1000Hz。

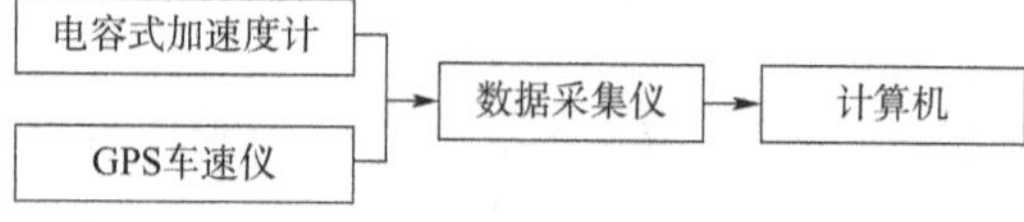

图5-21 测试系统组成框图

6)测量数据及分析

试验数据处理,依据国家标准《车辆平顺性试验方法》(GB/T 4970—2009)中的第七部分数据采集及处理的要求来进行。分别计算30、50、70km/h行驶车速下驾驶人座椅、后桥正上方座椅位置处的单轴向加权加速度均方根值和总加权加速度均方根值及等效均值。

图5-22所示为驾驶人同侧后桥正上方座椅测点在30km/h试验车速下X、Y和Z方向的振动响应时间历程曲线,图5-23所示为相应的自功率谱曲线。

从图5-22时间历程曲线可以看出,后桥上方座椅位置处X方向的加速度响应在$\pm 1\text{m/s}^2$之间、Y方向的加速度响应在$\pm 1\text{m/s}^2$之间、Z方向的加速度响应在$\pm 0.6\text{m/s}^2$之间,其中Z方向对路面冲击因素比较敏感。

从图5-23自功率谱曲线也可以看出,后桥上方座椅位置处X方向的能量集中在1.2、21、68Hz;后桥上方座椅位置处Y方向的能量集中在2.6、10~30Hz;后桥上方座椅位置处Z方向的能量集中在1.29~1.5Hz;表5-4给出了根据国家标准计算得出的30km/h行驶车速下,客车的平顺性评价结果。

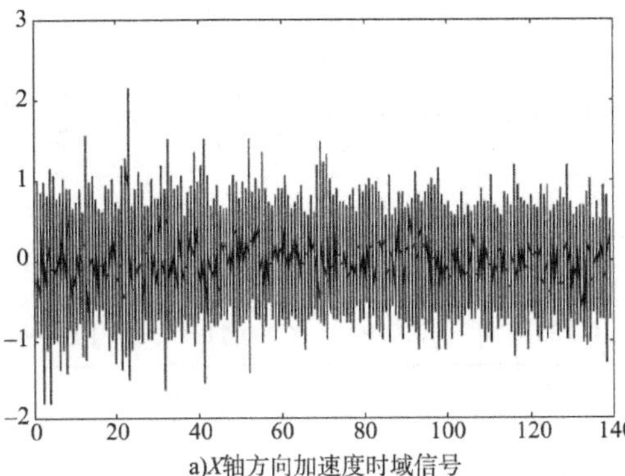

a)X轴方向加速度时域信号

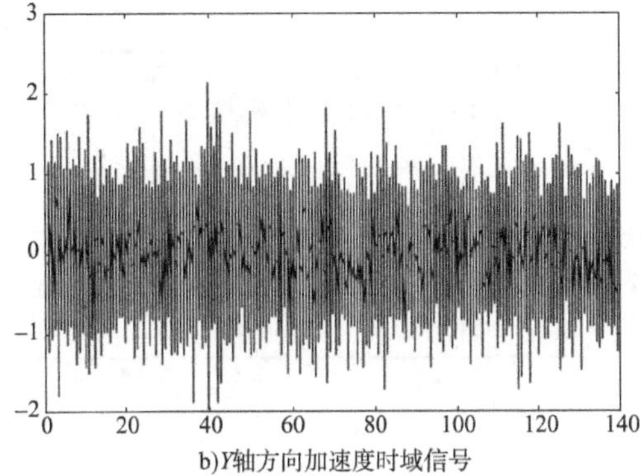

b)Y轴方向加速度时域信号

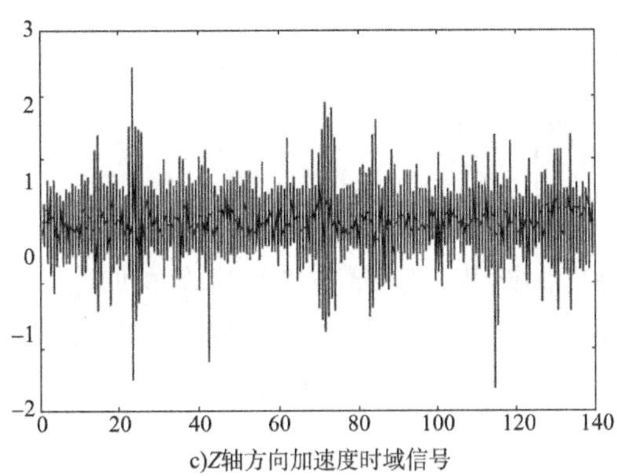

c)Z轴方向加速度时域信号

图 5-22　30km/h 车速下后座椅上方测点加速度信号

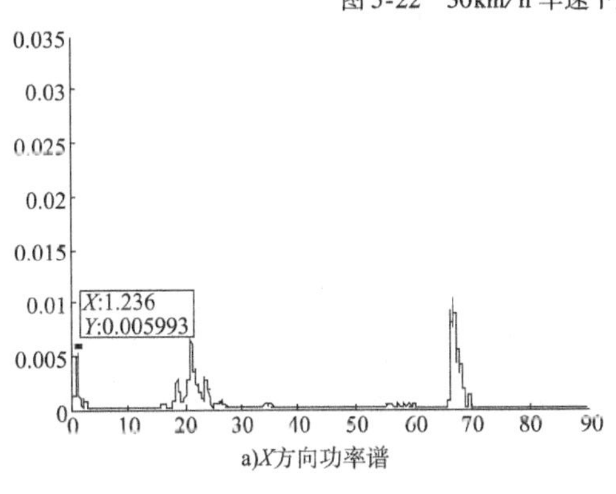

a)X方向功率谱

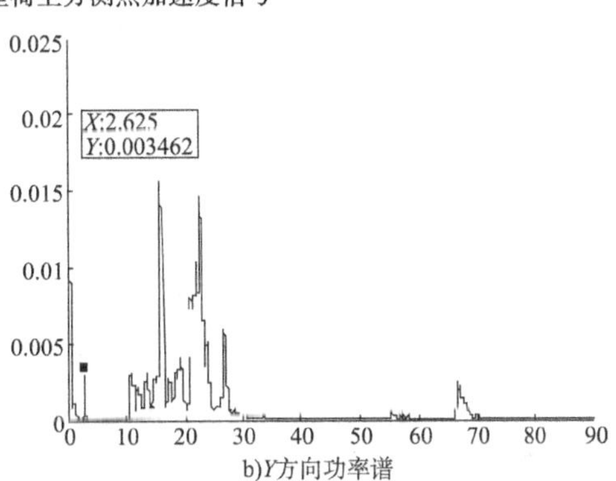

b)Y方向功率谱

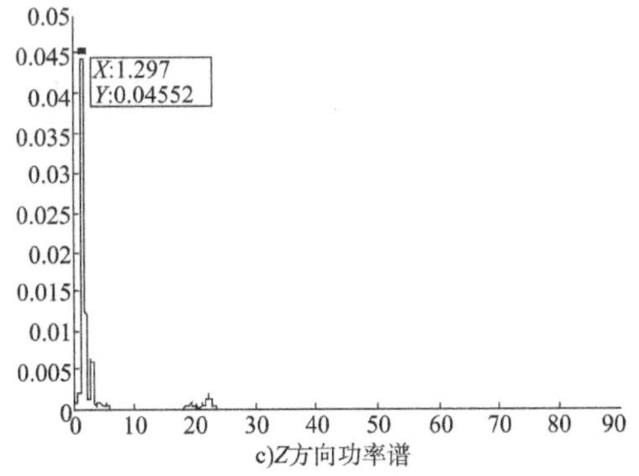

c)Z方向功率谱

图 5-23　30km/h 车速下后座椅上方测点
加速度功率谱曲线

后桥上方位置处平顺性指标　　表 5-4

测点位置	试验车速	试验次数	X 向均方根值	Y 向均方根值	Z 向均方根值	总加权均方根值(m/s^2)	等效均值(dB)
后桥正上方坐垫位置处	30km/h	1	0.071	0.048	0.108	0.138	102.789
		2	0.077	0.052	0.12	0.152	103.631
		3	0.056	0.053	0.089	0.119	101.493

5.3 车辆通过噪声测试

本节通过一个具体的噪声测量实例,来具体说明车辆通过噪声的测量和分析方法。

5.3.1 测量目的

针对某大型客车,依据国家标准《车辆加速行驶车外噪声限值及测量方法》(GB 1495—2002),进行车辆通过噪声性能测试,以完成通过对该客车在加速工况下车身两侧通过噪声级的测量,验证该客车是否满足通过噪声级国家标准要求并综合评价该客车隔声性能的好坏及对周围环境的影响,为进一步优化提供参考依据。

5.3.2 试验条件

试验地点为长安大学试车场,通过噪声测试广场,试验道路为混凝土平坦道路。风速大于 5m/s。试验车辆的发动机、轮胎、车辆质量状态及附属装备等均满足国家标准规定的试验要求。试验场环形跑道偶尔有半挂车辆通过,产生有较大背景噪声。

5.3.3 测量场地及测点位置

图 5-24 所示为车外噪声测量场地及测量位置,测试传声器位于 20m 跑道中心点 O 两侧,各:距中线 7.5m,距地面高度 1.2m,用三脚架固定,传声器平行于路面,其轴线垂直于车辆行驶方向,且在 AA 起始线及 BB 加速终了线放 4 个标桩,作为驾驶人驾驶参考标准。

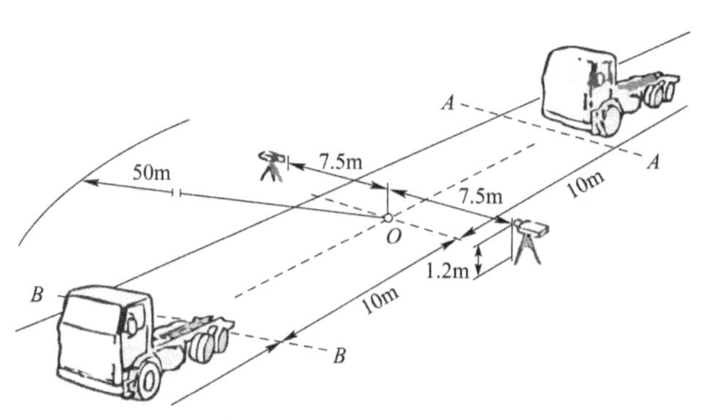

图 5-24　车辆通过噪声测量方法

5.3.4 传声器选择

(1)试验在室外空旷场地进行,且声源方向已知,属于自由声场,故选择自由场传声器和声级计。

(2)根据所选用的数据采集仪功能,选择ICP型传声器。

5.3.5 测试仪器

测量仪器主要有:丹麦GRAS自由场传声器、美国DT数据采集仪、英国GPS车速仪、丹麦BK精密声级计、笔记本式计算机、风速仪和其他辅助设施(三脚架、蓄电池、标桩)等。车辆通过噪声的测试系统如图5-25所示。

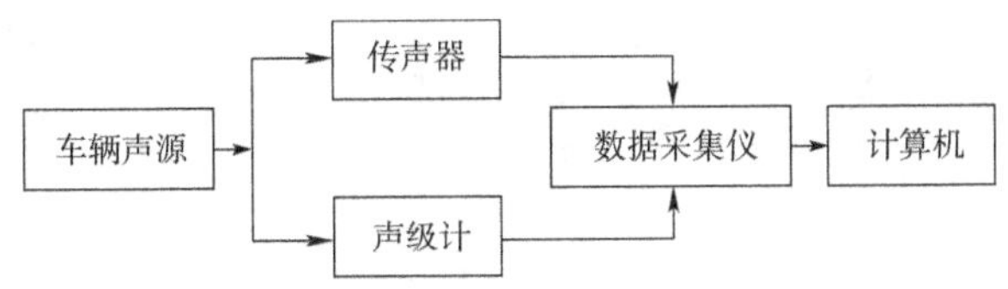

图5-25 车辆通过噪声测试系统框图

5.3.6 试验方案

试验车辆在二挡、三挡、四挡、五挡下,以发动机额定转速的一半(即1150r/min)稳速到达*AA*起始线,而后加速通过试验区域到*BB*加速终了线,测量车辆通过测试路段时车身左右两侧噪声级大小,同时记录车辆的入线速度和出线速度。

(1)测量车辆加速驶过测量区的最大声级,每一次测得的读数值减去1dB(A)作为测量结果,同时记录每次车辆的入线速度和出线速度。

(2)将每一挡位条件下每一侧的测量结果进行算术平均,然后取两侧平均值中较大的作为中间结果。

(3)车辆最大噪声级的确定:取发动机未超过额定转速的各挡工况条件下结果中最大值作为最大噪声级。

通过噪声的测试试验场和测试车辆及测试仪器的安装如图5-26和图5-27所示。

图5-26 车辆通过噪声测试现场

图 5-27　测试车辆及测试仪器安装

5.3.7　噪声限值

根据国家标准,商用车(客车、公共车辆)加速行驶时,其车外最大噪声级不应超过表 5-5 所规定的限值。

车辆加速行驶车外噪声限制　　表 5-5

车辆类型		2005 年 1 月 1 日后生产的车辆[dB(A)]
公共车辆	总质量≥5t 发动机额定功率≥150kW	83

5.3.8　测量记录

按照试验方法,记录不同挡位下,左右两侧声压级的曲线,用于后续分析和评价,图 5-28 所示为试验车辆在二挡加速度工况下左右两侧的声压级曲线。

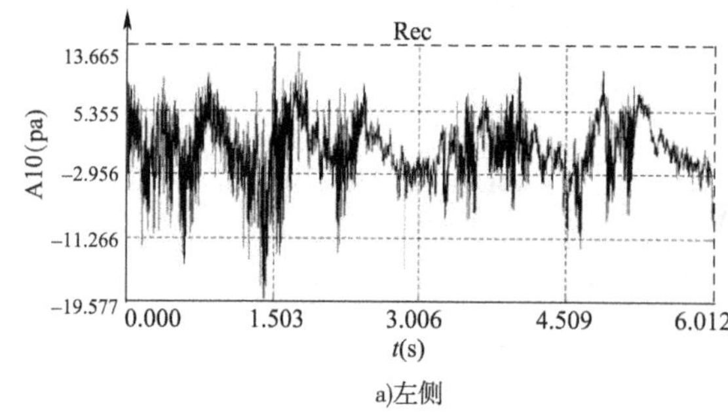

a)左侧

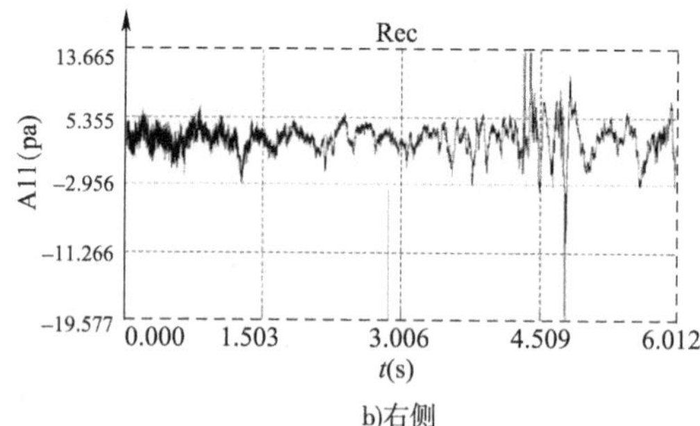

b)右侧

图 5-28　试验车辆在二挡加速度工况下左右两侧的声压级曲线

5.3.9　测试结果

对试验所得各传声器信号,进行 A 计权等效声压计算,并按国家标准要求声压级减去

1dB(A),结果见表5-6。

车辆加速行驶车外噪声测量记录表 表5-6

选用挡位或车速	位置	次数	车速(km/h)		测量结果[dB(A)]	各侧平均值[dB(A)]	中间结果[dB(A)]
			入线	出线			
二挡	左侧	1	16	29	83.2	79.4	79.4
		2	15.8	30	78		
		3	15.8	30.5	77		
	右侧	1	16	29	74.8	76.6	
		2	15.8	30	76		
		3	15.8	30.5	79		
三挡	左侧	1	26	35	72.9	72.8	73.2
		2	26	35	72.2		
		3	26.5	36	73.4		
	右侧	1	26	35	71.7	73.2	
		2	26	35	75.4		
		3	26.5	36	72.4		
四挡	左	1	40	45	71.3	71.5	73.4
		2	40	45.6	72.3		
		3	42	46	70.8		
	右	1	40	45	71.9	73.4	
		2	40	45.6	71.6		
		3	42	46	76.8		
五挡	左	1	57	60	71.6	74.7	74.7
		2	60	61	78.7		
		3	63	64	73.8		
	右	1	57	60	74.4	73.1	
		2	60	61	72.9		
		3	63	64	72.1		

由于在实际测试过程中风速大于5m/s,因此必须考虑风对试验结果的影响,因此对以上数据进行去背景噪声处理,经处理后车外加速噪声测量结果见表5-7。

车辆加速行驶车外噪声测量修正表　　表5-7

选用挡位或车速	位　置	次　数	背景噪声[dB(A)]	车速(km/h)		测量结果修正值[dB(A)]	各侧平均值[dB(A)]	中间结果[dB(A)]
				入线	出线			
二挡	左侧	1	68	16	29	81.5	75.1	75.1
		2	66	15.8	30	75.5		
		3	73	15.8	30.5	68.3		
	右侧	1	68	16	29	69.5	71.7	
		2	66	15.8	30	72.7		
		3	73	15.8	30.5	73		
三挡	左侧	1	68	26	35	65.6	63.9	63.9
		2	61	26	35	69.4		
		3	72	26.5	36	56.9		
	右侧	1	68	26	35	62.5	60.5	
		2	61	26	35	73.6		
		3	72	26.5	36	45.5		
四挡	左	1	66	40	45	64.5	65.5	68.2
		2	67	40	45.6	65.5		
		3	62.5	42	46	66.6		
	右	1	66	40	45	65.8	68.2	
		2	67	40	45.6	63.9		
		3	62.5	42	46	74.9		
五挡	左	1	56	57	60	70	69.4	71.5
		2	76.3	60	61	66.4		
		3	60	63	64	71.8		
	右	1	56	57	60	73.3	71.5	
		2	76.3	60	61	—		
		3	60	63	64	69.6		

由表5-7可以看出，试验车辆最大加速通过噪声为75.1dB(A)，小于83dB(A)，符合国家标准要求。

5.4　车辆车内噪声测试

随着人民生活水平的提高，对车辆的乘坐舒适性的要求也日益提高，而车内噪声则是影响乘员舒适性的主要因素之一，已得到世界各国车辆生产商的高度重视。2002年，我国颁布了国家标准《声学　车辆车内噪声测量方法》(GB/T 18697—2002)，详细规定了车内噪声的测量方法和评价指标。进一步，在2010年，针对大客车，国家又颁布了国家标准《客车车内噪声限值及测量方法》(GB/T 25982—2010)，对大客车的室内噪声测试进行了规范。

以下通过一个大客车车内噪声测量实例，来说明车内噪声的测量流程。其主要测试任务是:通过对该客车在不同车速下驾驶人区及乘客区噪声级大小的测量,验证该客车是否满足噪声级国家标准要求,综合评价该客车隔声性能的好坏,为该车辆进一步优化提供参考依据。

5.4.1 试验方案

(1)测试试验车辆在静止、怠速 700r/min 下,客车室内驾驶人区、乘客区第一排、第二排、第七排、最后一排座椅区噪声级大小。

(2)测试车辆在 90km/h、70km/h、50km/h、40km/h 车速下,客车室内驾驶人区第一排第二排、第七排、最后一排座椅区噪声级大小。

5.4.2 车辆及试验条件

试验在长安大学试验场内进行,试验道路为混凝土平坦道路。试验时风速大于 5m/s,偶尔环形跑道有半挂车通过。试验车辆的发动机、车辆质量状态及附属装备等均满足国家标准要求,试验天气晴朗。

5.4.3 测量方法

1)测量点的选择

根据国家标准要求,测量点 1 选在驾驶人耳旁,测量点 2 在乘客区第一排靠近走廊左边座椅、测量点 3 在乘客区第七排靠近走廊左边座椅、测量点 4 在最后一排靠近走廊左边座椅,测试中具体的测点布置如图 5-29 所示。

在测试过程中,除驾驶人区外,所选的测量位置上没有乘员。

2)传声器的安装

传声器敏感轴方向指向客车行驶方向。传声器的垂直坐标是无人座椅的表面与靠背表面的交线以上(0.7 ±0.05)m 处,水平坐标应在座椅的中心面(或对称面)上向右距离为(0.2 ±0.02)m 处,传声器的按照位置如图 5-30 所示。

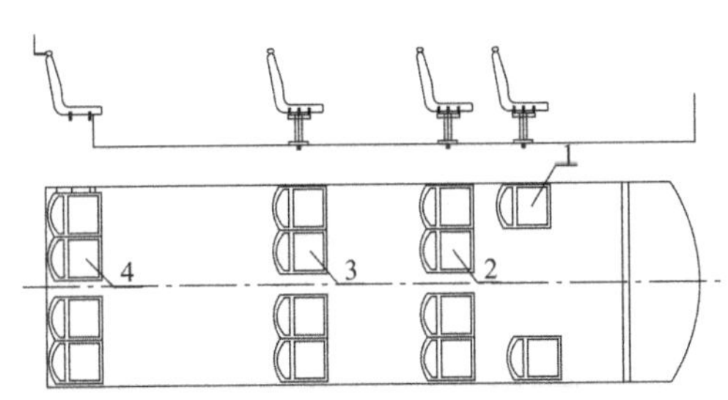

图 5-29 车内噪声测试测点布置图

1-驾驶人区;2-乘客区第一排;3-乘客区第四排;4-乘客区最后一排

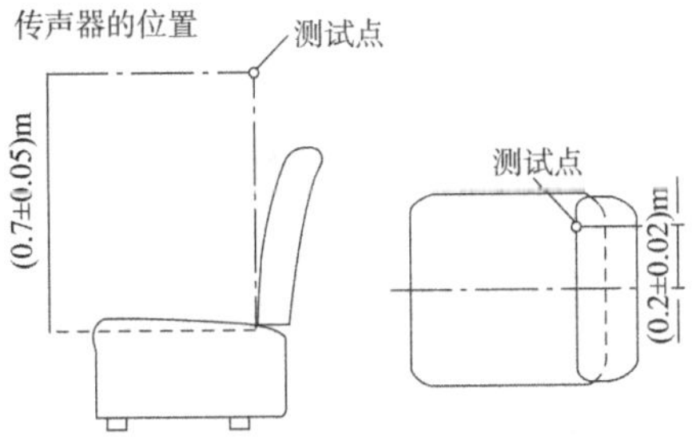

图 5-30 车内噪声测试传声器布置位置示意图

3)传声器的选择

由于车内是一个相对封闭的空间,声源产生的噪声经车内壁板、玻璃的反射逐渐在车内形成——较稳定的声场,具有明显的扩散场特性,所以选择扩散场型传声器。

4)测试系统

试验仪器主要有:传声器 4 支、数据采集仪 1 套,GPS 车速仪 1 套、声级计 1 台、笔记本式计算机 1 台及其他辅助设备。

5.4.4 测试方案

试验车辆以 90km/h、70km/h、50km/h、40km/h 车速匀速稳定行驶，每个车速进行往返各一次测量，每次测量时间至少 5s，记录背景噪声、传声器声压值，并记录声级计 A 计权稳态等效声压作为参考。

分别取驾驶人耳旁和乘客区测量结果的最大值作为驾驶人区和乘客区噪声的最终测量结果。

5.4.5 评价指标

根据国家标准，客车车内噪声声压级在 90km/h 行驶车速下，不应超过表 5-8 规定的数值。

各类客车车内噪声声压级限值 表 5-8

车 辆 种 类		车内噪声声压级限值[dB(A)]	
客车	前置发动机	驾驶区	82
		乘客区	82
	后(中)置发动机	驾驶区	72
		乘客区	76

5.4.6 测试结果及分析

1)典型工况下测点声压曲线

(1)试验开始前各测点测得的背景噪声曲线如图 5-31 所示。

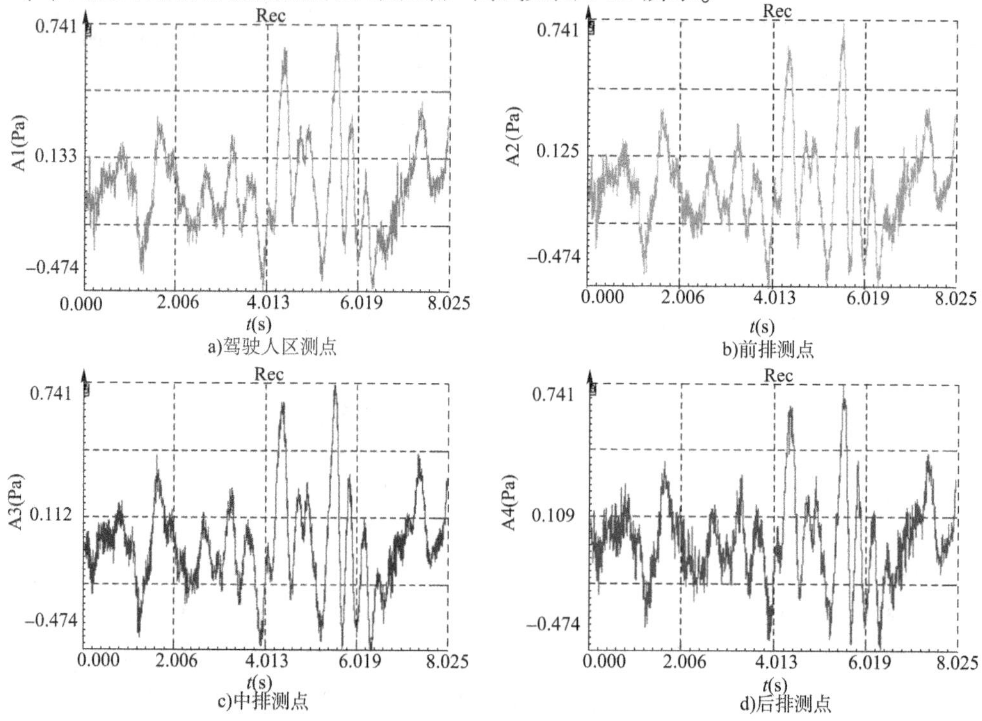

a)驾驶人区测点

b)前排测点

c)中排测点

d)后排测点

图 5-31 试验前各测点背景噪声声压曲线

(2)怠速700r/min工况下,驾驶人区和前排乘客区测点所测声压曲线如图5-32所示。

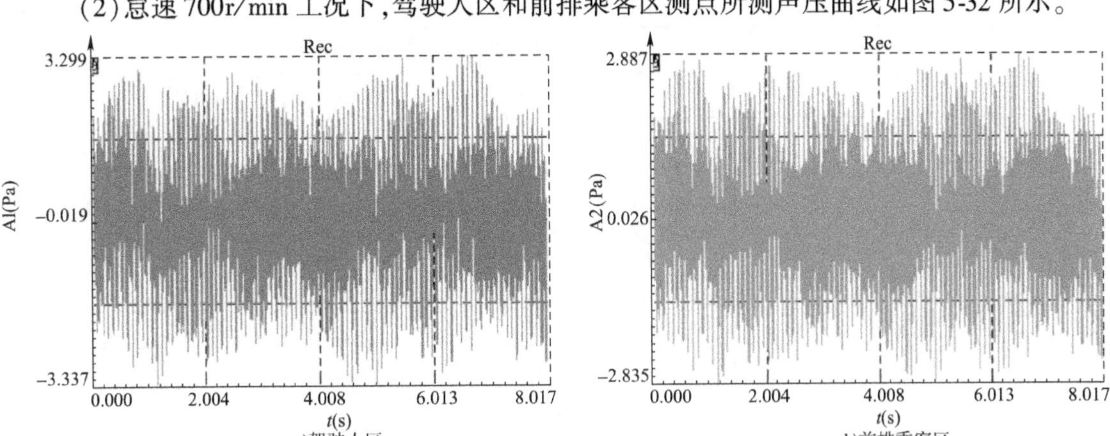

图5-32 700r/min怠速工况下驾驶人区及前排乘客区测点声压曲线

2)测试结果

表5-9所示为各测点不同工况下,A计权等效声压级。

各工况下不同测点声压级 表5-9

试验工况	测量次数	实测车速	测量点的声压级[dB(A)]			
			驾驶人	前排	中排	后排
车辆静止背景噪声	1	0	48	49.5	39.8	38.2
	2	0	47.9	49.4	39.8	38.4
怠速700r/min	1	0	59.3	58.7	62	61.7
	2	0	59.2	58.6	61.9	61.7
90km/h	1	90.5	71.4	69.2	68.9	71.4
	2	91	70.9	69	69.3	71.9
70km/h	1	69.5	65.4	63.9	65.9	68.5
	2	70.5	67.3	65	65.9	68.3
50km/h	1	50	62.4	61.5	63.5	68.1
	2	50.5	62.4	61.6	63.6	68
40km/h	1	40	60.2	59.9	63.6	68.5
	2	40	60.9	60.4	64.1	68.3

3)评价结果

表5-10所示为根据国家标准计算得出的车内驾驶人和乘客区最大加权噪声级。试验结果表明:

(1)被试车辆在90km/h车速下驾驶区噪声为71.4dB,乘客区为71.9dB,分别小于国家标准规定的72dB和76dB,满足国家标准要求。

(2)对于其他车速下的车内噪声,试验车辆驾驶区及乘客区噪声均小于70dB,噪声较小。

(3)考虑到实际试验过程中较为复杂的环境和其他车辆的影响,该结果有一定的偏差,但不影响总体评价,即该车的噪声控制较好。

试验车辆车内最大噪声级　　表 5-10

试 验 工 况	客车车内最大噪声级[dB(A)]	
	驾驶人区	乘客区
车辆静止	48	49.5
怠速	59.3	62
90km/h	71.4	71.9
70km/h	67.3	68.5
50km/h	62.4	68.1
40km/h	60.9	68.5

参考文献

[1] 李增光.机械振动噪声设计入门[M].北京:化学工业出版社,2013.

[2] 杨贵恒,杨雪,何俊强,等.噪声与振动控制技术及其应用[M].北京:化学工业出版社,2018.

[3] 张维峰,王建锋.汽车试验技术[M].西安:陕西人民教育出版社,2019.

[4] 王孚懋,任勇生,韩宝坤.机械振动与噪声分析基础[M].北京:国防工业出版社,2006.

[5] 谭祥军.从这里学 NVH:噪声、振动、模态分析的入门与进阶[M].北京:机械工业出版社,2018.

[6] 高波克治.汽车振动噪声控制技术[M].北京:机械工业出版社,2018.

[7] 盛美萍,杨宏晖.振动信号处理[M].北京:电子工业出版社,2017.

[8] 徐平,郝旺身.振动信号处理与数据分析[M].北京:科学出版社,2016.

[9] 李舜酩,郭海东,李殿荣.振动信号处理方法综述[J].仪器仪表学报,2013,34(08):1907-1915.

[10] 李舜酩.振动信号的盲源分离技术及应用[M].北京:航空工业出版社,2011.

[11] 刘晓伟.车辆结构振动与噪声源的盲分离技术研究[D].南京:南京航空航天大学,2012.

[12] 刘强.基于 Hilbert-Huang 变换的机电设备故障诊断综述[J].煤,2007,16(5):22-24.

[13] 郭庆.波束形成和近场声全息方法在发动机噪声源识别上的应用[D].南京:湖南大学,2017.

[14] 周东旺.基于近场声全息的车辆噪声源识别[D].南京:南京航空航天大学,2016.

[15] 刘颖辉.室内声学设计与噪声振动控制案例教程[M].北京:化学工业出版社,2014.

[16] 张力,刘斌.机械振动实验与分析[M].北京:北京交通大学出版社,清华大学出版社,2013.

[17] 杨农林.动力机械振动与噪声控制[M].武汉:华中科技大学出版社,2018.

[18] 张翠青,高志鹰,韦丽珍.基于波束形成的发动机噪声源识别试验研究[J].现代电子技术,2019,42(13):165-168+172.

[19] 庞剑.汽车车身噪声与振动控制[M].北京:机械工业出版社,2015.

[20] 王建锋,张维峰,李平.基于偏相干分析的大型客车振动源识别试验研究[J].汽车技术,2014(02):36-39.

[21] 章超.电动汽车动力总成悬置系统隔振研究与优化设计[D].西安:长安大学,2019.

[22] 贾贵川.基于齿轮修形与壳体优化的变速箱降噪技术研究[D].西安:长安大学,2019.

[23] 高培.乘坐室内的发动机透过音控制方法研究[D].西安:长安大学,2018.

[24] 赵效虎.某 SUV 车内轰鸣源识别及降噪技术研究[D].西安:长安大学,2018.

[25] 张星月.汽车乘坐舒适性评价及信号处理技术研究[D].西安:长安大学,2017.

[26] 凌子红.乘用车车内噪声源识别与综合治理技术研究[D].西安:长安大学,2017.

[27] 薛昊强.汽车车身壁板振动对乘坐室内噪声的声学贡献度分析研究[D].西安:长安大学,2015.

[28] 刘亚涛.客车发动机橡胶悬置非线性特性的仿真与试验技术研究[D].西安:长安大

学,2014.

[29] 袁培佩.乘用车声固耦合有限元模态分析[D].西安:长安大学,2014.

[30] 赵乐斌.乘用车车室声学模态的试验技术研究[D].西安:长安大学,2014.

[31] 周副权.微型车驱动桥总成动态特性的模态综合技术研究[D].西安:长安大学,2013.

[32] 彭吉龙.车辆噪声源阵列识别技术研究[D].西安:长安大学,2013.

[33] 刘伟.乘用车乘坐舒适性综合评价技术研究[D].西安:长安大学,2012.

[34] 张新刚.怠速工况客车振源识别及发动机悬置优化技术研究[D].西安:长安大学,2012.

[35] 范传帅.基于输出响应的车辆结构模态参数识别与动力修改研究[D].西安:长安大学,2012.

[36] 许春民.基于传声器阵列技术的车辆噪声源识别方法研究[D].西安:长安大学,2011.

[37] 杜鹏.基于有限元和实际道路测试的客车振动与结构修改研究[D].西安:长安大学,2011.

[38] 刘萌.车架试验模态分析及其结构动力修改研究[D].西安:长安大学,2009.

[39] 王建锋,郭维.重型车辆运动状态估计仿真研究[J].计算技术与自动化,2018,37(01):14-18.

[40] 赵丹,马建,王建锋.非线性悬架大客车平顺性仿真研究[J].计算机仿真,2015,32(09):176-179+258.

[41] 方占萍,王建锋.空气悬架大客车平顺性研究[J].中国科技论文,2015,10(07):798-802.

[42] 王建锋,李平.基于多信息融合的车辆状态参数估计[J].计算机仿真,2013,30(11):131-136.

[43] 张维峰,王建锋.基于声强方法的摩托车噪声控制试验研究[J].现代交通技术,2007(03):81-83.